烹饪基本功实训教程

主　编　李　庆
副主编　李志勇　王文选　崔　海
　　　　张祥国　谢梦杰　巩疆生
　　　　王　云　宦洪涛

北京理工大学出版社
BEIJING INSTITUTE OF TECHNOLOGY PRESS

内容简介

本书是职业教育烹饪专业的一门基础必修课程，是中式烹调、中西式面点课程必须掌握的基础内容。本书共分为六个项目，主要包括对学生烹饪勺功、刀法、原料成型、食品雕刻、调味、拼盘与菜品盘饰等基本功的一体化教学，使学生在烹调、面点基本功学习与训练的过程中，理论与实训同步进行，相辅相成，从而促进学生烹饪技艺进一步提高。本书遵循科学性、实用性、先进性、规范性、以学生为中心的原则，在编写过程中以烹饪基本功与菜肴制作、面点基本功与面点制作上承下接的教学模式，让学生在学习的过程中，既训练了基本功，又学会了一些基本菜肴、基本面点的制作方法，为整个烹饪学习打下良好的基础。

本书可作为烹饪专业的教材，也可作为烹饪从业者的参考书。

图书在版编目（CIP）数据

烹饪基本功实训教程 / 李庆主编 . -- 北京：北京
理工大学出版社，2025.1.
ISBN 978-7-5763-5005-0

Ⅰ. TS972.11

中国国家版本馆 CIP 数据核字第 2025NU5097 号

责任编辑：李 薇　　　　文案编辑：李 薇
责任校对：周瑞红　　　　责任印制：王美丽

出版发行 / 北京理工大学出版社有限责任公司
社　　址 / 北京市丰台区四合庄路 6 号
邮　　编 / 100070
电　　话 / (010) 68914026（教材售后服务热线）
　　　　　　 (010) 63726648（课件资源服务热线）
网　　址 / http：//www.bitpress.com.cn
版 印 次 / 2025 年 1 月第 1 版第 1 次印刷
印　　刷 / 三河市腾飞印务有限公司
开　　本 / 787 mm×1092 mm　1/16
印　　张 / 16.5
字　　数 / 374 千字
定　　价 / 89.00 元

前　言 Preface

随着我国国民经济的稳步发展，人民生活水平日益提高，我国旅游业蓬勃发展，餐饮行业的专业化、市场化、国际化特征日趋凸显，各类餐饮企业应运而生，而从业人员素质参差不齐，以及高技能人才紧缺的现状，已成为制约餐饮行业迅猛发展的瓶颈。市场对烹饪高学历的专业技术人才已呈现出供不应求的状况，另外，随着人们对健康和营养卫生的重视，营养配餐等职业人才也十分紧缺。因此，培养合格的烹饪高技能人才是至关重要的。

烹饪基本功作为餐饮行业从业人员的重要专业基础，是入行的必备技能。通过本课程的学习，学生能够掌握烹饪实践操作的一技之长，从而尽快适应毕业后餐饮企业的岗位。

1. 本书编写思路

一是深入贯彻党的二十大报告要求："坚持把发展经济的着力点放在实体经济上，推进新型工业化，加快建设制造强国、质量强国、航天强国、交通强国、网络强国、数字中国。"推动中国制造向中国创造转变、中国速度向中国质量转变、中国产品向中国品牌转变，坚定不移推进质量强国建设的战略。二是落实立德树人根本任务，知识传授与价值引领有机结合，促进学生"专业成才、精神成人"。三是反映产业发展最新进展，对接科技发展趋势和市场需求，彰显内容的时代性原则。四是结合职业院校学生特点，坚持以学生为中心，遵循因材施教原则。

本书以规划教材为引领，紧扣产业升级和数字化改造需求，遵循教材建设规律、职业教育教学规律和技术技能人才成长规律。通过将知识传授、能力培养与价值观塑造有机结合，满足专业建设、课程建设及教学模式创新需求，同时支持案例学习和项目化学习等多元学习方式，有效激发学生的学习兴趣和创新潜能。

2. 本书定位与特色

本书是根据教育部 2017 年发布的《高职院校专业建设的纲领性文件》要求、高等职业教育人才培养目标及高职餐饮类专业"烹饪工艺与营养"（专业代码：540202）课程要求所编写的职业教育教材之一，具有以下特色。

（1）**定位明确**。本书面向高职、五年一贯制学生，以培养实际操作技能为目标，理论与实践相结合。

（2）**内容实用**。本书内容紧密结合职业教育的特点，精选实际工作中常用的知识和技能，使学生能够学以致用。

（3）**结构合理**。本书按照项目化的方式组织内容，便于教师根据学生实际情况灵活调整教学内容。

（4）**注重实践**。本书注重实践操作环节，通过大量的实例和实训项目，帮助学生掌握实际操作技能。

3. 本书编写理念与目标

本书的编写理念是以学生为中心，以实用为导向，以培养学生的实际操作技能为目标。在编写过程中，我们组成了专业的编写团队，包括教育专家、专业教师、企业人员等，具体分工如下：项目一由李志勇、王文选、谢梦杰编写，项目二由李庆、王文选、李志勇、张祥国编写，项目三由李庆、王文选、张祥国编写，项目四由王文选、崔海、张祥国、李庆、王云编写，项目五由张祥国、谢梦杰、王云、宦洪涛编写，项目六由王文选、崔海、张祥国、巩疆生、王云编写。每个环节都经过认真讨论和细致实施，以确保本书的质量和实用性。在此感谢所有参与编写和审核的人员。

由于编者水平有限，书中疏漏和不足之处在所难免，恳请广大读者批评指正，以便后续改进。

编　者

目　录　Contents

项目一　烹饪勺功实训项目 ………………………………… 1

任务一　翻锅训练基本知识 ………………………… 1

任务二　勺法训练 ………………………………… 8

项目二　刀法技能训练 ……………………………… 18

任务一　刀具保养技能训练 ………………………… 18

任务二　直刀法 …………………………………… 27

任务三　平刀法 …………………………………… 38

任务四　斜刀法 …………………………………… 44

任务五　剞刀法 …………………………………… 48

任务六　其他刀法 ………………………………… 52

项目三　原料成型技能训练 ………………………… 58

任务一　块的成型加工 …………………………… 58

任务二　片的成型加工 …………………………… 63

任务三　丝的成型加工 …………………………… 68

任务四　丁、粒、末及小料头的成型加工 ………… 72

任务五　刀工训练 ………………………………… 78

任务六　原料花刀成型加工训练 …………………… 89

项目四　食品雕刻实训 ································· 103

　　任务一　烹饪美术基础认知 ····················· 103

　　任务二　水果拼盘 ··························· 109

　　任务三　烹饪美工雕刻实例（一）：综合基础类 ····· 115

　　任务四　烹饪美工雕刻实例（二）：花卉系列 ······ 132

　　任务五　烹饪美工雕刻实例（三）：禽鸟系列 ······ 145

　　任务六　烹饪美工雕刻实例（四）：走兽系列 ······ 157

　　任务七　烹饪美工雕刻实例（五）：瓜雕系列 ······· 164

项目五　调味基本功实训 ····················· 173

　　任务一　调味技能 ··························· 173

　　任务二　调味过程 ··························· 175

　　任务三　复合味的调制 ······················· 177

项目六　拼盘、菜品盘饰实训 ················· 183

　　任务一　冷菜拼盘 ··························· 183

　　任务二　主题艺术冷拼系列 ··················· 214

　　任务三　菜肴装饰系列 ······················· 234

参考文献 ······························· 258

项目一　烹饪勺功实训项目

任务一　翻锅训练基本知识

任 务 描 述

理解勺工的概念、意义和作用，明确对勺工操作人员和勺工操作的基本要求，树立学习烹调技术的信心，坚定热爱烹饪技术的思想。

学 习 目 标

1. 知识目标

理解勺工的意义和作用；明确勺工的基本要求。

2. 能力目标

能够熟练运用翻锅技术，即在烹制菜肴的过程中运用相应的力量及不同方向的推、拉、送、扬、托、翻、晃、转等动作。

3. 素质目标

培养爱岗敬业、吃苦耐劳的职业素养，具有精益求精、不断探索的职业意识，能传承中华传统烹饪方法；具有社会责任感和社会参与意识，能够履行道德标准和行为规范；培养工匠精神和敬业精神。

应 知 应 会

一、勺工的意义

勺工就是使用炒锅操作的技能，是职业厨师的基本功。在烹制菜肴的过程中，炒锅或炒勺的使用始终占有重要地位，勺工的规范和熟练程度对烹调成菜至关重要，它直接关系到成品菜肴的品质，是衡量中式烹调师水平高低的重要标志。

二、勺工的作用

翻锅是烹调师重要的基本功之一，翻锅技术功底的深浅可直接影响菜肴的质量。炒锅置于火上，原料放入炒锅，由生到熟，只不过是瞬间变化，稍有不慎就会失饪，因此，翻锅对菜肴的烹调至关重要。其作用主要有以下几个方面。

1. 使烹饪原料受热均匀

烹饪原料在炒锅内温度的高低，一方面可以通过控制火源进行调节；另一方面则可运用翻锅来控制，通过翻锅可使烹饪原料在炒锅内受热均匀。

2. 使烹饪原料着色均匀

通过翻锅的运用，确保成品菜肴色泽均匀一致，如用煎、熣、贴等烹调方法制作菜肴时的上色，使有色调料在菜肴中均匀分布，均是依靠翻锅实现的。

3. 使烹饪原料挂芡均匀

通过晃锅、翻锅，可以达到芡汁均匀包裹原料的目的。

4. 保持菜肴的形态

许多菜肴要求成菜后要保持一定的形态，如用扒、煸、煎等烹调方法制作的菜肴均须采用大翻锅将锅中的原料进行 180° 的翻转，以保持其形态的完整。

三、勺工操作人员的基本要求

勺工是一项技术性高、劳动强度大、在高温条件下进行操作的一项工作，它具有脑力和体力并用的特点，因此勺工操作人员必须达到以下要求。

（1）注意锻炼身体，增强臂力和腕力。在进行勺工操作时，不仅需要有持久力和耐力，还需要有灵活的臂力和腕力，这样才能使勺法技术稳定，握锅有力，投料准确，翻锅自如。身体素质差、体力和耐力不足，在握锅操作时必然失去工作的稳定性，致使勺法变形，降低技术及菜肴质量，严重的甚至烫伤手臂，造成工伤事故。因此，平时要注意锻炼身体，加强腕力和臂力的训练，对于提高勺工技能，保证菜肴质量具有重要意义。

（2）要有正确的、规范的、自然的操作姿势。正确自然的操作姿势，既能方便操作、提高工作效率，又能减少疲劳，有利于身体健康。

（3）操作时思想要集中，注意安全。勺工操作所用的工具大多是带有温度的，偶有不慎，就会发生烫伤、烧伤事故。因此，操作时必须思想集中，不能一心二用，确保安全无事故。

（4）可使烹饪原料入味均匀。由于炒锅内的原料不断翻动，锅内的各种调料能够快速均匀地溶解，充分与菜肴中的各种原料混合渗透，达到入味均匀的目的。

（5）争取运用各种勺法，熟练掌握各种翻锅的技能、技巧。勺工翻锅方法的种类很多，用途各异。勺工操作者必须熟练掌握各种勺法，并能根据原料的性能，以及烹调和实用的要求，正确运用不同的勺法，将原料加工成色、香、味、形、质俱佳的菜肴。

（6）能够熟练掌握加热设备和勺工工具的正确使用及保养方法。

（7）注意个人卫生和食品卫生。在个人卫生上，做到操作时穿戴清洁的工作着装，不留长发、长指甲，不涂指甲油，不佩戴饰物，常洗手保持手部清洁，无传染疾病。在食品卫生上，做到不制作被生物性污染或化学性污染的原料。

四、勺工操作的基本要求

1. 运用手勺投料准确适时

在制作菜肴或临灶调味时，一般均用手勺盛舀调味品投放到锅中（图 1-1-1），在集体烹饪操作时，要做到调味品的投料时间准、盛舀数量准、投放次序准。力求投料标准化、规格化，制作同一种菜肴无论重复多少次，口味都要求一样。

2. 运用手勺勾芡恰当

勾芡是在菜肴接近成熟时用手勺将粉汁徐徐淋入锅内，运用翻拌、淋晃、泼浇等手法，菜肴达到预期的要求。芡汁浓度的调制和数量的投放均要用手勺来完成，这是勾芡恰当的基本保证（图 1-1-2）。

图 1-1-1　投料

图 1-1-2　勾芡

3. 翻锅自如

勺工的主要技巧是翻锅（图 1-1-3、图 1-1-4），通过翻锅可以使原料混合、受热均匀、成熟一致、呈味呈香。翻锅的成功与否，主要取决于手腕的用力方向和原料在锅中的运动方向的协调，因此必须不断地加强练习。

图 1-1-3　翻锅（一）

图 1-1-4　翻锅（二）

4. 出锅及时，能正确识别和掌握火力、水温、油温

出锅（图 1-1-5）是指将原料从加热的锅中取出，停止加热。原料在锅中受到火力、水温、油温的影响，在质地、色泽、香味和形态上随时会发生变化。只有正确地识别火力、水温、油温，明确菜肴的具体要求，才能掌握原料的出锅时间，从而保证菜肴的质量。

5. 装盘熟练

装盘（图 1-1-6）是勺工中的最后一道工序，是运用炒锅与手勺的配合将菜肴从锅中装入盛器中，它对菜肴整齐丰满、主料突出、分装均匀、一次完成等方面起到重要作用。

装盘时锅勺配合动作要娴熟，要做到干净利落。

 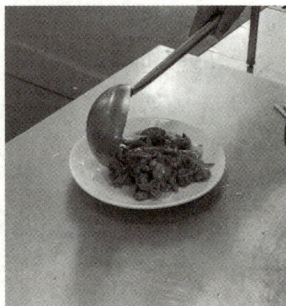

图 1-1-5　出锅　　　　　　　　图 1-1-6　装盘

五、勺工的操作要领

在现阶段勺工技艺的操作，从某种意义上说也是体力运动的过程，需要操作者有较强的腕力和臂力。在这一运动过程中，形体姿势、操作动作的标准化既有利于减轻劳动强度和提高生产效率，也有利于准确地掌握技能要领和良好操作习惯。因此在勺工操作中，临灶前的站立姿势、炒锅、炒勺、手勺的握持手势等动作，都要制定规范要求，使其能够保持正确的姿势和动作，并经过坚持不懈的训练，达到标准化的要求。

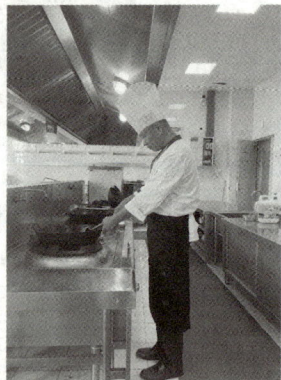

1. 临灶前的站立姿势

临灶前的站立姿势（图 1-1-7）是身体与灶台距离约 10 cm，面向炉灶，自然站立，躯体站直。两脚呈外八字形自然分立站稳，两脚跟呈一条直线，中心相距距离根据身高可适当调整。

图 1-1-7　临灶前的站立姿势

2. 握手勺、双耳锅的手势

（1）握手勺的手势（图 1-1-8）：将手勺柄的顶端放置于手掌心中，用右手的大拇指、中指、无名指和小指与手掌合力握住勺柄的末端，食指伸直，紧贴勺柄，压在勺下方。

（2）握双耳锅的手势（图 1-1-9）：用左手大拇指扣紧双耳锅的左上侧，其他四指微弓朝下；右手握单柄勺的手势为右手握住勺柄，手心向右上方，大拇指在勺柄上面，其他四指弓起，指尖朝上，手掌与水平面约成 140° 夹角，合力握住勺柄。

图 1-1-8　握手勺的手势　　　　　图 1-1-9　握双耳锅的手势

3. 握炒锅的技巧

握炒锅时（无论是单柄勺或双耳锅）应注意不用过于用力，以握牢、握稳为准，以便在翻锅中充分运用腕力及臂力的变化，使翻锅灵活自如，达到准确无误，如图1-1-10所示。

图1-1-10　握炒锅

工 作 实 施

一、课前准备

1. 师生工作准备

（1）学生排队进入实训室，站在自己的灶台前。

（2）教师检查学生的工作着装是否穿戴整齐。

（3）学生练习站立和握锅姿势。

（4）教师指导和纠正学生站立与握锅姿势。

（5）教师集中进行抽查并讲评。

（6）教师指导学生打扫卫生。

2. 器具准备

把相关翻勺动作分类、用途填入表1-1-1。

表1-1-1　勺工的类别及用途

序号	类别	分类	用途
1	小翻勺	翻、晃、悬	为了使菜的味道更加均匀，便于成熟
2	大翻勺		
3	晃勺		
4	悬翻勺		

3. 知识储备

（1）"烹"的起源与_____的利用有关。

（2）烹调的发展大致经历了_____和_____等阶段。

（3）以油为介质传热，主要方式是_____。

（4）豆浆在加入_____或_____等电解质后，可凝结成豆腐。

（5）鸡汤一般多采用_____、_____和_____等原料制作而成。

（6）按制汤所用的原料不同，汤可分为_____和_____两类。

（7）翻锅有_____和_____之别。

（8）动物血液和蛋品中的主要成分是水溶性蛋白质，加热时会很快_____。

（9）三合汤就是将_____、_____和_____三种原料一同煮制而成。

（10）膳食结构合理、营养平衡，强调三低两高，即_____。

二、工作规划

1. 小组分工

将小组分工及岗位职责填入表 1-1-2。

表 1-1-2　小组分工及岗位职责

班级	烹饪高	日期	_____年___月___日
小组名称		组长	
岗位分工			
成员			

2. 小组讨论

小组成员共同讨论工作计划，列出本次任务所需器具、作用及数量，并将其填入表 1-1-3。

表 1-1-3　所需器具、作用及数量

序号	器具名称	作用	数量	备注
1	锅	加工植物性原料、动物性原料	1 把	
2	勺			
3				
4				

三、实施步骤

1. 任务实施

模仿教师演示进行操作，内容如下。

（1）灶前站立训练：每位同学在灶台前逐个按演示要求进行站立训练，教师现场指导，其他同学观摩，等掌握要领后，再分开练习。最后，任课教师集中进行抽查并讲评。

（2）握锅姿势训练：为每组学生准备一把炒勺、一个双耳锅、一把手勺，按照演示要领，每人轮流进行握炒勺、双耳锅和手勺的姿势练习。任课教师巡回指导，最后集中进行抽查并讲评。

2. 成果分享

每个小组将任务完成结果上传到学习平台，由 2～3 个小组分别进行展示和讲解任务完成过程。

3. 问题反思

（1）任务实施过程中，站姿不正确会出现什么结果？是什么原因导致的？

（2）任务实施过程中，两手不协调会造成什么结果？

4. 检查

（1）整体情况（表 1-1-4）。

表 1-1-4 操作前检查内容

序号	检查内容	检查结果
1	个人卫生、操作台卫生是否整洁	
2	刀具、抹布、菜墩、碗是否放置到位	
3	翻锅姿势是否正确	
4	原料成型是否达到标准	

（2）站立训练要求和评价标准（表 1-1-5）。

表 1-1-5 站立训练要求和评价标准

项目	项目分			
	标准分	扣分	实得分	要求
躯体站直	20			自然含胸，不弯腰曲背
两脚站稳	20			站立姿势自然
站立位置	20			身体与灶台相距 10 cm
两脚距离	20			两脚距离与肩膀同宽
目光	20			注视锅中

（3）持手勺训练要求和评价标准（表 1-1-6）。

表 1-1-6 持手勺训练要求和评价标准

项目	项目分			
	标准分	扣分	实得分	要求
食指放置	20			前伸对准勺碗背部方向，指肚紧贴勺柄
大拇指放置	20			伸直握住手勺柄后端
中指放置	20			弯曲握住手勺柄后端
勺柄末端放置	20			顶住手心
握勺力度自然	20			牢而不死、灵活自如

综合评价

小组成员各自完成自我评价，组长完成小组评价，教师完成教师评价（表 1-1-7），整理实训室并完成各类器具的收纳摆放，做好 6s 管理规范。

表 1-1-7 任务评价表

序号	评价内容	自我评价	小组评价	教师评价	分值分配
1	遵守安全操作规范				5
2	态度端正、工作认真				5

项目一

续表

序号	评价内容	自我评价	小组评价	教师评价	分值分配
3	能够进行课前学习，完成相关学习内容				10
4	能够熟练运用多渠道收集学习资料				10
5	能够正确选择刀具				10
6	操作规范，卫生整洁				20
7	能够正确回答教师的问题				10
8	能够按时完成实训任务				10
9	能够与他人团结协作				10
10	做好 6s 管理工作				10
合计					100
拓展项目				—	+5
总分				—	

评分说明：

1. 评分项目 3 为课前准备部分评分分值。

2. 总分 = 自我评价分 ×20%+ 小组评价分 ×20%+ 教师评价分 ×20%+ 拓展项目分。

3. 拓展项目完成一个加 5 分

任务二　勺法训练

任 务 描 述

　　现代饮食企业，勺工的工具、炉灶等设备数量多、型号多，应加强用具认知，提高综合素质。

学 习 目 标

1. 知识目标

掌握勺具使用的基础方法、勺法的分类和勺工适用的范围。

2. 能力目标

能够正确操作、鉴别勺具，以及正确对勺具和锅具进行保养。

3. 素质目标

培养爱岗敬业、吃苦耐劳的职业素养，具有精益求精、不断探索的职业意识，能传承中华传统烹饪方法；具有社会责任感和社会参与意识，能够履行道德标准和行为规范。

应知应会

一、手勺用具的认知

手勺是烹调中搅拌菜肴、添加调料、舀汤、舀原料、助翻菜肴，以及盛装菜肴的工具。

（一）手勺的选择

（1）手勺形状呈圆形或椭圆形，直径为 9～12 cm，有一长柄相连接，有的装有木头柄。

（2）手勺有熟铁制品和不锈钢制品两种（图 1-2-1）。

（3）手勺的规格分为大、中、小三种型号，应根据烹调的需要选择应用。

图 1-2-1　手勺

（二）手勺的运用

手勺的运用是勺工的一个组成部分，它在勺工中起着重要的作用，其不单纯是舀料和盛菜装盘，还要参与配合左手翻锅。通过手勺和炒锅的密切配合，可使原料达到受热均匀、成熟一致、挂芡均匀、着色均匀的目的。手勺在操作过程中大致有以下几种方法。

1. 拌法

当用煸、炒等烹调方法制作菜肴时，原料下锅后，先用手勺翻拌原料将其炒散，再利用翻锅方法将原料全部翻转，使原料受热均匀，如图 1-2-2 所示。

2. 推法

当对菜肴施芡或炒芡时，用手勺背部或其勺口前端向前推炒原料或芡汁，扩大其受热面积，使原料或芡汁受热均匀、成熟一致，如图 1-2-3 所示。

3. 搅法

有些菜肴在即将成熟时，往往需要烹入碗芡或碗汁，为了使芡汁均匀包裹住原料，要用手勺从侧面搅动，使原料、芡汁受热均匀，并使原料、芡汁融为一体，如图 1-2-4 所示。

图 1-2-2　拌法展示

图 1-2-3　推法展示

图 1-2-4　搅法展示

4. 拍法

在用扒、熘等烹调方法制作菜肴时，先在原料表面淋入水淀粉或汤汁，用手勺背部轻轻拍按原料，可使水淀粉向原料四周扩散、渗透，使之受热均匀，致使成熟的芡汁均匀分布，如图1-2-5所示。

5. 淋法

淋法是烹调菜肴时的操作方法之一，即在烹调过程中，根据需要用手勺舀取水、油或水淀粉，缓缓地将其淋入炒锅内，使之分布均匀，如图1-2-6所示。

图1-2-5　拍法展示　　　　　　图1-2-6　淋法展示

（三）手勺的保养

（1）熟铁制品的新手勺在使用前，要用铁砂纸或油石将表面、棱角磨光滑，再用食油润透，使之光滑、油润。

（2）使用中不可用勺的边、底、端敲击炒锅，以防手勺变形。

（3）手勺使用后，应彻底清理，洗刷干净。

二、锅具的认知

锅具是能盛装烹饪原料及吸收或传导热量使原料成熟的烹调主要用具。在烹调菜肴中，反映厨师基本功的主要是勺工，要练好勺工必须了解和掌握炒锅与炒勺的种类及用途。

（一）锅具的种类

（1）按用途可分为汤锅、烧菜锅、炒菜锅（图1-2-7）、电饭锅（图1-2-8）、煎锅、煲汤锅、鸳鸯火锅等。

图1-2-7　炒菜锅　　　　　　图1-2-8　电饭锅

（2）按制作材料可分为生铁锅、熟铁锅、钢精锅、不锈钢锅、紫砂锅、搪瓷锅、铜火锅等，如图1-2-9、图1-2-10所示。

（3）按形状可分为单柄锅、双耳锅、筒状锅、瓢状锅、扁平底锅等，如图1-2-11、图1-2-12所示。

图1-2-9　生铁双耳锅

图1-2-10　熟铁双耳锅

图1-2-11　单柄锅

图1-2-12　扁平底锅

（4）按烹制菜肴的容量可分为大、中、小三种型号，其规格直径为30～100 cm。

（二）锅具的用途

1. 炒勺

炒勺也称单柄勺，通常是由熟铁加工制成的。炒勺在我国北方地区的餐饮业使用较为普遍。炒勺按外形及用途又可分为炒菜勺、扒菜勺、烧菜勺、汤菜勺。

（1）炒菜勺。炒菜勺的外形特征是勺壁比扒菜勺稍厚，弧度比扒菜勺小，勺口径也比扒菜勺小。其主要用于炒、熘、爆、烹等烹调方法。

（2）扒菜勺。扒菜勺的外形特征是勺底比炒菜勺厚，勺壁薄，勺底厚，径大且浅。其主要用于煎、扒等烹调方法。

（3）烧菜勺。烧菜勺的外形特征是勺底、勺壁均厚于炒菜勺，勺口径与炒菜勺相同，但比炒菜勺稍深。其主要用于烧、焖、炖、煿等烹调方法。

（4）汤菜勺。汤菜勺的外形特征是勺壁薄，勺底略平，勺口径与扒菜勺相同。其主要用于烹制汤菜、汤、羹类菜肴。

2. 炒锅

炒锅也称煸锅，通常是用熟铁制成的（也有用生铁制成的）。炒锅在我国南方地区的餐饮业使用较为广泛。炒锅按外形及用途又可分为炒菜锅、烧菜锅。

（1）炒菜锅。炒菜锅的外形特征是锅底厚，锅壁薄且浅，质量轻。其主要用于炒、熘、爆等烹调方法。

（2）烧菜锅。烧菜锅的外形特征是锅底、锅壁厚度一致，锅口径稍大，略比炒菜锅深。其主要用于烧、焖、炖等烹调方法。

（三）锅具的把握方法和技巧

1. 把握炒锅的方法

（1）握单柄勺的手势为右手握住勺柄，手心向右上方，大拇指根部在勺柄上面，其他四指弓起，指尖朝上，手掌与水平面约成140°夹角，合力握住勺柄。

（2）握双耳锅手势为用左手大拇指扣紧耳锅的左上侧，其他四指微弓朝下，右斜张开托住锅壁。

2. 把握炒锅的技巧

把握炒锅时（无论是单柄勺还是双耳锅）应注意不要过于用力，以握牢、握稳为准，以便在翻锅中充分运用腕力和臂力的变化，使翻锅灵活自如，达到准确无误的程度。

3. 把握炒锅的运用

握炒锅的目的主要是运用翻锅技术，原料在锅中受热、入味、着色、挂芡均匀，成熟一致。握炒锅后可按原料在锅中运动幅度的大小和运动方向的不同，运用小翻锅、大翻锅、前翻锅、后翻锅、左翻锅、右翻锅及肋翻锅、晃锅、转锅等多种方法。

（四）锅具的保养

（1）新的锅具使用前，要用砂纸或红砖磨光，再用食油润透，使之干净、光滑、油润，这样烹调时原料不易粘锅。

（2）炒菜锅每次用完后不宜用水刷洗，应用炊帚擦净，再用洁布擦干，保持锅内光滑洁净；否则，再使用时易粘锅。如炒锅上芡汁较多不易擦净，可将炒锅放在火源上，把芡烤干后再用炊帚擦净；也可撒上少许食盐用炊帚擦净，再用洁布擦干净。烧菜锅、汤锅等每次用完后，直接用水刷洗干净即可。

（3）炒锅每天使用结束后，都要将炒锅的里面、底部和把柄彻底清理，刷洗干净。

三、炉灶用具的认知

炉灶是放置锅具的一个平台，在烹制菜肴时，勺工的运用必须在炉灶上实施，因此烹调时对炉灶的认知就显得尤其重要。

（一）炉灶的概念

炉灶是为烹调提供热量的工具，是制作菜肴的重要设备，是烹饪加热设备的统称。"炉"一般是指封闭或半封闭用来进行烘、烤、熏的加热炊具，以辐射传热为主，能在原料周围加热，火力要求均匀，辐射温度高。炉灶使用的燃料有木炭、煤、天然气、电等。

"灶"是敞开式的用于炸、炒、炖、蒸等烹调方法的加热炊具。中餐烹调一般均需明火加热，采用天然气、煤气、柴油、煤等为燃料，火力相对集中，温度迅速提高，热能通过铁锅及水、油等介质，利用传导和对流对菜肴原料进行加热。

（二）炉灶的种类

（1）按所用的燃料可分为煤灶、煤气灶、液化气灶、电灶、油气灶等。

（2）按所用热源可分为明火加热炉灶、电能加热炉灶、蒸汽加热炉灶。

（3）按用途可分为炒灶、蒸灶、烤灶及适合多种烹调方法的炮台灶等。

（三）常用炉灶的使用

1. 煤灶

煤灶（图1-2-13）是以煤作为燃料的灶具。煤灶种类和用途很多，包括铁灶、炒灶、蒸灶、烘灶、烤灶、炮台灶等，用途各不相同，因煤在炉膛燃烧时需要空气不断的助燃，煤灶又可分为吸风灶和鼓风灶两种。煤灶是过去饮食业常用的加热设备，使用不方便，需要生火、添煤、封炉等多道工序，调节不容易，同时卫生状况不佳，所以现代厨房已将其淘汰。

图 1-2-13　煤灶

2. 燃气灶

燃气灶俗称煤气灶（图1-2-14），是指以液化石油气（液态、灌装）、人工煤气（灌装）、天然气（管道输送）等气体燃料进行直火加热的厨房用具。燃气灶种类较多，按灶眼分，有单眼灶、双眼灶和三眼灶。无论何种类型的燃气灶，其基本工作原理及操作方法是相同的，按气源不同，配置相应的喷嘴及燃烧器盖即可。使用燃气灶时先开气源，然后点火，自动点火时，可先慢慢旋燃具旋钮，稍稍放点气，再快旋燃具旋钮打火，直到点燃为止。根据烹调需要，调节火力大小，使用完毕，先关燃具旋钮，后关气源开关。

图 1-2-14　燃气灶

3. 电灶、电磁灶

电灶、电磁灶（图1-2-15）是通电后将电能转化为热能或改变磁场使电子发生摩擦而生热。它们在使用时都可通过通电开关、强弱调节杆、温控器、定时器进行操作，使用时非常安全，十分方便。

4. 电烤炉

电烤炉（图1-2-16）又称电烤箱、电烘箱，按其结构不同可分为非自动控制普通电烤炉、恒温型电烤炉、电子控制自动电烤炉等。它们使用方法大致相同。

5. 微波炉

微波是波长最短、频率最高，具有很强穿透力，频率为 0.01～300 MHz 的电磁波。它能使水分子运动加快，产生摩擦热，使食物快速成熟。使用微波炉（图1-2-17）时应按以下方法操作。

接通电源→按开门按钮打开炉门，将盛食容器放在玻璃托盘上→关严门→选择加热功率→预置加热时间→按启动按钮→微波烹调结束，按开门按钮，门自动打开，即可取出盛食容器。

图 1-2-15　电磁灶　　　　图 1-2-16　电烤炉　　　　图 1-2-17　微波炉

使用微波炉时，必须注意以下安全事项。

（1）应将炉放置平稳，炉后、炉顶及左右两侧均应留 15 cm 以上的距离，保证空气流通。

（2）勿放在高温、潮湿的环境中使用。

（3）切勿空载运行，以免损坏机器。

（4）关闭门后方可启动炉子，以防过量微波泄漏伤害人体。

（5）烹调少量食物时，应注意观察，以防过热起火；一旦炉内食物起火，切勿打开门，应切断电源，即可自熄。

工作实施

一、课前准备

1. 师生工作准备

为完成该任务，请做好课前的各项准备工作。

2. 技能准备

将翻锅的类别及用途填入表 1-2-1。

表 1-2-1　翻锅的类别及用途

序号	类别	种类	用途
1	抖勺法	抖	用于菜品在烹饪时更好地入味
2	翻炒勺法	翻	
3			
4			

3. 知识储备

（1）端握勺姿势：面对炉灶，身体自然挺起＿＿＿＿＿＿，＿＿＿＿＿＿，＿＿＿＿＿＿，＿＿＿＿＿＿。

（2）晃勺：将炒勺作＿＿＿＿＿＿或＿＿＿＿＿＿的晃动，使原料进行旋转的技术。

二、工作规划

1. 小组分工

将小组分工及岗位职责填入表 1-2-2。

表 1-2-2　小组分工及岗位职责

班级	烹饪高	日期	_____年___月___日
小组名称		组长	
岗位分工			
成员			

2. 小组讨论

小组成员共同讨论工作计划，列出本次任务所需器具、作用及数量，并将其填入表 1-2-3。

表 1-2-3　所需器具、作用及数量

序号	器具名称	作用	数量	备注
1	锅	加工植物性原料和动物性原料	1 口	
2	勺	搅拌、推翻烹饪原料	1 把	
3				
4				

三、实施步骤

1. 任务实施

模仿教师演示进行操作，内容如下。

（1）灶前站立训练：每位同学在灶台前逐个按演示要求进行站立训练，教师现场指导，其他同学观摩，等掌握要领后，再分开练习。最后，任课教师集中进行抽查并讲评。

（2）握锅姿势训练：为每组学生准备一把炒勺、一个双耳锅、一把手勺，按照演示要领，每人轮流进行握炒勺、双耳锅和手勺的姿势练习。任课教师巡回指导，最后集中进行抽查并讲评。

2. 成果分享

每个小组将任务完成结果上传到学习平台，由 2 ～ 3 个小组分别进行展示和讲解任务完成过程。

3. 问题反思

（1）任务实施过程中，持勺把握不准会出现什么结果？是什么原因导致的？

（2）任务实施过程中，选择不同的锅会造成什么结果？

4. 检查

（1）整体情况（表 1-2-4）。

表 1-2-4　操作前检查内容

序号	检查内容	检查结果	备注
1	个人卫生、操作台卫生是否整洁		
2	刀具、抹布、菜墩、碗、手勺、双耳锅是否放置到位		
3	翻锅姿势是否正确		
4			

（2）站立训练要求和评价标准（表 1-2-5）。

表 1-2-5　站立训练要求和评价标准

项目	项目分			
	标准分	扣分	实得分	要求
躯体站直	20			自然含胸，不弯腰曲背
两脚站稳	20			站立姿势自然
站立位置	20			身体与灶台相距 10 cm
两脚距离	20			两脚距离与肩膀同宽
目光	20			注视锅中

（3）持手勺训练要求和评价标准（表 1-2-6）。

表 1-2-6　持手勺训练要求和评价标准

项目	项目分			
	标准分	扣分	实得分	要求
食指放置	20			前伸对准勺碗背部方向，指肚紧贴勺柄
大拇指放置	20			伸直握住手勺柄后端
中指放置	20			弯曲握住手勺柄后端
锅底放置	20			锅底托在灶台上
推拉要求	20			推、拉、翻、扬动作协调

综 合 评 价

　　小组成员各自完成自我评价，组长完成小组评价，教师完成教师评价（表 1-2-7），整理实训室并完成各类器具的收纳摆放，做好 6s 管理规范。

表 1-2-7　任务评价表

序号	评价内容	自我评价	小组评价	教师评价	分值分配
1	遵守安全操作规范				5
2	态度端正、工作认真				5
3	能够进行课前学习，完成相关学习内容				10
4	能熟练运用多渠道收集学习资料				10
5	能够正确选择刀具				10
6	操作规范，卫生整洁				20
7	能够正确回答教师的问题				10
8	能够按时完成实训任务				10
9	能够与他人团结协作				10
10	做好 6s 管理工作				10
	合计				100
	拓展项目		—		+5
	总分		—		

评分说明：

1. 评分项目 3 为课前准备部分评分分值。

2. 总分 = 自我评价分 ×20%+ 小组评价分 ×20%+ 教师评价分 ×20%+ 拓展项目分。

3. 拓展项目完成一个加 5 分

项目一

项目二　刀法技能训练

任务一　刀具保养技能训练

任务描述

在练习刀工前，学生应对刀具的使用和要求有全面的了解，掌握常用刀具的种类和用途，以及对刀具的选择、鉴别、磨制和保养。

学习目标

1. 知识目标

掌握常用刀具的种类和用途，以及刀具的选择和鉴别；学会选择合适的磨刀器具。

2. 能力目标

能够正确磨制刀具，鉴别刀锋，以及对刀具、砧板进行保养。

3. 素质目标

培养爱岗敬业、吃苦耐劳的职业素养，具有精益求精、不断探索的职业意识，能够传承中华传统烹饪方法；具有社会责任感和社会参与意识，能够履行道德标准和行为规范。

应知应会

一、常用刀具的种类和用途

刀具的种类有很多，形状、功能各异。按使用地域分，在江浙一带使用较多的为圆头刀；在川广等地使用较为广泛的是方头刀；而在京津地区马头刀最为常见（马头刀又称北京刀）。

（1）按刀的尺寸和质量可分为一号刀、二号刀、三号刀。

（2）按刀具加工工艺和用材可分为铁质包钢锻造刀、不锈钢刀。由于不锈钢刀轻便灵活、钢质较纯、清洁卫生、外形美观，倍受专业人员的喜爱。

（3）按刀具的功用可分为片刀、切刀、砍刀（斩骨刀或劈刀）、前切后斩刀（文武刀）、烤鸭刀（小片刀）、整鱼出骨刀、羊肉片刀（涮羊肉刀）、馅刀、剪刀、镊子刀、刮刀及刻刀（食品雕刻专用刀具）。

1. 片刀

片刀的特点是质量较轻，刀身较窄而薄，钢质纯，刀刃锋利，使用灵活方便，但加工硬性原料时易迸裂产生豁口。片刀适宜加工无骨无冻的动、植物性原料，主要用于加工成片、条、丝、丁、米（粒）等形状，如片方干片（豆腐干片）、片肉片（肉切片）、片姜片（姜切片）等。

2. 切刀

切刀的形状与片刀相似，刀身与片刀相比略宽、略重、略厚，长短适中，应用范围广，既能用于切片、丝、条、丁、块，又能用于加工略带小骨或质地稍硬的原料，此刀应用较为普遍。

3. 砍刀（斩骨刀或劈刀）

砍刀刀身较厚，刀头、刀背质量较重，呈拱形。根据各地方的特点，刀身有长一点的，也有短一点的，主要用于加工带骨、带冰或质地坚硬的原料，如猪头、排骨、猪蹄等。

4. 前切后砍刀（文武刀）

前切后砍刀刀身大小与切刀相似，但刀的根部较切刀略厚，钢质如同砍刀，前半部分薄而锋利，近似切刀，质量一般在 750 g 左右。前切后砍刀的特点是既能切又能砍，因此又称为文武刀，在淮扬地区较为常见。

5. 烤鸭刀（小片刀）

烤鸭刀（图 2-1-1）刀身比片刀略窄而短，质量轻，刀刃锋利，专用于烤鸭切片。

6. 整鱼出骨刀

整鱼出骨刀（图 2-1-2）比烤鸭刀更窄且长，前端为月牙形，有刃，刀刃锋利度一般，专门用于整鱼出骨。

7. 羊肉片刀（涮羊肉刀）

羊肉片刀（图 2-1-3）的特点是质量较轻，刀身较薄，刀口锋利，刀刃中部是内弓形，是片切涮羊肉片的专用工具，现已被机械化代替。

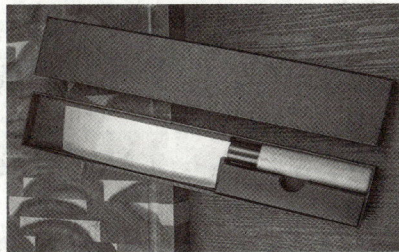

图 2-1-1　烤鸭刀　　　　图 2-1-2　整鱼出骨刀　　　　图 2-1-3　羊肉片刀

8. 馅刀

馅刀（图 2-1-4）刀身较长，刀背较厚，刀刃锋利，专用于加工馅料，如青菜馅等。

9. 其他类刀

其他类刀一般刀身窄小,刀刃锋利,轻而灵活,外形各异且用途多样。常用的其他类刀有以下几种。

（1）剪刀（图2-1-5）。剪刀的形状与家用剪刀相似,实际上是刀工处理的辅助工具。剪刀多用于初加工,整理鱼、虾及各类蔬菜等。

（2）镊子刀（图2-1-6）。镊子刀的前半部分是刀,后半部分是镊子,它是刀工初加工的附属工具。

（3）刮刀（图2-1-7）。刮刀体形较小,刀刃不锋利,多用于刮去砧板上的污物和家畜皮表面上的毛等污物,有时也用于去鱼鳞。

（4）刻刀（图2-1-8）。刻刀是食品雕刻的专用工具,种类很多,多因使用者习惯自行设计制作。

图 2-1-4　馅刀

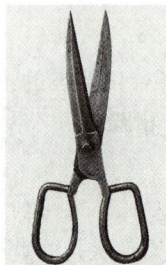 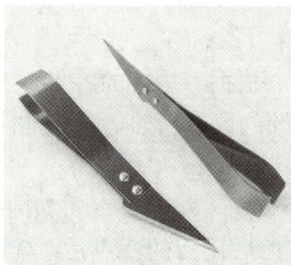 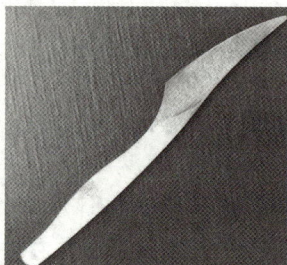 

图 2-1-5　剪刀　　　　图 2-1-6　镊子刀　　　　图 2-1-7　刮刀　　　　图 2-1-8　刻刀

10. 西式刀具和日式刀具

随着改革开放,西餐和日式料理在我国也有较好的市场,其刀具也各有特色。

（1）西式刀具。西式刀具品种较多,常见的有三文鱼刀、起司刀、多汁刀、主厨刀、面包刀、糕点刀、去皮刀、切片刀、剔骨刀等,如图2-1-9所示。

三文鱼刀
起司刀
多汁刀
主厨刀
面包刀
糕点刀

图 2-1-9　西式刀具

去皮刀

切片刀

剔骨刀

图 2-1-9　西式刀具（续）

（2）日式刀具。在日本，菜刀又被称为包丁。包丁有薄刃包丁、刺身包丁（生鱼片刀）、出刃包丁之分。

二、刀具的选择和鉴别

我国幅员辽阔，民族众多，各地的饮食风俗各具特色，在历史长河的积淀中，各地使用的刀具形状也是花样繁多，随着烹饪文化交流的增加及人们对烹饪原料性能的认识，逐步形成了广为使用的一些中式烹饪用刀具。只有了解和掌握各种类型刀具的不同性质及用途，才能根据烹饪原料的不同性质选用相应的刀具，将不同性质的烹饪原料加工成整齐、美观、均匀一致，符合烹调要求的形状。

1. 根据地方习惯选择刀具

由于饮食文化的地源性，刀具使用上也各有地方特色，在广东等地选择较多的是方头刀；而京津地区马头刀（北京刀）较为常见；淮扬地区的厨师喜欢使用文武刀。

2. 根据个人爱好选择刀具

由于个人的体质存在差异，对刀具的大小、轻重选择也各不相同。尺寸小且质量轻的刀具，使用时方便灵活；而尺寸大、质量偏重的刀具，使用时稳健有力，刀起刀落干净利索。

3. 根据原料性能选择刀具

由于烹饪原料的性质多种多样（如脆性的、韧性的、有骨的），在刀具的选择上也各有不同。

三、刀具的磨制和保养

（一）磨制方法

孔子曰："工欲善其事，必先利其器。"要想有好的刀工，必须要有上好的利器。用于刀工中的刀具，要保持锋利不钝、光亮不锈、不变形，必须通过磨刀这一过程来实现。俗话说"三分手艺七分刀"，厨刀是厨师的脸面，磨刀是我们必备的基本功。

1. 磨刀的工具

磨刀的工具是磨刀石（图 2-1-10、图 2-1-11）。常用的有粗磨刀石、细磨刀石、油石和刀砖四种，粗磨刀石的主要成分是天然糙石，质地粗糙，多用于新开刃或有缺口的刀；细磨刀石的主要成分是青沙，质地坚实、细腻，容易将刀磨锋利、刀面磨光亮，不易损伤刀口，应用较多；油石是人工合成的磨刀石，窄而长，质地结实，携带方便；刀砖是砖窑烧制而成的，质地极为细腻，是刀刃上锋佳品。磨刀时，一般先在粗磨刀石上将刀磨出锋口，再在细磨刀石上将刀磨快，最后在刀砖上上锋。这样的磨刀方法，既能缩短磨刀时间，又能提高刀刃的锋利程度和延长刀的使用寿命。

2. 磨刀的方法

（1）磨刀前的准备工作。磨刀前先将刀面上的油污清除干净，再把磨刀石放置在高度约90 cm的平台上（固定为佳），以前面略低、后面略高为宜。备一盆清水。

（2）磨刀站立姿势。磨刀时，两脚自然分开或一前一后站稳，胸部略微前倾，一手持好柄，一手按住刀面的前段，刀口向外，平放在磨刀石面上。

图 2-1-10　粗磨刀石　　图 2-1-11　细磨刀石

（3）磨刀时的手法。磨刀石（砖）浸湿，然后在刀面上淋水，将刀面紧贴磨刀石面，后部略翘起，前推后拉（一般沿刀石的对角线运行），用力要均匀，视石面起砂浆时再淋水。刀的两面及前后中部都要轮流均匀磨到，两面磨的次数基本相等，只有这样才能保持刀刃平直、锋利、不变形。磨刀石应保持中部高、两端低。

（二）刀具的一般保养方法

在刀的使用过程中，必须养成良好的保养习惯。

（1）要经常磨刀，保持刀的锋利和光亮。

（2）要根据刀的形状和功能特点，正确掌握磨刀方法，保持刀刃不变形。

（3）刀用完后必须要用清洁的抹布擦拭干净，不留水分和黏合物，防止水与刀发生氧化作用而生锈，特别是切带有咸味、黏性或腥味等黏合物的原料时，如咸菜、藕、鱼、茭白、山药等，因为黏附在刀面上的鞣酸物质容易使刀身氧化、变色发黑、锈蚀，所以更要将刀面彻底擦洗干净。在正常使用时，刀使用后放在刀架上，刀刃不可碰在硬的东西上，避免伤人或碰伤刀口。长时间不用的刀，应擦干后在其表面涂一层油，装入刀套，放置于干燥处，以防止生锈、刀刃损伤或伤人。

四、菜墩的选择和保养

1. 菜墩的选择

菜墩属于切割枕器。菜墩又称砧板、砧墩、剁墩，是对原料进行刀工操作时的衬垫工具。菜墩的种类繁多，按菜墩的材料可分为天然木质结构（图2-1-12）、塑料制品结构（图2-1-13）、天然木质和塑料复合型结构（图2-1-14）三类，并有大、中、小多种规格。

菜墩一般选择木质材料，要求树木无异味，质地坚实，木纹紧密，密度适中，树皮完整，无结疤，树心不空、不烂，菜墩截面的颜色应微呈青色、均匀，没有花斑。可选用银杏树（白果树）、橄榄树、红柳树、青冈树、樱桃树、皂角树、榆树、柞树、橡树、枫树、栗树、楠树、铁树、榉树、枣树等，以横截面或纵截面制成。优质的菜墩应具备抗菌效果好，透气性好、弹性好的特点。菜墩的尺寸以厚度为20～25 cm、直径为35～45 cm为宜。银杏树以其优良品质，深受业内人士欢迎，是常用的菜墩品种之一。

2. 菜墩的使用

使用菜墩时，应均匀使用菜墩的整个平面，保持菜墩磨损均衡，防止菜墩凹凸不平，影响刀法的施展；墩面也不可留有油污，如留有油污，在加工原料时容易滑动，既不好掌握刀距，又易伤害自身，同时也影响卫生。

图 2-1-12　天然木质结构菜墩　　图 2-1-13　塑料制品菜墩　　图 2-1-14　木质复合制品菜板

3. 菜墩的保养

新购买的菜墩最好放入盐水中浸泡数小时或放入锅内加热煮透，使木质收缩，组织细密，以免菜墩干裂变形，达到结实耐用的目的。树皮损坏时要用金属加固，防止干裂。菜墩使用之后，要用清水或碱水洗涮，刮净油污，立于阴凉通风处，用洁布或砧罩罩好，防止菜墩发霉、变质。每隔一段时间，还要用水浸泡数小时，使菜墩保持一定的湿度，以防干裂，切忌在太阳下暴晒，造成开裂；还需要定期高温消毒。

五、案板的选择与清洁

案板即厨房用来加工用的工作台。常见案板有双层工作台、木质工作台、双层工作台连上层架、楼面工作台、保鲜工作台、家用的折叠组合案板。

1. 厨房案板的选择

厨房案板主要有以下三种选择。

（1）通常情况下切配工作台：不锈钢材质，耐腐蚀、强度高，适合处理食材时频繁接触水或油污的场景。优先选择 304 食品级不锈钢，避免生锈或化学污染。

（2）防滑设计：台面可嵌入防滑胶条或搭配防滑砧板，提升操作稳定性。

（3）面点工作台：木质或人造石台面。木质台面（如抛光实木）适合揉面、擀皮等操作，需厚度 ≥ 5 cm 以防变形；人造石台面光滑易清洁，适合家庭或小批量制作；大理石、石英石：表面平整且温度稳定，适合需要控温的面团操作。

2. 厨房案板的清洁

厨房案板的清洁常用办法有以下四种。

（1）洗烫法：案板用完后，先用刀或硬刷把板面上的残渣刮干净，再用自来水冲洗两遍，细菌可减少一半；然后用开水缓慢烫两遍，竖起晾干。

（2）阳光消毒法：按第一种办法将案板洗净后，放在阳光下晒 2 h，让阳光中的紫外线对案板进行消毒杀菌。

（3）撒盐消毒法：案板先进行刷洗，去除上面的残渣，然后在上面撒一些盐过夜，也可起到消毒作用。

（4）化学消毒法：把已洗干净的案板放在家用消毒液中，浸泡 15 min，再用清水冲洗干净。

另外，厨房里最好准备两块案板，分别用作处理生、熟食物之用。如无条件时，应先切熟食，后切生鱼、生肉与蔬菜，切不可用刚切过生鱼肉的案板，随便用抹布擦一下，就用来切熟食和凉拌食物。

六、其他刀工设备

刀工设备是对烹饪原料进行刀工处理的专用工具。我国传统意义上的刀工设备是指加工烹饪原料过程中所使用的刀具和衬垫工具（菜墩）等设备。随着现代化建设的进程，各机械化的刀工设备不断更新，中华人民共和国成立以来党和政府高度重视厨房设备的改造。随着市场经济的不断完善和科学技术的不断进步，逐步实现了厨房设备的机械化和智能化，对烹饪原料进行加工的工具或各种刀具也有了改进和提高，刀工设备发展至今已有了切片切丝机、刨片机、多用切菜机、斩拌机等设备，大大减轻了劳动强度，提高了工作效率，对质量的提高有更好的保证。但是，由于受传统饮食文化的影响和传统烹饪技术工艺的限制，以及各种烹饪原料的性能迥异，现有的机械化设备不能满足种类繁多的烹饪原料加工的需要，所以，现代厨房刀工设备与传统厨房刀工设备并存还会有一段相当长的时间，有些传统刀具和加工方法还需要在生产中使用。作为入门者，了解和掌握机械化刀工设备及加工方法等方面的知识是学好烹饪的基础。

工作 实 施

一、课前准备

1. 师生工作准备

为完成该任务，请做好课前的各项准备工作。

2. 技能准备

（1）将刀具的分类及用途填入表 2-1-1。

表 2-1-1　刀具的分类及用途

序号	类别	种类	用途
1	中式厨刀	切刀	用于料理无骨肉和蔬果
2			
3			
4			

（2）将磨刀石的类别及作用填入表 2-1-2。

表 2-1-2　磨刀石的类别及作用

序号	种类	作用
1	粗磨刀石	主要成分是天然糙石，质地粗糙，多用于新开刃或有缺口的刀
2	细磨刀石	主要成分是青沙，质地坚实细腻，容易将刀刃磨得锋利
3		
4		

3. 知识储备

（1）一般来说，世界上主要有 ＿＿＿＿＿＿＿＿、＿＿＿＿＿＿＿＿、＿＿＿＿＿＿＿三大厨刀系。

（2）中式厨刀一般分为＿＿＿＿＿＿＿、＿＿＿＿＿＿＿＿及＿＿＿＿＿＿三种。

（3）按刀具的功用可分为＿＿＿＿＿＿（斩骨刀或劈刀）、＿＿＿＿＿＿、＿＿＿＿＿＿、＿＿＿＿＿＿（涮羊肉刀）、＿＿＿＿＿＿、＿＿＿＿＿＿、＿＿＿＿＿＿、镊子刀、刮刀及刻刀（食品雕刻专用刀具）。

（4）在刀具使用上也各有地方特色，在广东等地选择较多的是＿＿＿＿＿＿；而京津地区＿＿＿＿＿＿（北京刀）使用较为常见；淮扬地区的厨师喜欢使用＿＿＿＿＿＿。

（5）磨刀的工具是磨刀石，常用的磨刀石有＿＿＿＿＿＿、＿＿＿＿＿＿、＿＿＿＿＿＿和＿＿＿＿＿＿四种。

二、工作规划

1. 小组分工

将小组分工及岗位职责填入表 2-1-3。

表 2-1-3　小组分工及岗位职责

班级		烹饪高		日期	＿＿＿年＿＿月＿＿日
小组名称				组长	
岗位分工					
成员					

2. 小组讨论

小组成员共同讨论工作计划，列出本次任务所需器具、作用及数量，并将其填入表 2-1-4。

表 2-1-4　所需器具、作用及数量

序号	器具名称	作用	数量	备注
1	菜刀	根据烹调要求，将原料通过改刀，切配成一定形状，即丝、片、丁等	2 把	
2	磨刀石	将所用刀具磨得锋利	1 个	
3				
4				

三、实施步骤

1. 任务实施

模仿教师演示进行操作。

2. 成果分享

每个小组将任务完成结果上传到学习平台，由 2～3 个小组分别进行展示和讲解任务完成过程。

3. 问题反思

（1）任务实施过程中，持刀角度把握不准会出现什么结果？是什么原因导致的？

（2）任务实施过程中，选择不同的磨刀石会造成什么结果？

4. 检查

操作前检查内容见表 2-1-5。

表 2-1-5　操作前检查内容

序号	检查内容	检查结果	备注
1	个人卫生、操作台卫生是否整洁		
2	刀具、抹布、菜墩、碗是否放置到位		
3	翻锅姿势是否正确		
4	刀刃是否锋利		

综 合 评 价

　　小组成员各自完成自我评价，组长完成小组评价，教师完成教师评价（表 2-1-6），整理实训室并完成各类器具的收纳摆放，做好 6s 管理规范。

表 2-1-6　任务评价表

序号	评价内容	自我评价	小组评价	教师评价	分值分配
1	遵守安全操作规范				5
2	态度端正、工作认真				5
3	能够进行课前学习，完成相关学习内容				10
4	能够熟练运用多渠道收集学习资料				10
5	能够正确选择刀具				10
6	操作规范，卫生整洁				20
7	能够正确回答教师的问题				10
8	能够按时完成实训任务				10
9	能够与他人团结协作				10
10	做好 6s 管理工作				10
	合计				100
	拓展项目		—		+5
	总分		—		

评分说明：

1. 评分项目 3 为课前准备部分评分分值。

2. 总分 = 自我评价分 ×20%+ 小组评价分 ×20%+ 教师评价分 ×20%+ 拓展项目分。

3. 拓展项目完成一个加 5 分

项目二

任务二 直刀法

任务描述

直刀法是刀工中最常用的刀法，也是较为复杂的刀法之一。直刀法是指刀具与墩面或原料基本保持垂直运动的刀法。这种刀法按照用力大小的程度和刀刃离墩面的距离长短，可分为切、剁（又称斩）、砍（又称劈）等。

学习目标

1. 知识目标

掌握直刀法选用刀具的种类、直刀法的分类及直刀法在加工原料时的应用范围。

2. 能力目标

能够正确操作直刀法并能够运用直刀法加工原料。

3. 素质目标

培养爱岗敬业、吃苦耐劳的职业素养，具有精益求精、不断探索的职业意识，能够传承中华传统烹饪方法；具有社会责任感和社会参与意识，能够履行道德标准和行为规范。培养新时代工匠精神和良好的卫生习惯，树立饮食卫生从每个环节抓起。

应知应会

烹饪大师的烹调技术之所以炉火纯青，最重要的一点是其出神入化的刀工。在行内，有句行话叫作"三分勺工，七分刀工"，熟练的刀工是优秀厨师必须具备的基本技能，它的作用是整齐划一、提升菜品美观度、配合烹调、调谐形态、物尽其用。

一、刀工的意义

刀工就是根据烹调或食用的要求，运用各种不同的刀法，将烹饪原料或食物切成一定形状的操作过程。

菜肴的品种繁多，烹调方法也因品种不同而有所差异，这就需要采用不同的刀法将原料加工成一定的规格、形状，以符合烹调的要求或食用风格的需要。

随着烹饪技艺的发展，刀工已不局限于改变原料的形状和满足食用的要求，而是进一步美化原料或食物的形状，使制成的菜肴不仅滋味可口，而且形象美观、绚丽多彩，更具艺术性。

我国古时就把刀工与烹调合称为"割烹"，历来厨师对刀工极为重视，都当作必须练习的一项基本功。

我国厨师经过长期的实践，整理了一套适用各种烹调要求和食用需要的刀法，创造了很多精巧的刀工技艺，积累了丰富的经验，使刀工不仅具有技术性，而且有较高的艺术性。

二、刀工的基本要求

刀工是烹调工艺的重要组成部分，一切原料在烹饪前都必须经过特定的刀工处理，使其具有各种形状，如丁、丝、片、块等。有时对已烹制成熟的某些成菜，也需要进行适当的刀工处理以便于食用。

三、刀工的处理要求

刀工处理应满足以下要求：适应烹调的需要；规格整齐均匀；掌握质地，因料而异；原料形式美观；同一菜肴中各种原料间形状进行配合；合理使用原料。

四、刀工的基本操作姿势

刀工操作时，应保持既便于工作，又能减少疲劳的姿势，具体姿势如下。

（1）两脚要自然站稳，与菜墩有适当的距离；上身略向前倾，前胸稍挺，不要弯腰弓背；两眼注视墩上两手操作的部位。

（2）右手握刀时拇指与食指捏住刀箍，全手掌握好刀柄。左手控制原料，使原料平稳、不滑动，以便于落刀。

（3）握刀时手腕要灵活有力。

（4）菜墩的放置要适合自身的高低。

不同的原料具有不同的特性，在进行刀工处理时，应根据原料的不同性能选用不同的刀具和采取不同的方法。例如，韧性肉类原料必须用拉切的刀法。猪肉较嫩，肉中结缔组织少，可斜着肌肉纤维纹路切，如果横刀，就容易断；如果肉较老，只有斜切，才能达到不断的目的。牛肉结缔组织多，必须横着肌肉纤维的纹路，把纤维、筋切断，炒熟后就不会老。鸡脯肉和鱼肉最嫩，要顺着肌肉纤维的纹路来切，可以使切出的丝和片不断、不碎。又如脆性的原料，冬瓜、笋等，可用直上直下的直刀法切。如果是豆腐等易碎或薄而小的原料则不宜推刀、拉刀切，应该采用直刀切法。根据原料的特性进行适当的刀工处理，才能保证菜肴的质量。

刀法的种类很多，各地的名称也都不同，但根据刀刃与墩面接触的角度、运刀方向和刀具力度等运动规律，大致可分为直刀法、平刀法、斜刀法、剁刀法四大类。

（一）切

1. 直刀切（跳切）

在直刀切过程中如运刀的频率加快，就如同刀在墩面"跳动"，跳切因此而得名。这种刀法在操作时要求刀具与墩面或原料垂直、刀具做垂直运动，着力点布满刀刃，从而将原料切断，如图 2-2-1 所示。

（1）应用范围：适合加工脆性原料，如白菜、油菜、荸荠（南荠）、鲜藕、莴笋、冬笋及各种萝卜等。

（2）操作方法：左手扶稳原料，一般是左手自然弓指并用中指指背抵住刀身，与其余手指配合，根据所需原料的规格（长短、厚薄），呈蟹爬姿势不断向后移动；右手持稳刀，运用腕力，用刀刃的中前部位对准原料被切位置，刀身紧贴着左手中指第一节指关节背部，并随着左手移动，以原料规格的标准取间隔距离，一刀一刀跳动直切下去。刀垂直上下，刀起刀落将原料切断。如此反复直切，直至切完原料为止。

图 2-2-1　直刀切

（3）技术要领：左手运用指法向左后方移动，要求刀距相等，两手协调配合、灵活自如。刀具在运动时，刀身不可里外倾斜，作用点在刀刃的中前部位。所切的原料不能堆叠太高或切得过长。如原料体积过大，应放慢运刀速度。按稳所切原料，持刀稳、手腕灵活、运用腕力，稍带动小臂。两手必须密切配合，从右到左，在每刀距离相等的情况下，有节奏地匀速运动，不能忽宽忽窄或按住原料不移动。刀口不能偏内斜外，提刀时刀口不得高于左手中指第一关节，否则容易造成断料不整齐，或放空刀，或切伤手指。

（4）直刀切的正确做法：右手持刀，左手按住原料，刀体垂直落下。刀身不能够向外推，也不能够向里拉。一刀一刀的紧贴着中指第一关节笔直地切下去。着力点要布满刀刃，前后力量需一致。此种刀法一般用于质地脆嫩的原料，如新鲜的青菜、白菜、萝卜、黄瓜、西红柿、韭菜、藕、茭白、凉粉、豆腐等。

（5）直刀切的操作误区：左右两手配合没有节奏，左手按料不稳；后退的距离没有保持相等；下刀不直，偏里或偏外；刀刃没有按相等的距离移动；未保证加工后的形状整齐等。

2. 推刀切

推刀切操作时要求刀具与墩面垂直，刀的着力点在中后端，刀具自上而下从右后方向左前方推刀下去，一推到底，将原料断开（图 2-2-2）。

图 2-2-2　推刀切

（1）应用范围：推刀切适合加工各种韧性原料，如猪、牛、羊各部位的肉。对于硬实性原料，如火腿、海蜇、海带等，也都适合用这种刀法加工。

（2）操作方法：左手扶稳原料，右手持刀，用刀刃的前部位对准原料被切位置。刀具自上至下，自右后方向左前方推切下去，将原料切断。如此反复，直至切完原料为止。

（3）技术要领：左手运用指法向左后方移动，每次移动都要求刀距相等。刀具在切割原料时，右手腕要起伏摆动，使刀具产生一个小弧度，从而加大刀具在原料上的运行距离。使用刀具要有力，克服连刀的现象，要一刀将原料推切断开。

（4）推刀切的正确做法：右手持刀，左手按住原料，刀体垂直落下，刀刃进入原料后，立即将刀向前推，直至原料断裂不需再从原料内拉回，力点在刀的后端。此种刀法一般用于细薄、易碎的软性原料或煮熟回软的脆性、韧性原料，如豆腐干、榨菜、熟肉、熟冬笋、茭白、百叶、素鸡等。

（5）推刀切的错误做法：刀体落下的同时，没有将刀立即向前推动，不能够将原料一次性切断，产生连刀；刀身偏里或偏外，原料不整齐。

3. 拉刀切

拉刀切是与推刀切相对的一种刀法。操作时，要求刀具与墩面垂直，用刀刃的中后部位对准原料被切位置，刀具由上至下，从左前方向右后方运动，一拉到底，将原料切断。这种刀法主要是用于将原料加工成片、丝等形状（图2-2-3）。

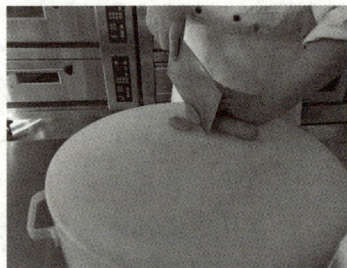

图 2-2-3 拉刀切

（1）应用范围：拉刀切适合加工韧性较弱、质地细嫩并易碎的原料，如里脊肉、鸡脯肉等。

（2）操作方法：左手扶稳原料，右手持刀，刀的着力点在前端，用刀刃的中后部位对准原料被切的位置。刀具由上至下、自左前方向右后方运动，用力将原料拉切断开。如此反复，直至切完原料为止。

（3）技术要领：左手运用指法向左后方移动，要求刀距相等。刀具在运动时，应摆动手腕，使刀具在原料上产生一个弧度，从而加大刀具的运动距离。使用刀具要有力，避免连刀的现象，一拉到底，将原料拉切断开。如此反复，直至切完原料为止。

（4）拉刀切的正确做法：（图2-2-4）右手持刀，左手按住原料，刀体垂直落下，先将刀向前虚推，然后猛地往后拉，拉断原料，着力点在刀的前端。此种刀法一般用于韧性较强的肉类原料，如猪肉、牛肉、羊肉、鸡肉、鸭肉、动物内脏。

（5）拉刀切的错误做法：刀向前推的力过大、过猛，刀跟冲出原料，刀刃无法在落刀的位置往拉回动；往后拉的力不大，没有一次性拉断原料，而是反复切割，造成落刀断口不光滑、形状不整齐等。

图 2-2-4 拉刀切

4. 推拉刀切

推拉刀切是一种推刀切与拉刀切连贯起来的刀法。操作时，刀具先向左前方行刀推切，接着再行刀向右后方拉切，一前推一后拉迅速将原料断开。这种刀法效率较高，主要适用于把原料加工成丝、片的形状。

（1）应用范围：推拉刀切适合加工有韧性且细嫩的原料，如里脊肉、通脊肉、鸡脯肉等。

（2）操作方法：左手扶稳原料，右手持刀，先用推刀的刀法将原料切断（方法同推刀切），再运用拉刀的刀法将后面的原料切断（方法同拉刀切）。如此将推刀切和拉刀切连接起来，反复推拉切，直至切完原料为止。

（3）技术要领：首先要求掌握推刀切和拉刀切各自的刀法，再将两种刀法连贯起来。操作时，只有在原料完全推切断开以后再做拉刀切，使用要有力，运用要连贯。

5. 锯刀切

锯刀切（图2-2-5）是直刀法的一种，它与推拉刀切的运刀方法相似，但行刀的速度较慢。

（1）应用范围：锯刀切适合加工质地松软或易碎的原料，如面包、精火腿等。

（2）操作方法：右手持刀，用刀刃的前部位接触原料被切的位置，要求刀具与墩面垂直。刀具在运动时，先向左前方运动，刀刃移至原料的中部位之后，再将刀具向右后拉回，形同拉锯，如此反复多次将原料切断。锯刀切主要是把原料加工成片的形状。

（3）技术要领：刀具与墩面保持垂直，刀具在前后运动时用力要小，速度要缓慢，动作要轻，还要注意刀具在运动时下压力要小，避免原料因受压力过大而变形。

（4）锯刀切的正确做法：右手持刀，左手按稳原料，刀体垂直落下，将刀刃同前推，然后再拉回来，一推一拉切断原料，着力点布满刀刃。此种刀法适用于质地软厚的原料或

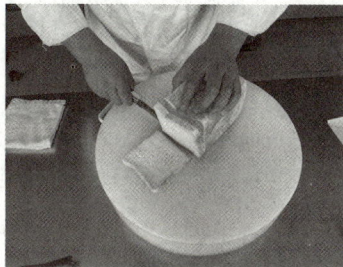
图 2-2-5　锯刀切

坚硬的冰冻原料，如面包、火腿、熏圆腿熟肉及冰冻后的肉类和内脏等。

（5）锯刀切的错误做法：落刀不直，偏里或偏外，切下的原料形状厚薄不均匀；落刀点不准，用力过大，动作过快，造成原料碎裂；左手未等原料全部切断就向后移动；不能保证原料的平稳移动等。

6. 滚料切（滚刀切）

滚料切在操作时要求刀具与墩面垂直，左手边扶料，边向后滚动原料；右手持刀，原料每滚动一次，采用直刀切或推刀切一次，将原料切断（图 2-2-6）。

（1）应用范围：直刀滚料切主要是将原料加工成块的形状，适合加工一些圆形或近似圆形的脆性原料，如各种萝卜、冬笋、莴笋、黄瓜、茭白等。

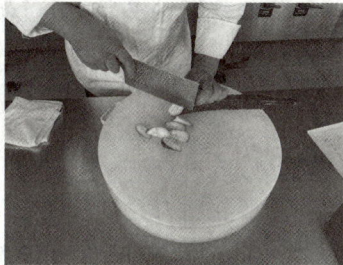
图 2-2-6　滚料切

（2）操作方法：滚料切是通过直刀切来加工原料的。左手扶稳原料，使其与刀具保持一定的角度，右手持刀，用刀刃前中部对准原料被切位置，运用直刀切的刀法，将原料切断。每切完一刀，即把原料朝一个方向滚动一次，再做直刀切，如此反复进行，直至切完原料为止。

（3）技术要领：每完成一刀，将原料朝一个方向滚动一次，每次滚动的角度都要求一致，才能使成型原料规格相同。

（4）滚料切的正确做法：右手持刀，左手按住原料，右手根据需要形状的规格要求，确定下刀的角度与速度，每切一刀，运用左手手指关节带动原料向后滚动一次，再切再滚原料，滚动的速度与行刀的速度不同，或快或慢都会改变原料的形状。如切得慢、滚得快，加工后的形状为块；如切得快、滚得慢，加工后的形状为片。

此种刀法适用于加工圆形或椭圆形的脆性软性原料，如胡萝卜、莴笋、冬笋、毛笋、土豆、山药、茭白、茄子等。

（5）滚料切的错误做法：左手按原料滚动的斜度不适中；右手的刀没有紧贴原料；未根据滚动的速度，按照一定的斜度切下去，并且没有每切一刀滚动一次；没有按同一斜度、同一速度滚动，不能保证加工后的原料形态完整一致。

7. 铡刀切（铡切）

铡切是直刀法的一种行刀技法。铡刀切的用力方式近似于铡刀，要求一手握刀柄，一手握刀背前部，两手上下交替用力压切（图 2-2-7）。

（1）应用范围：铡刀切适合加工带软骨或比较细小的硬骨原料，如蟹、烧鸡等。圆形、体小、易滑的原料，如花椒、花生米、煮热的蛋类等也适合用这种方法加工。

（2）操作方法：

①右手握住刀柄，提起，使刀柄高于刀的前端，左手按住刀背前端使之着墩，并使刃口的前部按在原料上，然后对准要切的部位用力下去。

图 2-2-7　铡刀切

②右手握住刀柄，将刃口放在原料要切的部位上，左手握住刀背的前端，左右两手同时用力压下去。

③右手握紧刀柄，将刀刃放在原料要切的部位上，左手用力猛击刀背，使刀猛铡下去。

（3）技术要领：操作时左右手反复上下抬起，交替由上至下摇切，动作要连贯。

（4）铡刀切的正确做法：右手握刀柄，左手抓刀背的前端，刀刃的前端紧靠着砧墩，并固定在原料要切的部位上，用力压切下去，将原料切断。

此种刀法适用于加工带壳、带细小骨的生料和熟料，如青水蟹、梭子蟹、熟鸡蛋、热鸭蛋、去熟鸭中较大块的硬骨。

（5）铡刀切的错误做法：落刀的位置不准，刀刃没有紧贴原料，并造成原料移动；落刀时力量不够，没有一次形成，未保证形状整齐及原料刀口断面的光滑。

（二）剁

剁根据用刀数量可分为单刀剁和双刀剁两种，根据用刀的方法又分为直剁、刀背锤、刀尖（跟）排等，操作方法大致相同。操作时要求刀具与墩面垂直，刀具上下运动，抬刀较高，用力较大。这种刀法主要用于将原料加工成末、蓉、泥等形状。

（1）排斩的正确做法：排斩俗称"剁"，是将原料加工成蓉泥、末状时使用的一种方法。即先将原料去皮、去骨、去筋，原料大块的先加工成小的粒状之后，双手分别提住两把刀的刀柄，直上直下在四周运动。在排斩的同时，用刀面将原料翻身，按照要求将原料排斩到极细的茸、泥、沫时才可停止（图 2-2-8）。

此种刀法适用于各种动物肉类及鱼肉、虾仁等，经过初步熟处理后的各种蔬菜、熟蛋黄蛋白，以及煮熟的土豆、山药、山楂等。

图 2-2-8　排斩

（2）排斩的错误做法：两手握刀用力过大，没有在运用手腕力量的时候，从左至右，再从右至左，灵活的、有节奏的控制刀的起落。两刀之间没有保持间距，没有注意刀跟稍远一些、刀尖稍近一些，两刀身相互碰撞。

1. 直剁

（1）应用范围：这种刀法适合加工脆性原料，如白菜、葱、姜、蒜等。对于韧性原料，如猪肉、羊肉、虾肉等也适合用剁法加工。

（2）操作方法：将原料放在墩面中间，左手扶墩边，右手持刀（或双手持刀），用刀刃的中前部位对准原料，用力剁碎。当原料剁到一定程度时，将原料铲起归堆，再反复剁碎，原料直至达到加工要求为止。

（3）技术要领：操作时，用手腕带动小臂上下摆动，用力大于直刀切且适度，用刀要稳、准，富有节奏，同时注意抬刀不可过高，以免将原料甩出造成浪费。还要勤翻动原料，使其均匀细腻。

2. 刀背锤

刀背锤可分为单刀背锤和双刀背捶两种，操作方法大致相同。这种刀法主要用于加工肉类和捶击动物性烹饪原料表面，使肉质疏松或将厚肉片捶击成薄肉片。

（1）应用范围：刀背捶击适合加工经过细选的韧性原料，如鸡脯肉、里脊肉、净虾肉、肥膘肉、净鱼肉。

（2）操作方法：左手扶墩，右手持刀（或双手持刀），刀刃朝上，刀背朝下（刀背与墩面平行），将刀抬起，上下捶击原料。当原料被捶击到一定程度，将原料铲起归堆，再反复捶击原料，直至符合加工要求为止。

（3）技术要领：操作时，刀背要与菜墩面平行，加大刀背与菜墩面的接触面积，使之受力均匀，提高效率。用力要均匀，抬刀不要过高，避免将原料甩。要切勤翻动原料，使加工的原料均匀细腻。

3. 刀尖（跟）排

使用这种刀法操作时要求刀具做上下运动，用刀尖或刀跟在片形的原料上扎排几排分布均匀的刀缝，用以剁断原料内的筋络，防止原料因受热而卷曲变形，同时也便于调料入味和扩大受热面积，易于成熟。

（1）应用范围：刀尖（跟）排适合加工经加工呈厚片形的韧性原料，如大虾、通脊肉、鸡脯肉等。

（2）操作方法：左手扶稳原料，右手持刀，将刀柄提起，刀具垂下对准原料。刀尖在原料上反复起落扎排刀缝。如此反复进行，直到符合加工要求为止。

（3）技术要领：刀具要保持垂直起落，刀缝间隙要均匀，用力不要过大，轻轻将原料扎透即可。

（三）砍

砍是指从原料上方垂直向下猛力运刀断开原料的直刀法。根据运刀力量的大小（举刀高度）可分为拍刀砍、直刀砍、跟刀砍、直刀劈四种。

1. 拍刀砍

（1）应用范围：拍刀砍（图2-2-9）适用于加工圆形、易滑、质硬且易碎、带骨的韧性原料，如鸭蛋、鸭头、鸡头、酱鸡、酱鸭等。

（2）操作方法：使用这种刀法操作时要求右手持刀，并将刀刃架在原料被砍的位置上，左手半握拳或伸平，用掌心或掌根向刀背拍击，将原料砍断。这种刀法主要是把原料加工成整齐、均匀、大小一致的块、条、段等形状。

图2-2-9　拍刀砍

（3）技术要领：原料要放平稳，用掌心或掌根拍击刀背时要有力，原料一刀未断开，刀刃不可离开原料，可连续拍击刀背，直至将原料完全断开为止。

（4）拍刀法的正确做法：右手握住刀柄，将刀提起，刀刃对准原料要切的部位。用左手掌猛击刀背，使刀刃进入原料，然后将原料切开。此种刀法适用于油炸或水煮后的无硬骨熟料或带壳的生料，如素火腿、素大排、肉蟹、桃仁鸭方、芝麻鹿排、白斩鸡等。用这种刀法切熟料，可以保证块形均衡整齐，不松散。

（5）拍刀法的错误做法：落刀的位置不准，拍击力量不够，在需要按要求平均分割原料的时候，没有注意原料的大小整齐，以及左手掌未能够准确猛击在与之下刀相对应的刀背位置处。

2. 直刀砍

（1）应用范围：直刀砍（图 2-2-10）适用于加工一些带有大骨的原料。

（2）操作方法：左手扶稳原料，右手持刀，将刀举起，用刀刃的中前部，对准原料被砍的位置，一刀将原料砍断。这种刀法主要用于将原料加工成块、条、段等形状，也可用于分割大型带骨的原料，如排骨、鸭块等。

（3）技术要领：右手握牢刀柄，防止脱手，将原料放平稳，左手扶料要离落刀点远一点，以防伤手。落刀要有力且

图 2-2-10　直刀砍

适度、准确，将原料一刀砍断。使用这种刀法操作时左手扶稳原料，右手将刀举起，做垂直运动，对准原料被砍的部位，用力挥刀直砍下去，使原料断开。

3. 跟刀砍

使用这种刀法操作时要求左手拿稳原料，刀刃垂直嵌牢在原料被砍的位置，刀具运动时与原料一起上下起落，使原料断开。这种刀法主要用于加工大型成块的原料。

（1）应用范围：跟刀砍适合加工猪蹄、大鱼头及小型的冻肉等。

（2）操作方法：左手拿稳原料，右手持刀，用刀刃的中前部对准原料被砍的位置快速砍入，紧嵌在原料内部。左手持原料并与刀同时举起，用力向下砍断原料，刀与原料同时落下。

（3）技术要领：左手持料要牢，选好原料被砍的位置，而且刀刃要紧嵌在原料内部（防止脱落引起事故）。原料与刀同时举起同时落下，向下用力砍断原料。一刀未断开时，可再砍，直至将原料完全断开为止。

（4）跟刀砍的正确做法：右手持刀握住刀箍，左手握住原料，将刀刃紧紧嵌入原料要劈的部位。然后两手同时起落直到原料砍断为止。此种刀法适用于质地特别坚硬，并且体大形圆、带大骨、骨硬的原料，如猪头、鱼头、蹄髈、猪蹄、牛腿、火腿等。

（5）跟刀砍的错误做法：刀刃嵌入原料时没有嵌牢、嵌稳，两手起落的速度不一致，造成用力时原料脱落、劈空、劈伤手指等。

4. 直刀劈

直刀劈（图 2-2-11）是所有刀法中用力最大的一种刀法。

（1）应用范围：这种刀法适用于带大骨、硬骨，质地坚硬的动物性原料或冰冻的植物性原料，如牛肉、猪肉、羊腿、大排、小排、鸡、鸭、鹅、青鱼、大的毛笋、老的笋根和冰冻内脏、肉类等。

（2）操作方法：左手扶稳原料，右手的大拇指与食指必须紧紧地握稳刀柄，用手腕之力持刀，高举到与头部平齐，将刀刃对准原料要劈的部位用力向下直劈。

（3）技术要领：下刀要准，速度要快，力量要大，力求一刀劈断，如需复刀可采用跟刀砍的刀法。左手扶稳原料，应离开落刀点一定距离，以防伤手。

（4）直刀劈的正确做法：右手持刀，并且紧握在刀柄上；左手按住原料，按成型的规格要求，确定好落刀的准确部位，右手将刀提起迅速地劈下；左手同时迅速离开原料，将原料劈断。

（5）直刀劈的错误做法：劈时用力过猛震伤手腕，没有注意握紧刀箍，在劈到硬骨时手受到震动，造成刀脱手，发生意外事故；用力没有做到猛、准、狠，未能够一刀劈断，反复劈数次造成原料骨肉碎烂零乱，影响质量；原料放得不平稳，在原料过小时，未在落刀时左手迅速离开原料造成劈伤手指等。

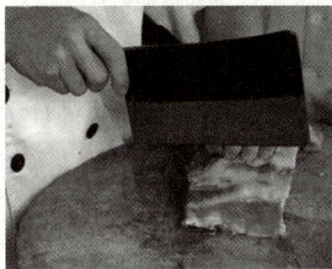

图 2-2-11　直刀劈

工 作 实 施

一、课前准备

1. 师生工作准备

为完成该任务，请做好课前的各项准备工作。

2. 技能准备

（1）将刀法的分类及用途填入表 2-2-1。

表 2-2-1　刀法的分类及用途

序号	类别	种类	用途
1	直刀法	切、剁、砍	用于加工丝、条、片、丁、粒等原料形状
2			
3			
4			

（2）将直刀法的分类及作用填入表 2-2-2。

表 2-2-2　直刀法的分类及作用

序号	种类	分类	作用
1	切	直刀切、推刀切、拉刀切、推拉刀切、锯刀切、滚料切、铡刀切	根据原料性质，加工不同形状
2			
3			
4			

3. 知识储备

（1）直刀法就是指＿＿＿＿＿＿与＿＿＿＿＿＿或原料基本保持＿＿＿＿＿＿运动的刀法。

（2）直刀法中的切可为＿＿＿＿＿＿、＿＿＿＿＿＿、＿＿＿＿＿＿、＿＿＿＿＿＿、＿＿＿＿＿＿、＿＿＿＿＿＿七种

（3）直刀切适用的加工原料性质为＿＿＿＿＿＿原料，如＿＿＿＿＿＿、＿＿＿＿＿＿、＿＿＿＿＿＿（南荠）、＿＿＿＿＿＿、＿＿＿＿＿＿及各种＿＿＿＿＿＿等。

（4）推刀切适合加工各种＿＿＿＿＿＿原料，如猪、牛、羊各部位的肉。对于硬实性原料，如＿＿＿＿＿＿、＿＿＿＿＿＿、＿＿＿＿＿＿等，也都适合用这种刀法加工。

（5）推拉切适合加工有＿＿＿＿＿＿且＿＿＿＿＿＿的原料，如＿＿＿＿＿＿、＿＿＿＿＿＿、＿＿＿＿＿＿等。

二、工作规划

1. 小组分工

将小组分工及岗位职责填入表 2-2-3。

表 2-2-3　小组分工及岗位职责

班级	烹饪高	日期	＿＿＿＿年＿＿月＿＿日
小组名称		组长	
岗位分工			
成员			

2. 小组讨论

小组成员共同讨论工作计划，列出本次任务所需器具、作用及数量，并将其填入表 2-2-4。

表 2-2-4　所需器具、作用及数量

序号	器具名称	作用	数量	备注
1	菜刀	利用直刀切的方法，结合烹饪要求，将原料加工成一定的形状	1 把	
2	砧板	切配原料时便于保护刀刃，防止损坏	1 个	
3				
4				

三、实施步骤

1. 任务实施

模仿教师演示进行操作。

2. 成果分享

每个小组将任务完成结果上传到学习平台，由 2～3 个小组分别进行展示和讲解任务完成过程。

3. 问题反思

（1）任务实施过程中，站姿不正确会造成什么结果？是什么原因导致的？

（2）任务实施过程中，两手不协调会造成什么结果？

4. 检查

操作前检查内容见表 2-2-5。

表 2-2-5　操作前检查内容

序号	检查内容	检查结果	备注
1	个人卫生、操作台卫生是否整洁		
2	刀具、抹布、菜墩、碗是否放置到位		
3	直刀切操作姿势是否正确		
4	原料成型是否达到标准		

综合评价

小组成员各自完成自我评价，组长完成小组评价，教师完成教师评价（表 2-2-6），整理实训室并完成各类器具的收纳摆放，做好 6s 管理规范。

表 2-2-6　任务评价表

序号	评价内容	自我评价	小组评价	教师评价	分值分配
1	遵守安全操作规范				5
2	态度端正、工作认真				5
3	能够进行课前学习，完成相关学习内容				10
4	能够熟练运用多渠道收集学习资料				10
5	能够正确选择刀具				10
6	操作规范，卫生整洁				20
7	能够正确回答教师的问题				10
8	能够按时完成实训任务				10
9	能够与他人团结协作				10
10	做好 6s 管理工作				10
	合计				100
	拓展项目		—		+5
	总分		—		

评分说明：

1. 评分项目 3 为课前准备部分评分分值。

2. 总分 = 自我评价分 ×20%+ 小组评价分 ×20%+ 教师评价分 ×20%+ 拓展项目分。

3. 拓展项目完成一个加 5 分

项目二

任务三　平刀法

任务描述

平刀法又叫作批刀法，是指刀身与墩面平行，刀刃在切割烹饪原料时做水平运动的刀法。这种刀法可分为平刀直片、平刀推片、平刀拉片、平刀抖片、平刀滚料片等。

学习目标

1. 知识目标

掌握依据平刀法选用刀具的种类和平刀法的分类；掌握平刀法在加工原料时的应用范围。

2. 能力目标

能够正确操作平刀法；能够正确运用平刀法加工原料成型。

3. 素质目标

培养爱岗敬业、吃苦耐劳的职业素养，具有精益求精、不断探索的职业意识，能传承中华传统烹饪方法；具有社会责任感和社会参与意识，能够履行道德标准和行为规范。培养新时代工匠精神；培养良好的卫生习惯，树立饮食卫生从每个环节抓起。

应知应会

1. 平刀直片

使用平刀直片操作时要求刀膛与墩面平行，刀做水平直线运动，将原料一层层地片开。应用这种刀法主要是将原料加工成片，在此基础上，再运用其他刀法将其加工成丁、粒、丝、条、段等形状（图 2-3-1）。

平刀直片可分为以下两种操作方法。

（1）第一种方法。

①应用范围：此法适用于加工固体性原料，如豆腐、鸡血、鸭血、猪血等。

②操作方法：将原料放在墩面里侧（靠腹侧一面），左手伸直顶住原料，右手持刀端平，用刀刃的中前部从右向左片进原料。

③技术要领：刀身要端平，不可忽高忽低，保持水平直线片进原料。刀具在运动时，下压力要小，以免将原料挤压变形。

图 2-3-1　平刀直片

（2）第二种方法。

①应用范围：此法适用于加工脆性原料，如生姜、土豆、黄瓜、胡萝卜、莴笋、冬笋等。

②操作方法：将原料放在墩面里侧，左手伸直，按住原料，手掌或大拇指外侧支撑墩面，左手的食指和中指的指尖紧贴在被切原料的入刀处；右手持刀，刀身端平，对准原料上端被片的位置，刀从右向左做水平直线运动，将原料片断。然后左手中指、食指、无名指微弓，并带动已片下的原料向左侧移动，与下面原料错开 5～10 mm。此方法可使片下的原料片片重叠，呈梯形状态。

③技术要领：在批切时，左手的食指和中指的指尖紧贴在被切原料的入刀处，以控制片形的厚薄；刀身端平，刀在运动时，刀膛要紧紧贴住原料，从右向左运动，使片下的原料形状均匀一致。

平刀直片的正确做法：右手握住刀柄放平刀身，左手手掌按在原料的上部，用力不宜过猛，并且以原料不移动为准则，之后将刀的前端紧贴墩面。刀的后端略微抬高，刀刃从原料的右侧批入，整刀用力，向左平行移动，直至完全批断原料。也可将刀刃紧贴在原料的表面，左手指分开，押在原料的上部，然后将刀刃从原料的右侧批入，整刀用力，向左平行移动，用手指支撑着原料，不可移动。此种刀法适用于无骨的嫩性、软性原料，如豆腐、皮冻、血旺、豆腐干、熟土豆等。

平刀直片的错误做法：刀身没有放平，批入原料后向前或向后移动，造成原料的碎裂；或者从底部批入原料时，没有将手掌放平及按稳原料，食指和中指没有分开控制好原料，造成原料的薄厚不均等。

2. 平刀推片

平刀推片要求刀身与墩面保持平行，刀从右后方向左前方运动，将原料一层层片开。平刀推片主要用于把原料加工成片，在此基础上，再运用其他刀法可将其加工成丝、条、丁、粒等形状。平刀推片一般适用于上片的方法（图 2-3-2）。

（1）应用范围：此法适宜加工韧性较弱的原料，如猪通脊肉、鸡脯肉等。

（2）操作方法：将原料放在墩面近身侧，距离墩面边缘约 3 cm。左手按住原料，手掌作支撑；右手持刀，用刀刃的中前部对准原料上端被片位置。刀从右后方向左前方片进原料。原料片开以后，用手按住原料，将刀移至原料的右端。将刀抽出，脱离原料，用中指、食指、无名指捏住原料翻转。将片下的原料贴在墩面上，如此反复推片。

（3）技术要领：在行刀过程中端平刀身，用刀膛紧贴原料，动作要连贯紧凑。一刀未将原料片开，可连续推片，直至将原料片开。

图 2-3-2　平刀推片

（4）平刀推片的正确做法：右手握住刀柄，刀身斜放，刀背向右，左手手指分开，紧贴在原料的左侧，按稳原料，刀向左批入原料后立即向左下方平行移动，每批下一片原料，手指要将片下的原料迅速抹去，仍用手指按稳，待第二刀批入。这种刀法一般适用于软性、脆性、韧性、体形较小的原料，如猪腰、猪肚、猪心、熟猪肉、熟牛肉、熟鸡肉、熟鸭肉等。

（5）平刀推片的错误做法：两手的配合不协调，随意改变放刀的斜度和后退的距离，批下的片形大小不整齐，厚薄不均匀等。

3. 平刀拉片

平刀拉片要求刀身与墩面保持平行，刀从右前方向左后方运动，将原料一层层片开。平刀拉片主要用于把原料加工成片的形状。在此基础上，再运用其他刀法可将其加工成丝、条、丁、粒等形状。平刀拉片一般适用于下片的方法（图 2-3-3）。

（1）应用范围：此种刀法适用于无骨的韧性或带筋膜的动物肉类原料，如猪肉、牛肉、羊肉、鸡肉、鱼肉，动物的肚、腰、肝、心，以及鳝背、鸡胗等。

（2）操作方法：将原料放在墩面近身侧，距离墩面边缘约 3 cm。左手手掌按稳原料，右手持刀，在贴近墩面原料的部位起刀，根据目测厚度或经验将刀刃的中后部位对准原料被片（批）的部位，并将刀具的后部进入原料，刀刃从右手前方进入原料向左后方运动，成弧线运动。

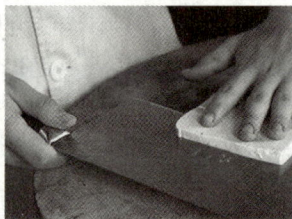
图 2-3-3　平刀拉片

（3）技术要领：操作时一定要将原料按稳，紧贴在刀板上，防止原料滑动。刀在运行时要充分、有力，原料应一刀片（批）开，可连续拉片（批），直至原料完全片（批）开。

（4）平刀拉片的正确做法：左手手掌或手指按稳原料，右手握住刀柄，将刀身放平，刀刃与墩面要保持一定的距离（以原料成型后的厚薄为准）。刀刃后端从原料的右前端劈入后立即往后拉，直至批断原料。

（5）平刀拉片的错误做法：批入原料的时候没有注意应是刀刃的后端，造成刀刃向后拉时没有余地；原料的宽度大于刀面的宽度，无法一次批断，反复批入原料造成批下的片形表面不光滑，形成锯齿状，影响质量。

4. 平刀抖片

平刀抖片又称抖刀片，属平刀法，但原料成型的片状呈波浪形或锯齿形（图 2-3-4）。

（1）应用范围：平刀抖片适用于质地软嫩、无骨或脆性原料。如蛋黄、白糕、松花蛋、豆腐干、黄瓜等。

（2）操作方法：将原料放置在墩面的右侧，用左手扶稳原料，右手持刀端平并且使刀膛与墩面也平行，当刀刃进入原料后，刀背呈上下波动，逐渐片（批）进原料，直至将原料片（批）开为止。

图 2-3-4　平刀抖片

（3）技术要领：当刀刃进入原料后，刀背上下波动不可忽高忽低，行进的速度要均匀，刀纹的深度和刀距要相等。

5. 平刀滚料片

平刀滚料片是运用平刀推片和平刀拉片的刀法，边片边展滚原料的刀法。这是将圆形或圆柱形的原料加工成较大片的一种刀法。刀刃在水平切割的同时；原料匀速向前或向后滚动，从而将原料批切成片（图 2-3-5）。

（1）应用范围：适宜加工球形、圆柱形、锥形或多边形的韧性且质地较弱的原料或脆性原料，如鸡心、鸭心、肉段、肉块、腌胡萝卜、黄瓜、青笋、萝卜、丝瓜等。

（2）操作方法：将原料放置在墩面里侧，左手扶稳原料，

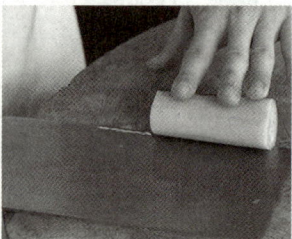
图 2-3-5　平刀滚料片

右手持刀与墩面或原料平行，用刀刃的中前部位对准原料右侧底部被片（批）的位置，并将刀锋进入原料，刀刃匀速进入原料，原料以同样的速度向左后方滚动，直至原料批切成片。入刀的部位也可从原料右上方进入，原料向右前方滚动，其他手法与平刀推（拉）片相似。

（3）技术要领：在操作此刀法时，刀身要端平，两手配合要协调，刀刃挺进的速度与原料滚动的速度应一致，反之则易造成批断或伤及手指。

（4）平刀滚料片的正确做法：右手握住刀柄，放平刀身，左手手指分开，按住原料表面，刀刃从原料的右侧底部批入，平行移动，刀刃批入原料后，左手手指要运用关节的活动使原料向左滚动，边批边滚，把原料批成薄的长条片。

（5）平刀滚料片的错误做法：刀身没有放平，全刀身与原料或墩面的距离未保持相等。刀刃推进原料的速度没有保持一致，过快或过慢，造成原料中途被批断，影响成品效果等。

工作 实 施

一、课前准备

1. 师生工作准备

为完成该任务，请做好课前的各项准备工作。

2. 技能准备

（1）将刀法的分类及用途填入表 2-3-1。

表 2-3-1　刀法的分类及用途

序号	类别	种类	用途
1	平刀法	片、批	用于加工丝、条、片、丁、粒等原料成型
2			
3			
4			

（2）将平刀法的分类及作用填入表 2-3-2。

表 2-3-2　平刀法的分类及作用

序号	种类	分类	作用
1	批	滚料批（上刀批、下刀批）	根据原料性质，加工成不同形状
2	片	上刀片、下刀片	根据不同加工原料的质地及属性，用不同的刀法对烹饪原料进行加工
3			
4			

3. 知识储备

（1）平刀法是指_____与_____或原料基本保持_____运动的刀法。

（2）平刀法中的切可分为_____、_____、_____、_____、

_____、_____、_____七种。

（3）平刀片适合加工的原料性质为：_____等。

（4）推刀片适合加工各种韧性原料，如无骨的_____各部位的肉。对于硬实性原料，如_____等，也都适合用这种刀法加工。

（5）推拉刀片适合加工_____的原料，如_____等。

二、工作规划

1. 小组分工

将小组分工及岗位职责填入表 2-3-3。

表 2-3-3　小组分工及岗位职责

班级	烹饪高	日期	_____年___月___日
小组名称		组长	
岗位分工			
成员			

2. 小组讨论

小组成员共同讨论工作计划，列出本次任务所需器具、作用及数量，并将其填入表 2-3-4。

表 2-3-4　所需器具、作用及数量

序号	器具名称	作用	数量	备注
1	切刀	加工无骨的肉类、蔬菜原料，加工成丝、片、丁等	1 把	
2	砧板	切配原料时便于保护刀刃，防止破坏	1 个	
3				
4				

三、实施步骤

1. 任务实施

模仿教师演示进行操作。

2. 成果分享

每个小组将任务完成结果上传到学习平台，由 2～3 个小组分别进行展示和讲解任务完成过程。

3. 问题反思

（1）任务实施过程中，站姿不正确会造成什么结果？是什么原因导致的？

（2）任务实施过程中，两手不协调会造成什么结果？

4. 检查

操作前检查内容见表 2-3-5。

表 2-3-5 操作前检查内容

序号	检查内容	检查结果	备注
1	个人卫生、操作台卫生是否整洁		
2	刀具、抹布、菜墩、碗是否放置到位		
3	平刀法操作姿势是否正确		
4	原料成型是否达到标准		

综合评价

小组成员各自完成自我评价，组长完成小组评价，教师完成教师评价（表 2-3-6），整理实训室并完成各类器具收纳摆放，做好 6s 管理规范。

表 2-3-6 任务评价表

序号	评价内容	自我评价	小组评价	教师评价	分值分配
1	遵守安全操作规范				5
2	态度端正、工作认真				5
3	能够进行课前学习，完成相关学习内容				10
4	能够熟练运用多渠道收集学习资料				10
5	能够正确选择刀具				10
6	操作规范，卫生整洁				20
7	能够正确回答教师的问题				10
8	能够按时完成实训任务				10
9	能够与他人团结协作				10
10	做好 6s 管理工作				10
	合计				100
	拓展项目		—		+5
	总分		—		

评分说明：
1. 评分项目 3 为课前准备部分评分分值。
2. 总分 = 自我评价分 ×20%+ 小组评价分 ×20%+ 教师评价分 ×20%+ 拓展项目分。
3. 拓展项目完成一个加 5 分

任务四 斜刀法

任务描述

斜刀法中刀与墩面或刀与原料形成的夹角为0°～90°或90°～180°。这种刀法按照刀具与墩面或原料所呈的角度和方向可以分为正刀斜片与反刀斜片两种。

学习目标

1. 知识目标

掌握依据斜刀法选用刀具的种类、斜刀法的分类和斜刀法在加工原料时的应用范围。

2. 能力目标

能够正确操作斜刀法；能够正确运用斜刀法加工原料成型。

3. 素质目标

培养爱岗敬业、吃苦耐劳的职业素养，具有精益求精、不断探索的职业意识，能传承中华传统烹饪方法；具有社会责任感和社会参与意识，能够履行道德标准和行为规范。培养新时代工匠精神；培养良好的卫生习惯，树立饮食卫生从每个环节抓起。

应知应会

1. 正刀斜片

正刀斜片是指左手扶稳原料，右手持刀，刀背向右、刀口向左，刀身的右外侧与墩面或原料成0°～90°，使刀在原料中做倾斜运动的行刀技法（图2-4-1）。

（1）应用范围：适用于质软、性韧且体薄的原料，原料切成斜形、略厚的片或块。正刀斜片适宜加工鱼肉、猪腰、鸡肉、大虾肉、猪牛羊肉等，白菜帮、青蒜等也可加工。

（2）操作方法：将原料放置在墩面左侧，左手四指伸直扶按原料，右手持刀，按照目测的厚度，刀刃从右前方向左后方，沿着一定的斜度运动，与平刀拉片相似。

图2-4-1 正刀斜片

（3）技术要领：刀在运动过程中，运用腕力，进刀轻推，出刀果断。刀身要紧贴原料，避免原料粘走或滑动，左手按住原料被片下的部位，对片的厚薄、大小及斜度的掌握主要依靠眼光注视两手的动作和落刀的部位，右手稳稳地控制刀的斜度和方向，随时纠正运刀中的误差。两手运动要有节奏地配合，一刀一刀片下去。

2. 反刀斜片

反刀斜片又称右斜刀法、外斜刀法（图2-4-2）。反刀斜片是指左手扶稳原料，右手持刀，刀背向左后方，刀刃朝右前方，刀身左侧与墩面或原料成0°～90°，使刀刃在原料中做倾斜运动的行刀技法。

（1）应用范围：这种刀法主要是将原料加工成片、段等形状，适用于脆性、体薄、易滑动的动、植物原料，如鱿鱼、熟肚、青瓜、白菜帮等。

（2）操作方法：左手呈蟹爬形按稳原料，以中指第一关节微屈抵住刀身，右手持刀，使刀身紧贴左手指背，刀口向右前方，刀背朝左后方，刀刃向右前方推切至原料断开。左手同时移动一次，并保持刀距一致，刀身倾斜角度应根据原料成型的规格灵活调整。

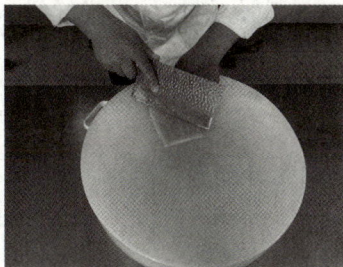

图 2-4-2　反刀斜片

（3）技术要领：右手持刀，左手则有规律地配合向后移动，每一移动应掌握同等的距离，使切下的原料在形状、厚薄上均匀一致。运刀角度的大小，应根据所片原料的厚度和对原料成形的要求而定。

工作实施

一、课前准备

1. 师生工作准备

为完成该任务，请做好课前的各项准备工作。

2. 技能准备

（1）将刀法的分类及用途填入表2-4-1。

表 2-4-1　刀法的分类及用途

序号	类别	种类	用途
1	斜刀法	切	用于加工片、块等原料成型
2			
3			
4			

（2）将斜刀法的分类及作用填入表2-4-2。

表 2-4-2　斜刀法的分类及作用

序号	种类	分类	作用
1	正刀斜片	加工原料刀刃朝外	根据原料性质，加工不同形状
2	反刀斜片	加工原料刀刃朝内	
3			
4			

3. 知识储备

（1）斜刀法是指＿＿＿＿＿＿或＿＿＿＿＿＿基本保持 0°～90° 运动的刀法。

（2）斜刀法中的切可分为＿＿＿＿＿＿和＿＿＿＿＿＿两种。

（3）斜刀法适用于加工的原料性质为＿＿＿＿＿＿，如＿＿＿＿＿＿等；适合加工各种＿＿＿＿＿＿，如加工成熟的猪、牛、羊等的内脏；还有部分海产品，如＿＿＿＿＿＿等，也都适合用这种刀法加工。

二、工作规划

1. 小组分工

将小组分工及岗位职责填入表 2-4-3。

表 2-4-3　小组分工及岗位职责

班级	烹饪高	日期	＿＿＿年＿月＿日
小组名称		组长	
岗位分工			
成员			

2. 小组讨论

小组成员共同讨论工作计划，列出本次任务所需器具、作用及数量，并将其填入表 2-4-4。

表 2-4-4　所需器具、作用及数量

序号	器具名称	作用	数量	备注
1	切刀	加工无骨的肉类、蔬菜原料，加工成丝、片、丁等	1 把	
2	砧板	切配原料时便于保护刀刃，防止损坏	1 个	
3				
4				

三、实施步骤

1. 任务实施

模仿教师演示进行操作。

2. 成果分享

每个小组将任务完成结果上传到学习平台，由 2～3 个小组分别进行展示和讲解任务完成过程。

3. 问题反思

（1）任务实施过程中，站姿不正确会造成什么结果？是什么原因导致的？

（2）任务实施过程中，两手不协调会造成什么结果？

4. 检查

操作前检查内容见表 2-4-5。

表 2-4-5　操作前检查内容

序号	检查内容	检查结果	备注
1	个人卫生、操作台卫生是否整洁		
2	刀具、抹布、菜墩、碗是否放置到位		
3	斜刀法操作姿势是否正确		
4	原料成型是否达到标准		

综 合 评 价

　　小组成员各自完成自我评价，组长完成小组评价，教师完成教师评价（表 2-4-6），整理实训室并完成各类器具收纳摆放，做好 6s 管理规范。

表 2-4-6　任务评价表

序号	评价内容	自我评价	小组评价	教师评价	分值分配
1	遵守安全操作规范				5
2	态度端正、工作认真				5
3	能够进行课前学习，完成相关学习内容				10
4	能够熟练运用多渠道收集学习资料				10
5	能够正确选择刀具				10
6	操作规范，卫生整洁				20
7	能够正确回答教师的问题				10
8	能够按时完成实训任务				10
9	能够与他人团结协作				10
10	做好 6s 管理工作				10
	合计				100
	拓展项目		—		+5
	总分		—		

评分说明：

1. 评分项目 3 为课前准备部分评分分值。

2. 总分 = 自我评价分 ×20%+ 小组评价分 ×20%+ 教师评价分 ×20%+ 拓展项目分。

3. 拓展项目完成一个加 5 分

任务五　剞刀法

任 务 描 述

　　剞刀法是混合刀法、花刀法，有雕之意，所以又称剞花刀。剞刀法是指在经加工后的原料上，以斜刀法、直刀法为基础，刀刃在原料表面或内部做垂直、倾斜等不同方向的运动，并在原料表面形成横竖交叉、深而不断、不穿的规则刀纹或形成特定平面图案，使原料在受热时发生卷曲、变形而形成不同花形的一种行刀技法。这种刀法比较复杂，主要把原料加工成各种造型美观、形象逼真（如麦穗、菊花、玉兰花、荔枝、核桃、鱼鳃、蓑衣、木梳背、松鼠等）的形状，用这种刀法制作出的菜品不仅美味，更能给人以艺术般的享受，并为整桌酒席增添气氛。

　　剞刀法主要用于原料刀工美化，是技术性更强、要求更高的综合性刀法。在具体操作中，由于运刀方向和角度的不同，剞刀法可分为直刀剞、直刀推（拉）剞、斜刀剞等。

学 习 目 标

1. 知识目标
掌握剞刀法选用刀具的种类、剞刀法的分类，以及剞刀法在加工原料时的应用范围。

2. 能力目标
能够正确操作剞刀法，以及正确运用剞刀法加工原料成型。

3. 素质目标
培养爱岗敬业、吃苦耐劳的职业素养，具有精益求精、不断探索的职业意识，能传承中华传统烹饪方法；具有社会责任感和社会参与意识，能够履行道德标准和行为规范。培养新时代工匠精神；培养良好的卫生习惯，树立饮食卫生从每个环节抓起。

应 知 应 会

剞刀法有直刀剞、直刀推（拉）剞和斜刀剞三种常见类型。

1. 直刀剞
直刀剞以直刀切为基础，在直刀切时，刀运行到一定深度时停止运行，不完全将原料切开，在原料上切成直线刀纹。

（1）应用范围：适宜加工脆性、质地较嫩的原料，如黄瓜、冬笋、胡萝卜、莴笋等。

（2）操作方法：左手按扶原料，中指第一关节弯曲处顶住刀身，右手持刀，用刀刃中前部位对准原料被切的部位，刀在原料中做自上而下的垂直运行，当刀刃运行到一定深度（如原料厚度的4/5或3/4深度）时停止运行。直刀剞运刀的方法与直刀切相同。

（3）技术要领：左手扶料要稳，右手握刀，做垂直运动，速度要均匀，以保持刀距均匀；右手持刀要稳，控制好腕力，下刀准，每刀用力均衡，掌握好进刀深度，做到深浅一致。

2. 直刀推（拉）剞

直刀推（拉）剞以直刀推（拉）切为基础，在直刀推（拉）切时，刀运行到一定深度时停止运行，不完全将原料切开，在原料上切成直线刀纹（图2-5-1）。

（1）应用范围：这种刀法适宜加工各种韧性原料，如腰子、猪肚尖、净鱼肉、鱿鱼、墨鱼等；也可用于加工一些纤维较多的脆性原料，如生姜等。

（2）操作方法：左手按扶原料，中指第一关节弯曲处顶住刀身，右手持刀，用刀刃前部位对准原料被切的部位，刀刃进入原料后保持垂直，做右后方向左前方运动（拉切的运动方向与之相反），当刀刃运行到一定深度（如原料厚度的4/5或以原料不破、不断为佳）时停止运行。直刀推（拉）剞运刀的方法与直刀推（拉）切相同。

（3）技术要领：左手扶料要稳，从右前方向左后方移动时，速度要均匀，以保持刀距均匀；右手持刀要稳，控制好腕力，下刀准，每刀用力均衡，掌握好进刀深度，做到深浅一致。

3. 斜刀剞

斜刀剞是在斜刀法的基础上，在刀切割时，刀运行到一定深度时停止运行，不完全将原料切开，在原料上切成直线刀纹（图2-5-2）。

（1）应用范围：这种刀法适宜加工各种韧性原料，如墨鱼、鱿鱼、腰子、猪肚尖、净鱼肉等；也可用于加工一些纤维较多的脆性原料，如生姜等。

（2）操作方法：左手扶稳原料，右手持刀，刀背向里，刀口对外，刀身的左外侧与墩面或原料成0°～90°，使刀在原料中做倾斜运动。当刀刃运行到一定深度（如原料厚度的4/5或以原料不破、不断为佳）时停止运行。运刀的方法与反刀斜片相同。

（3）技术要领：左手要有规律地配合向后移动，每移动一次应掌握同等的距离，使剞刀在原料上形成的花纹一致。运刀角度的大小，应根据所片原料的厚度和对原料成型的要求而定。

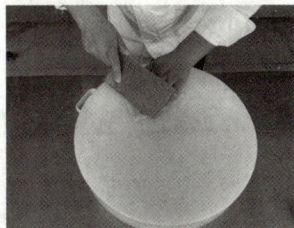

图 2-5-1 直刀推（拉）剞

图 2-5-2 斜刀剞

工作实施

一、课前准备

1. 师生工作准备

为完成该任务，请做好课前的各项准备工作。

2. 技能准备

（1）将刀法的分类及用途填入表2-5-1。

表 2-5-1　刀法的分类及用途

序号	类别	种类	用途
1	剖刀法	双十字花刀	用于加工丝、条、片、丁、粒等原料成型
2			
3			
4			

（2）将剖刀法的分类及作用填入表 2-5-2。

表 2-5-2　剖刀法的分类及作用

序号	种类	分类	作用
1	正刀		根据原料性质，加工不同形状
2	斜刀		
3			
4			

3. 知识储备

（1）剖刀法就是指＿＿＿＿＿在原料上＿＿＿＿＿各式刀纹，美化原料的一种混合刀法。

（2）剖刀法可分为＿＿＿＿＿＿＿＿、＿＿＿＿＿＿＿＿、＿＿＿＿＿＿＿＿等。

（3）剖刀法适合加工的原料性质为：＿＿＿＿＿＿＿＿，如＿＿＿＿＿＿＿等；适合加工各种＿＿＿＿＿＿＿，如加工成熟的猪、牛、羊等的内脏。还有部分海产品如鱿鱼、＿＿＿＿＿＿＿等，也都适合用这种刀法加工。

二、工作规划

1. 小组分工

小组分工及岗位职责见表 2-5-3。

表 2-5-3　小组分工及岗位职责

班级	烹饪高		日期	＿＿＿年＿月＿日
小组名称			组长	
岗位分工				
成员				

2. 小组讨论

小组成员共同讨论工作计划，列出本次任务所需原料、作用及数量，并将其填入表 2-5-4。

表 2-5-4 所需原料、作用及数量

序号	原料名称	作用	数量/g	备注
1	腰子	运用剞刀法将原料改刀成麦穗花刀	500	
2	萝卜	运用剞刀法将原料改刀成菊花花刀	500	
3	豆干	运用剞刀法将原料改刀成兰花花刀	500	
4	鱿鱼	运用剞刀法将原料改刀成十字花刀	500	

三、实施步骤

1. 任务实施

模仿教师演示进行操作。

2. 成果分享

每个小组将任务完成结果上传到学习平台，由 2 ～ 3 个小组分别进行展示和讲解任务完成过程。

3. 问题反思

（1）任务实施过程中，站姿不正确会造成什么结果？是什么原因导致的？

（2）任务实施过程中，两手不协调会造成什么结果？

4. 检查

操作前检查内容见表 2-5-5。

表 2-5-5 操作前检查内容

序号	检查内容	检查结果	备注
1	个人卫生、操作台卫生是否整洁		
2	刀具、抹布、菜墩、碗是否放置到位		
3	剞刀法操作姿势是否正确		
4	原料成型是否达到标准		

综合评价

小组成员各自完成自我评价，组长完成小组评价，教师完成教师评价（表 2-5-6），整理实训室并完成各类器具收纳摆放，做好 6s 管理规范。

表 2-5-6 任务评价表

序号	评价内容	自我评价	小组评价	教师评价	分值分配
1	遵守安全操作规范				5
2	态度端正、工作认真				5
3	能够进行课前学习，完成相关学习内容				10
4	能够熟练运用多渠道收集学习资料				10
5	能够正确选择刀具				10
6	操作规范，卫生整洁				20

续表

序号	评价内容	自我评价	小组评价	教师评价	分值分配
7	能够正确回答教师的问题				10
8	能够按时完成实训任务				10
9	能够与他人团结协作				10
10	做好 6s 管理工作				10
	合计				100
	拓展项目		—		+5
	总分		—		

评分说明:
1. 评价项目 3 为课前准备部分评分分值。
2. 总分 = 自我评价分 ×20%+ 小组评价分 ×20%+ 教师评价分 ×20%+ 拓展项目分。
3. 拓展项目完成一个加 5 分

项目二

任务六　其他刀法

任 务 描 述

所谓其他刀法,即在刀工实际操作中不可缺少的一类特殊的刀法,较为常用的有削法、拍法、旋法、刮法、剔法、剖法、戳法、捶法、剁法、撬法等。

学 习 目 标

1. 知识目标
掌握各式刀法选用刀具的种类、其他刀法的分类,以及其他刀法在加工原料时的应用范围。

2. 能力目标
能够正确操作其他刀法,以及正确运用其他刀法加工原料成型。

3. 素质目标
培养爱岗敬业、吃苦耐劳的职业素养,具有精益求精、不断探索的职业意识,能传承中华传统烹饪方法。具有社会责任感和社会参与意识,能够履行道德标准和行为规范。培养新时代工匠精神;培养良好的卫生习惯,树立饮食卫生从每个环节抓起。

应 知 应 会

1. 削法
削法(图 2-6-1),是指用刀平着去掉原料表面一层皮,一般用于去皮,也用于将原料加工成一定形状。

（1）应用范围：多用于初加工和一些原料的成型，如削山药、莴苣、黄瓜、鲜笋、萝卜、土豆、茄子等。

（2）操作方法：削时左手拿原料，拇指和无名指拿捏原料的内端，食指和中指托扶原料的底部，右手持刀，用反刀紧贴原料的表面向外削，对准要削的部位，一刀一刀按顺序削。

（3）技术要领：要掌握好厚薄，精神要集中，看准部位，否则容易伤手。

图 2-6-1　削法

2. 拍法

拍法（图 2-6-2）是用刀身拍破或拍松原料的一种刀法。拍法可使新鲜味料（如葱、姜、蒜等）的香味外溢，也可使韧性原料（如猪排、牛排、羊肉）肉质疏松。

（1）应用范围：较厚的韧性原料用拍法，使之片形变薄，达到肉质疏松鲜嫩的作用，如猪排、牛排、羊肉等。脆性原料用拍法，使之易于入味，如芹菜、黄瓜等。

（2）操作方法：左手将刀身端平，用刀膛拍击原料，因此拍刀又称为拍料。

（3）技术要领：拍击原料所用力的大小，要根据原料的性能及烹调的要求加以掌握，以将原料拍松、拍碎、拍薄为原则。用力要均匀，一次未达到目的，可再次拍刀。

图 2-6-2　拍法

3. 旋法

旋法（图 2-6-3）可用于去皮，也可将原料放在砧墩上加工为滚料片。

（1）应用范围：适用于圆球形原料的去皮，如苹果；也适用于将圆柱形原料片薄成长条形，如将黄瓜条切成片状。

（2）操作方法：左手拿原料，右手持刀，从原料表面批入，一边旋批一边匀速转动原料。

（3）技术要领：两手的动作要协调，使原料成型厚薄均匀。

4. 刮法

刮法（图 2-6-4）又称"背刀法"。

（1）应用范围：可用于原料初步加工，去掉原料表皮杂质或污垢，如刮鱼鳞、刮去猪蹄等表面的污垢及刮去嫩丝瓜的表皮；也可用于制取鱼蓉，如刮鱼青取鱼胶。

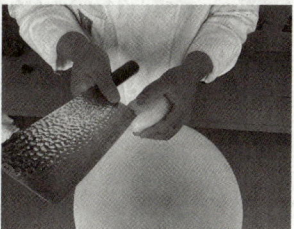

图 2-6-3　旋法

（2）操作方法：用于加工时，左手持料，右手持刀，将原料放在砧墩上，从左到右，或从右到左，将需要去掉的东西刮下来。刮取鱼蓉时，左手按着鱼肉尾部，右手持刀，将刀身倾斜，刀口向左，右手握刀柄，用刀身底部压着原料，连拖带按向右运刀。

（3）技术要领：用刀尖从尾向上刮，持刀的手腕用力要均匀，才能将鱼肉刮成蓉状。如果用力时大时小，就会造成鱼肉表面不平整，刮起来不顺，而且会刮出肉粒，或带有骨丝。刮时要顺着

图 2-6-4　刮法

鱼的骨刺，否则会脱出骨刺。

5. 剔法

剔法（图2-6-5）又称剔刀法，一般用于取骨、部位取料等。

（1）应用范围：适用于动物性原料的去骨，如猪蹄膀去骨、整鸡去骨等。

（2）操作方法：右手执刀，左手按稳原料，用刀尖或刀跟沿着原料的骨骼下刀，将骨肉分离，或将原料中的某一部位取下。

（3）技术要领：操作时刀跟要灵活，下刀要准确；随部位不同可以交叉使用刀尖、刀跟；分档正确，取料要完整，剔骨要干净。

6. 剖法

剖法（图2-6-6）是指用刀将整形原料破开的方法。例如，鸡、鸭、鱼等剖腹时，先用刀将腹部剖开。

（1）应用范围：整形原料剖腹去内脏，如鸡、鸭、鱼等取内脏。

（2）操作方法：右手执刀，左手按稳原料，将刀尖和刀刃或刀跟对准原料要剖的部位，下刀划破。

（3）技术要领：要根据烹调需要，掌握下刀部位及剖口大小而准确运刀。

7. 戳法

戳法（图2-6-7）又称斩法，是指用刀尖或刀跟戳刺原料，且不致断的刀法，一般用于加工畜、禽等肉类带筋的原料，目的是将筋斩断，从而保持原料的整形，以增加原料的松嫩感。

（1）应用范围：适用于筋络较多的肉类原料，如鸡脯、鸭脯等。

（2）操作方法：戳时要从左到右、从上到下，筋多的多戳，筋少的少戳，并保持原料的形状。戳后使原料断筋防收缩、松弛平整，易于成熟入味、质感松嫩。

（3）技术要领：尽可能保持原料的形状完整。

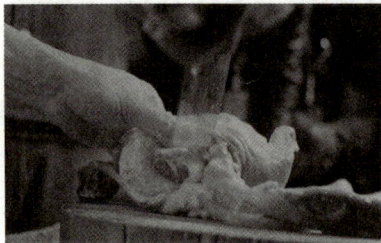  

图2-6-5　剔法　　　　　图2-6-6　剖法　　　　　图2-6-7　戳法

8. 捶法

捶法（图2-6-8）是将厚大、韧性强的肉片用刀背捶击，使其质地疏松并呈薄型；还可将有细骨或有壳的细嫩的动物性原料加工成蓉。

（1）应用范围：制作鱼蓉、虾蓉或肉燕皮等。

（2）操作方法：右手持刀，刀背向下，上下垂直捶击原料。

（3）技术要领：运刀时抬刀不要过高，用力不要过大。制蓉时要勤翻动原料，并及时挑出细骨或壳，使肉蓉均匀、细腻。

图2-6-8　捶法

9. 剜法

剜法是指用刀具挖空原料内部或原料表面处理的一种刀法，如剜去苹果、梨核，剜去山药、土豆等表面的斑点。

（1）应用范围：将植物性原料表皮变质、变色部分剔除。

（2）操作方法：左手抓稳原料，或按稳在砧墩上，用刀尖或专用的剜勺，将原料要除去的部分剜去。

（3）技术要领：刀具应旋转着进行，两手的动作要协调，剜去的部分大小要掌握好。

10. 揿法

揿法是指将本身是软、烂性的原料加工成蓉泥的一种刀法。例如，豆腐、熟山药、熟土豆等要加工成豆腐泥、山药泥、土豆泥，则不需要用排剁的刀法，而用揿法。

（1）应用范围：将植物性原料制熟后做成泥状。

（2）操作方法：将原料放在砧墩上，用刀身的一部分对准原料，从左向右在砧墩上磨抹，使原料形成蓉泥。

（3）技术要领：刀身倾斜接近平行，用刀身将原料揿成泥。

工 作 实 施

一、课前准备

1. 师生工作准备

为完成该任务，请做好课前的各项准备工作。

2. 技能准备

（1）将刀法的分类及用途填入表 2-6-1。

表 2-6-1　刀法的分类及用途

序号	类别	种类	用途
1	其他刀法	削、拍、旋、刮	用于将原料加工成各种成型的形状
2			
3			
4			
5			

（2）将其他刀法的分类及作用填入表 2-6-2。

表 2-6-2　其他刀法的分类及作用

序号	种类	分类	作用
1	削法		根据烹饪需求，将原料削去表皮
2	拍法		
3	旋法		
4	刮法		

3. 知识储备

（1）其他刀法中可分为_____、_____、_____、_____、_____几种。

（2）其他刀法适合加工的原料性质为_____，如_____等。适合加工各种_____，如无骨的加工成熟的猪、牛、羊等的内脏。还有部分海产品鱿鱼、_____等，也都适合用这种刀法加工。

二、工作规划

1. 小组分工

将小组分工及岗位职责填入表 2-6-3。

表 2-6-3　小组分工岗位职责

班级	烹饪高		日期	_____年___月___日
小组名称			组长	
岗位分工				
成员				

2. 小组讨论

小组成员共同讨论工作计划，列出本次任务所需器具、作用及数量，并将其填入表 2-6-4。

表 2-6-4　所需器具、作用及数量

序号	器具名称	作用	数量	备注
1	切刀	加工无骨的肉类、蔬菜原料，加工成丝、片、丁状等	1 把	
2	砧板	切配原料时便于保护刀刃，防止损坏	1 个	
3				
4				

三、实施步骤

1. 任务实施

模仿教师演示进行操作。

2. 成果分享

每个小组将任务完成结果上传到学习平台，由 2～3 个小组分别进行展示和讲解任务完成过程。

3. 问题反思

（1）任务实施过程中，站姿不正确会造成什么结果？是什么原因导致的？

（2）任务实施过程中，两手不协调会造成什么结果？

4. 检查

操作前检查内容见表 2-6-5。

表 2-6-5　操作前检查内容

序号	检查内容	检查结果	备注
1	个人卫生、操作台卫生是否整洁		
2	刀具、抹布、菜墩、碗是否放置到位		
3	其他刀法操作姿势是否正确		
4	原料成型是否达到标准		

综合评价

小组成员各自完成自我评价，组长完成小组评价，教师完成教师评价（表 2-6-6），整理实训室并完成各类器具收纳摆放，做好 6s 管理规范。

表 2-6-6　任务评价表

序号	评价内容	自我评价	小组评价	教师评价	分值分配
1	遵守安全操作规范				5
2	态度端正、工作认真				5
3	能够进行课前学习，完成相关学习内容				10
4	能够熟练运用多渠道收集学习资料				10
5	能够正确选择刀具				10
6	操作规范，卫生整洁				20
7	能够正确回答教师的问题				10
8	能够按时完成实训任务				10
9	能够与他人团结协作				10
10	做好 6s 管理工作				10
	合计		—		100
	拓展项目		—		+5
	总分				

评分说明：

1. 评分项目 3 为课前准备部分评分分值。

2. 总分 = 自我评价分 ×20%＋小组评价分 ×20%＋教师评价分 ×20%＋拓展项目分。

3. 拓展项目完成一个加 5 分

项目三　原料成型技能训练

任务一　块的成型加工

任务描述

　　对于质地较为松软、脆嫩无骨的原料，一般都采用切的刀法，使其成块。例如，蔬菜类可以直切，已去骨、去皮的各种肉类可以用推切或推拉切的方法切成各种块形。对于较小的原料可直接切制成块，而大型原料则需要将原料改成宽窄、厚薄一致的条后再改刀成块，并保证最后切出的块大小均匀。对于质地坚硬、带皮带骨的原料，一般选用砍或斩的刀法，使其成块，如各种带骨的鸡、鸭等，并尽量保证原料成型大小一致。

　　块的种类很多，日常使用的有菱形块、长方块、滚料块、梳子块等，一般多用于烧、炖、焖等烹调方法。

学习目标

1. 知识目标

掌握原料成型的操作流程；掌握块的成型尺寸和规格，并熟练运用；掌握适合的烹调方法。

2. 能力目标

能够正确加工各种规格的块；能够熟练使用合适的刀法；可以熟练加工与烹调方法适应的块型原料。

3. 素质目标

培养爱岗敬业、吃苦耐劳的职业素养，具有精益求精、不断探索的职业意识，能传承中华传统烹饪方法；具有社会责任感和社会参与意识，能够履行道德标准和行为规范。培养新时代工匠精神；培养良好的卫生习惯，树立饮食卫生从每个环节抓起；培养创新意识，开拓逆向思维。

应 知 应 会

（1）块的成型加工操作方法：左手按住原料，右手持刀，用刀刃的前部对准原料被切部位，自上而下，自刀尖向刀根方向推切下去，一刀切断原料。

（2）块的成型加工操作要领。

①左手按住原料的方法与直刀法相同。为防止原料滑动，用力稍比直刀法要大，移动方法一般采用间歇跳动式。

②原料不能带有过多的筋膜。

③刀的推切过程中，通过右手腕的起伏摆动，刀产生一个小弧度，加大刀在原料上的运行距离，易切断较厚的原料，可防止刀尖顶住墩面，影响推切的顺利进行。

④推切时，右手持刀，运用小臂和手腕力量，从刀刃前部分推至刀刃后部分时刀刃与菜墩吻合，一刀断料，刀的着力点在刀根。

（3）应用范围：蔬菜、肉类、韧性原料等。

（4）技术要求：要根据烹调需要，掌握原料规格尺寸及大小而准确运刀。

（5）块的成型规格。

①菱形块。

规格：菱形块（图3-1-1）长对角线约为4 cm，短对角线约为2.5 cm，厚为1～1.5 cm。

切法：按厚度将原料切成大片，再按边长规格将其改成长条，最后斜切成菱形块。

用途：多用于脆性植物性原料成型，如烧、烩菜肴中经常使用。

②长方块。

规格：形如骨牌，故也称"骨牌块"。长约为4 cm，宽约为2.5 cm，厚为1.2～1.5 cm（图3-1-2）。

切法：按厚度加工成大片，再按规定长度改刀成段，最后加工成块。

用途：多用于脆性植物性原料成型，如"烫油鸭子"中的鸭块。

图 3-1-1 菱形块

图 3-1-2 长方块

③滚料块。

规格：长为3～4 cm的两头小而尖的不规则三角块（图3-1-3）。

切法：运用滚刀切方法，每滚动一次就切一刀。滚动幅度越大，块形越大。

用途：多用于脆性植物性原料，如"青笋烧鸡"中的莴笋块。

④梳子块。

规格：经滚料切后形如梳子背的多棱形原料，长约为3.5 cm（多面体），背厚约为

0.8 cm（图 3-1-4）。

切法：滚料的角度较滚料块切时滚动的角度小，因而加工后的原料体薄、形小，形如梳子背，故又称"梳子背"。

用途：多用于青笋、胡萝卜等的成型。

图 3-1-3 滚料块

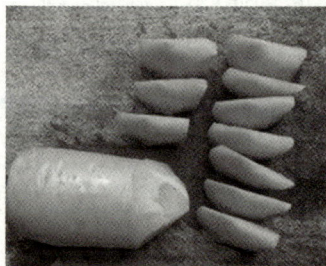

图 3-1-4 梳子块

工作 实施

一、课前准备

1. 师生工作准备

为完成该任务，请做好课前的各项准备工作。

2. 技能准备

（1）将块的加工分类及用途填入表 3-1-1。

表 3-1-1　块的加工分类及用途

序号	类别	种类	用途
1	菱形块	菱形	用于加工原料成菱形
2	长方块	长方形	用于加工原料成长方形
3	滚料块		
4	梳子块		
5			

（2）将块适合的烹调方法及作用填入表 3-1-2。

表 3-1-2　块适合的烹调方法及作用

序号	种类	材料	作用
1	烧	滚料块，如土豆	根据烹调方法，加工不同形状
2	炒	菱形块，如山药	便于烹调菜肴美化
3			
4			

3. 知识储备

（1）块可分为_____、_____、_____、_____。

（2）适合加工成块的原料性质为：_____，如冬瓜、_____等。
适合加工各种_____，如无骨的加工成熟的猪、_____等的内脏。

二、工作规划

1. 小组分工

将小组分工及岗位职责填入表 3-1-3。

表 3-1-3　小组分工及岗位职责

班级	烹饪高	日期	_____年___月___日
小组名称		组长	
岗位分工			
成员			

2. 小组讨论

小组成员共同讨论工作计划，列出本次任务所需原料、作用及数量，并将其填入表 3-1-4。

表 3-1-4　所需原料、作用及数量

序号	原料名称	作用	数量/g	备注
1	土豆	根据烹调要求，将原料加工成滚料块	500	
2	山药	根据烹调要求，将原料加工成菱形片	500	
3				
4				

三、实施步骤

1. 任务实施

模仿教师演示进行操作。

2. 成果分享

每个小组将任务完成结果上传到学习平台，由 2～3 个小组分别进行展示和讲解任务完成过程。

3. 问题反思

任务实施过程中，原料大小不正确会出现什么结果？是什么原因导致的？

4. 检查

操作前检查内容见表 3-1-5。

表 3-1-5 操作前检查内容

序号	检查内容	检查结果	备注
1	个人卫生、操作台卫生是否整洁		
2	刀具、抹布、菜墩、碗是否放置到位		
3	加工流程是否正确		
4	原料成型是否达到标准		

综合评价

小组成员各自完成自我评价，组长完成小组评价，教师完成教师评价（表 3-1-6），整理实训室并完成各类器具收纳摆放，做好 6s 管理规范。

表 3-1-6 任务评价表

序号	评价内容	自我评价	小组评价	教师评价	分值分配
1	遵守安全操作规范				5
2	态度端正、工作认真				5
3	能够进行课前学习，完成相关学习内容				10
4	能够熟练运用多渠道收集学习资料				10
5	能够正确选择刀具				10
6	操作规范，卫生整洁				20
7	能够正确回答教师的问题				10
8	能够按时完成实训任务				10
9	能够与他人团结协作				10
10	做好 6s 管理工作				10
	合计				100
	拓展项目		—		+5
	总分		—		

评分说明：

1. 评分项目 3 为课前准备部分评分分值。

2. 总分 = 自我评价分 ×20%+ 小组评价分 ×20%+ 教师评价分 ×20%+ 拓展项目。

3. 拓展项目完成一个加 5 分

任务二 片的成型加工

任务描述

对于质地较为松软、脆嫩无骨的原料，一般都采用切的刀法，使其成片。例如，蔬菜类可以直切，已去骨、去皮的各种肉类可以用推切或推拉切的方法切成各种片形。对于横切面较小的原料可采用斜刀法或平刀法来切制成片，并保证最后切出的片厚薄、大小均匀。

片的种类很多，日常使用的有菱形片、长方片、斜刀片等，一般多用于炒、爆、熘等烹调方法。

学习目标

1.知识目标

掌握原料成型的操作流程；掌握片的成型尺寸和规格，并熟练运用；掌握适合的烹调方法。

2.能力目标

能够正确加工各种规格的片；能够熟练使用合适的刀法；可以熟练加工与烹调方法适应的片型原料。

3.素质目标

培养爱岗敬业、吃苦耐劳的职业素养，具有精益求精、不断探索的职业意识，能传承中华传统烹饪方法；具有社会责任感和社会参与意识，能够履行道德标准和行为规范。培养新时代工匠精神；培养良好的卫生习惯，树立饮食卫生从每个环节抓起；培养创新意识，开拓逆向思维。

应知应会

（1）片的成型加工操作方法：左手按住原料，右手持刀，用刀刃的前部对准原料被切部位，自上而下，自刀尖向刀根方向推切下去，一刀切断原料。

（2）片的成型加工操作要领。

①左手按住原料的方法与直刀法相同。为防止原料滑动，用力稍比直刀法要大，移动方法一般采用间歇跳动式。

②原料不能带有过多的筋膜。

③刀的推拉切过程中，右手腕的起伏摆动使刀产生一个小弧度，加大刀在原料上的运行距离，易切断较厚的原料，可防止刀尖顶住墩面，影响推拉切的顺利进行。

④推切时，右手持刀，运用小臂和手腕力量，从刀刃前部分推至刀刃后部分时，刀刃与菜墩吻合，一刀断料，刀的着力点在刀根。

（3）应用范围：蔬菜、肉类、韧性原料等。

（4）技术要求：要根据烹调需要，掌握原料规格尺寸及大小而准确运刀。

（5）片的成型规格。

①骨牌片。

规格：骨牌片分大骨牌片和小骨牌片两种（图3-2-1）。大骨牌片长为6～6.6 cm，宽为2～3 cm，厚为0.3～0.5 cm。小骨牌片长为4.5～5 cm、宽为1.6～2 cm，厚为0.3～0.5 cm。

切法：按边长修成块，再直切成片。

用途：多用于动、植物性原料成型，如"萝卜连锅汤"中的萝卜片。

图3-2-1　骨牌片

②菱形片。

规格：菱形片又称"斜方片""旗子片"（图3-2-2）菱形片的长对角线约为5 cm，短对角线约为2.5 cm，厚为0.2 cm。

切法：加工成菱形块后再直刀切成片。

用途：多用于植物类嫩脆原料，如"莴笋肉片"中的青笋片。

③柳叶片。

规格：形如柳叶的狭长薄片，长约为6 cm，厚约为0.3 cm（图3-2-3）。

切法：将原料斜着从中间切开，再斜切成柳叶片。

用途：多用于猪肝一类的原料。

图3-2-2　菱形片

图3-2-3　柳叶片

④牛舌片。

规格：厚为0.06～0.1 cm、宽为2.5～3.5 cm、长为10～17 cm的片（图3-2-4）。片薄而长，经清水泡后自然卷曲，形如牛舌、刨花，故又称为"刨花片"。

切法：原料去皮→拉刀片制→清水浸泡→装盘。

用途：多用于嫩脆的植物性原料，如莴笋、萝卜等。

⑤灯影片。

规格：长约 8 cm、宽约 4 cm、厚约 0.1 cm 的片。

切法：原料修形→推拉刀片制→清水浸泡→装盘。

用途：多用于植物性原料制片，如红苕、白萝卜等；也有少数用于动物性原料制片的，如制"灯影牛肉"的片（图 3-2-5）。

图 3-2-4　牛舌片　　　　　　图 3-2-5　灯影牛肉

⑥指甲片。

规格：形如指甲，边长约为 1.2 cm、厚约为 0.2 cm 的小正方形片。

切法：按规格修好原料，再用刀直切成形。

用途：适用于动、植物性原料，如姜、蒜片。

⑦连刀片。

规格：又称"火夹片"，原料成型为每片厚度为 0.3 ～ 1 cm 的长方片或圆片（图 3-2-6）。

切法：两刀一断，切成两片连在一起的坯料。

用途：用于鱼香茄饼的茄片、夹沙肉的肉片等。

⑧斧头。

规格：形似斧头，一般长为 4 ～ 10 cm、宽约为 3 cm、背厚约为 0.3 cm，为上厚下薄的长方形薄片。

图 3-2-6　连刀片

切法：一般是用斜刀片片制而成。

用途：可用于涨发后的海参成型。

工作实施

一、课前准备

1. 师生工作准备

为完成该任务，请做好课前的各项准备工作。

2. 技能准备

（1）将片的成型加工中的分类及用途填入表 3-2-1。

表 3-2-1　片的分类及用途

序号	类别	种类	用途
1	骨牌片	大骨牌片、小骨牌片	根据烹调要求,将原料加工成型
2	菱形片	斜方片、旗子片	根据烹调要求,将原料加工成型
3	牛舌片	刨花片	根据烹调要求,将原料加工成型
4			
5			

(2)将适合的烹调方法的种类及作用填入表 3-2-2。

表 3-2-2　烹调方法的种类及作用

序号	种类	材料	作用
1	炒	菱形片,如土豆	根据烹调方法,加工成不同形状
2	拌	牛舌片,如牛舌	根据烹调方法及菜品要求,加工成不同形状
3			
4			

3. 知识储备

(1)片可分为＿＿＿＿＿、＿＿＿＿＿、＿＿＿＿＿、＿＿＿＿＿、＿＿＿＿＿几种。

(2)适合加工成片的原料性质为＿＿＿＿＿＿＿＿,如冬瓜、＿＿＿＿＿＿＿＿等。适合加工各种韧性原料,如无骨的加工成熟的猪、牛、羊肉等。

二、工作规划

1. 小组分工

将小组分工及岗位职责填入表 3-2-3。

表 3-2-3　小组分工及岗位职责

班级	烹饪高	日期	＿＿＿＿年＿＿月＿＿日
小组名称		组长	
岗位分工			
成员			

2. 小组讨论

小组成员共同讨论工作计划,列出本次任务所需原料、作用及数量,并将其填入表 3-2-4。

表 3-2-4　所需原料、作用及数量

序号	原料名称	作用	数量/g	备注
1	豆腐	根据烹调要求,将原料加工成骨牌片	500	
2	胡萝卜	根据烹调要求,将原料加工成菱形片	500	

续表

序号	原料名称	作用	数量 /g	备注
3	牛舌	根据烹调要求，将原料加工成牛舌片	500	
4				

三、实施步骤

1. 任务实施

模仿教师演示进行操作。

2. 成果分享

每个小组将任务完成结果上传到学习平台，由 2 ~ 3 个小组分别进行展示和讲解任务完成过程。

3. 问题反思

任务实施过程中，原料大小不正确会出现什么结果？是什么原因导致的？

4. 检查

操作前检查内容见表 3-2-5。

表 3-2-5　操作前检查内容

序号	检查内容	检查结果	备注
1	个人卫生、操作台卫生是否整洁		
2	刀具、抹布、菜墩、碗是否放置到位		
3	加工流程是否正确		
4	原料成型是否达到标准		

综合 评 价

小组成员各自完成自我评价，组长完成小组评价，教师完成教师评价（表 3-2-6），整理实训室并完成各类器具收纳摆放，做好 6s 管理规范。

表 3-2-6　任务评价表

序号	评价内容	自我评价	小组评价	教师评价	分值分配
1	遵守安全操作规范				5
2	态度端正、工作认真				5
3	能够进行课前学习，完成相关学习内容				10
4	能够熟练运用多渠道收集学习资料				10
5	能够正确选择刀具				10
6	操作规范，卫生整洁				20
7	能够正确回答教师的问题				10

序号	评价内容	自我评价	小组评价	教师评价	分值分配
8	能够按时完成实训任务				10
9	能够与他人团结协作				10
10	做好 6s 管理工作				10
	合计				100
	拓展项目		—		+5
	总分		—		

评分说明：

1. 评分项目 3 为课前准备部分评分分值。

2. 总分 = 自我评价分 ×20%+ 小组评价分 ×20%+ 教师评价分 ×20%+ 拓展项目分。

3. 拓展项目完成一个加 5 分

项目三

任务三　丝的成型加工

任务描述

对于质地较为脆嫩的蔬菜、无骨的肉类原料，一般都采用切的刀法。平刀法使其成片，而后运用直刀法切成不同规格的细丝。例如，蔬菜类可以先直切成片，再切成丝。已去骨、去皮的各种肉类可以先片成片，再用推切或推拉切的方法切成各种细丝。

丝的种类很多，日常使用的有头粗丝、二粗丝、细丝、银针丝等，一般多用于炒、爆、熘等烹调方法。

学习目标

1. 知识目标

掌握原料成型的操作流程；掌握丝的成型尺寸和规格，并熟练运用；掌握适合的烹调方法。

2. 能力目标

能够正确加工各种规格的丝；能够熟练使用合适的刀法；可以熟练加工与烹调方法适应的丝型原料。

3. 素质目标

培养爱岗敬业、吃苦耐劳的职业素养，具有精益求精、不断探索的职业意识，能传承中华传统烹饪方法；具有社会责任感和社会参与意识，能够履行道德标准和行为规范。培养新时代工匠精神；培养良好的卫生习惯，树立饮食卫生从每个环节抓起；培养创新意识，开拓逆向思维。

应知应会

（1）丝的成型加工操作方法：一般是先将原料加工成薄片，再改刀成丝。片的长短决定了丝的长短，片的厚薄决定了丝的粗细。加工后的丝要粗细均匀、长短一致、不连刀、无碎粒。在片片或切片时要注意厚薄均匀，切时注意刀路平行且刀距一致，才能保证切出的丝均匀。

原料加工成薄片后，有以下三种排叠切丝的方法：第一种是瓦楞状叠法，即将片或切好的薄片一片一片依次排叠成瓦楞形状。它不易使原料倒塌，适用于大部分原料。第二种是平叠法，即将片或切好的薄片一片一片从下往上排叠起来；此类方法要求原料大小厚薄一致，且不能叠得过高，如切豆腐干。第三种是卷筒形叠法，即将片形大而薄的原料一片一片先放平排叠起来，然后卷成卷筒状，再切成丝，如切海带等原料。按成型的粗细，丝一般分为头粗丝、二粗丝、细丝、银针丝。

（2）丝的成型加工操作要领。

①左手按住原料的方法与直刀法相同。为防止原料滑动，用力稍比直刀法要大，移动方法一般采用间歇跳动式。

②肉类原料采用平刀法，把原料片成片，再推刀切成丝。

③刀的推拉切过程中，右手腕的起伏摆动使刀产生一个小弧度，加大刀在原料上的运行距离，易切断较厚的原料，可防止刀尖顶住墩面，影响推拉切的顺利进行。

④推切时，右手持刀，运用小臂和手腕的力量，从刀刃前部分推至刀刃后部分时刀刃与菜墩吻合，一刀断料，刀的着力点在刀根。

（3）应用范围：蔬菜、肉类、韧性原料等。

（4）技术要求：要根据烹调需要，掌握原料规格尺寸及大小而准确运刀。

（5）丝的成型规格。

①头粗丝。

规格：长为 8～10 cm、粗约为 0.4 cm 见方（图 3-3-1）。

切法：修好原料→推拉刀片→推切成丝→装盘。

用途：如切芹黄、鱼丝等原料。

②二粗丝。

规格：长为 8～10 cm、粗约为 0.3 cm 见方（图 3-3-2）。

切法：修好原料→推拉刀片→推切成丝→装盘。

用途：如大多炒菜中所用的肉丝。

③细丝。

规格：长为 8～10 cm、粗约为 0.2 cm 见方（图 3-3-3）。

切法：修好原料→推拉刀片→推切成丝→装盘。

用途：如"芥末肚丝"中的肚丝、"红油黄丝"中的大头菜丝等。

④银针丝。

规格：形似"银针"的丝，长为 8～10 cm、粗约为 0.1 cm 见方（图 3-3-4）。

切法：修好原料→推拉刀片→跳切成丝→清水浸泡→装盘。

用途：如"红油皮札丝"中的猪腿皮丝、"京酱肉丝"中的葱丝等。

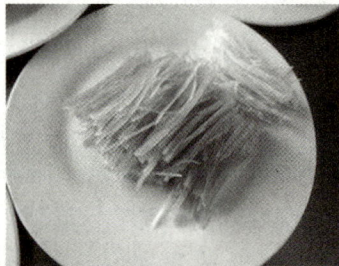

图 3-3-1 头粗丝

图 3-3-2 二粗丝

图 3-3-3 细丝

图 3-3-4 银针丝

工作实施

一、课前准备

1.师生工作准备

为完成该任务，请做好课前的各项准备工作。

2.技能准备

（1）将丝的成型加工中的分类及用途填入表 3-3-1。

表 3-3-1　丝的类别及用途

序号	类别	种类	用途
1	头粗丝	长为 8～10 cm、粗约 0.4 cm 见方	制作滑熘鱼丝
2	二粗丝	长为 8～10 cm、粗约 0.3 cm 见方	大多炒菜中所用的肉丝
3	细丝	长为 8～10 cm、粗约 0.2 cm 见方	"芥末肚丝" 中的肚丝
4			
5			

（2）将丝适合的烹调方法的分类及作用填入表 3-3-2。

表 3-3-2　烹调分类及作用

序号	种类	材料	作用
1	熘	头粗丝，如鱼丝	根据烹调要求，加工成头粗丝
2	炒	二粗丝，如肉丝	根据烹调要求，加工成二粗丝
3	拌	细丝，如肚丝	根据烹调要求，加工成细丝
4			

3.知识储备

（1）丝可分为_____、_____、_____、_____、_____五种。

（2）适合加工成丝的原料性质为_____，如_____等，适合加工各种_____，如无骨的猪、牛、羊肉等。

项目三

二、工作规划

1. 小组分工
小组分工及岗位职责见表 3-3-3。

表 3-3-3　小组分工及岗位职责

班级	烹饪高		日期	_____年____月____日
小组名称			组长	
岗位分工				
成员				

2. 小组讨论
小组成员共同讨论工作计划，列出本次任务所需原料、作用及数量，并将其填入表 3-3-4。

表 3-3-4　所需原料、作用及数量

序号	原料名称	作用	数量/g	备注
1	净鱼肉	根据烹调要求，将原料加工成头粗丝	500	
2	里脊肉	根据烹调要求，将原料加工成二粗丝	500	
3	羊肚	根据烹调要求，将原料加工成细丝	500	
4				

三、实施步骤

1. 任务实施
模仿教师演示进行操作。

2. 成果分享
每个小组将任务完成结果上传到学习平台，由 2～3 个小组分别进行展示和讲解任务完成过程。

3. 问题反思
任务实施过程中，原料大小不正确会出现什么结果？是什么原因导致的？

4. 检查
操作前检查内容见表 3-3-5。

表 3-3-5　操作前检查内容

序号	检查内容	检查结果	备注
1	个人卫生、操作台卫生是否整洁		
2	刀具、抹布、菜墩、碗是否放置到位		
3	加工流程是否正确		
4	原料成型是否达到标准		

综合评价

小组成员各自完成自我评价，组长完成小组评价，教师完成教师评价（表3-3-6），整理实训室并完成各类器具收纳摆放，做好6s管理规范。

表3-3-6　任务评价表

序号	评价内容	自我评价	小组评价	教师评价	分值分配
1	遵守安全操作规范				5
2	态度端正、工作认真				5
3	能够进行课前学习，完成相关学习内容				10
4	能够熟练运用多渠道收集学习资料				10
5	能够正确选择刀具				10
6	操作规范，卫生整洁				20
7	能够正确回答教师的问题				10
8	能够按时完成实训任务				10
9	能够与他人团结协作				10
10	做好6s管理工作				10
	合计				100
	拓展项目		—		+5
	总分		—		

评分说明：
1. 评分项目3为课前准备部分评分分值。
2. 总分 = 自我评价分 ×20%+ 小组评价分 ×20%+ 教师评价分 ×20%+ 拓展项目分。
3. 拓展项目完成一个加5分

任务四　丁、粒、末及小料头的成型加工

任务描述

对于质地较为脆嫩的蔬菜、无骨的肉类原料，丁的成型一般是先将原料切成厚片，再将厚片改刀成条，再将条改刀成丁。条的粗细厚薄决定了丁的大小。切丁，要力求使其长、宽、高基本相等，形状才美观；粒的成型比丁要小一些，成型方法与丁相同，也是将原料加工成条后再切成粒；末的大小犹如小米或油菜籽，将原料剁、铡、切细而成，一般都采用切的刀法、平刀法使其成片，而后运用直刀法切成不同规格的细料；所谓蓉，是指在猪、鸡、鱼、虾等的肉中加入肥膘以增加黏性，制成极细软、半固体状的肉泥，也有将豆腐等制成蓉的；所谓泥，是指豌豆、蚕豆、土豆等植物性原料，先蒸煮熟后再挤压成的泥状，

项目三

常用来制作甜菜或镶制馅心；球珠一般选用莴笋、胡萝卜、土豆、冬瓜等蔬菜原料制作。烹调时可用刀具将原料修成青果形及算盘珠形，也可使用规格不同的专用刀具，在坯料上剜挖制成珠形，其规格大小可根据菜肴的需要而定。

小料头、小配料是指菜肴烹调中的小型调料，如姜、葱、蒜、红辣椒、干辣椒等。小料头在菜肴烹制中有除异、去腥、增味、增色、增香的作用。尤其是在川菜中，小料头还是不少味型的重要组成部分。根据菜肴的不同要求和配菜中配形的原则，小料头需要运用刀工处理成各种形态。

学习目标

1. 知识目标

掌握原料成型的操作流程；掌握丁、粒、末、蓉、泥、小料头的成型尺寸和规格，并熟练运用；掌握适合的烹调方法。

2. 能力目标

能够正确加工各种规格的细料；能够熟练使用合适的刀法；可以熟练加工各种适合不同烹调方法的原料。

3. 素质目标

培养爱岗敬业、吃苦耐劳的职业素养，具有精益求精、不断探索的职业意识，能传承中华传统烹饪方法；具有社会责任感和社会参与意识，能够履行道德标准和行为规范。培养新时代工匠精神；培养良好的卫生习惯，树立饮食卫生从每个环节抓起；培养创新意识，开拓逆向思维。

应知应会

1. 丁、粒、末及小料头的成型加工操作要领

（1）左手按住原料的方法与直刀法相同。为防止原料滑动，用力稍比直刀法要大，移动方法一般采用间歇跳动式。

（2）肉类原料采用平刀法，把原料片成片，再推刀切成丝，再切细。

（3）刀的推拉切过程中，右手腕的起伏摆动使刀产生一个小弧度，加大刀在原料上的运行距离，易切断较厚的原料，可防止刀尖顶住墩面，影响推拉切的顺利进行。

（4）推切时，右手持刀，运用小臂和手腕力量，从刀刃前部分推至刀刃后部分时，刀刃与菜墩吻合，一刀断料，刀的着力点在刀根。

应用范围：蔬菜、肉类、韧性原料等。

2. 技术要求

要根据烹调需要，掌握原料规格尺寸及大小而准确运刀。

3. 丁、粒、末及小料头的成型规格

（1）大丁。

规格：约为 2 cm 见方的正方块（图3-4-1）。

用途：如"花椒兔丁"中的兔丁等。

图3-4-1 大丁

（2）小丁。

规格：约为 1 cm 见方的正方块（图 3-4-2）。

用途：如"辣子肉丁"中的肉丁，"炒三丁"中的红辣椒、大白菜、莴笋丁。

（3）粒。

规格：为 0.3～0.7 cm 见方的正方块，大小与绿豆、黄豆和米粒相似（图 3-4-3）。

用途：如川菜"鸡米芽菜"中的鸡粒、各种馅心等。

（4）末。

规格：比粒还小，是将原料先切后剁而成的，姜、蒜等调料常剁碎成为末。

用途：用于制作肉馅及姜末、蒜末。

（5）蓉泥（图 3-4-4）。具体操作时，一般多是先将肉里的筋膜、皮等清除，用刀背捶，而且边捶边排除蓉泥中残留的筋膜，然后用刀口剁，这样制出的蓉质量更好。但川菜中的鸡蓉、鱼蓉不能剁，只能捶。常见的蓉有鸡蓉、虾蓉、鱼蓉等。目前多用搅拌机加工蓉泥。

图 3-4-2　小丁　　　　　　图 3-4-3　菜粒　　　　　　图 3-4-4　蓉泥

（6）小料头。

①葱段。

切法：选用头粗与二粗的葱白，直切成长约为 8 cm 的段。

用途：一般用于烧、烩类的菜肴。

②开花葱。

切法：选用二粗或三粗葱，先切成长约为 5 cm 的段。在两端各砍 5～8 刀，放入清水中一漂，两头即可翻花。

用途：一般用于烧烤与酥炸类菜肴中生菜的配料。

③马耳朵葱。

切法：选用头粗或二粗葱为宜，两端切成斜面的节，或用反刀斜片成约为 3 cm 斜面状的节。

用途：一般用于肝、腰、肚头的炒制或熘类菜肴的制作。

④弹子葱。

切法：选用二粗和三粗葱，两端直切成约为 1.5 cm 的圆柱形。

用途：一般用于主料是丁类的菜肴。

⑤银丝葱。

切法：将葱白两端正切成约为 8 cm 长的段，对剖后切成丝。

用途：一般用于某些菜肴盖面或色泽上的点缀。

⑥鱼眼葱。

切法：选用三粗与四粗葱，直切成约为 0.5 cm 长的粒。

用途：一般用于鱼香味类的菜肴。

⑦马耳朵蒜苗。

切法：切法与马耳朵葱相同。

用途：一般用于"回锅肉""盐煎肉""麻婆豆腐"等菜肴。

⑧长段蒜苗。

切法：选用头粗或二粗的蒜苗，直切成约为 6 cm 的段。

用途：拍破或对剖后用于制作"水煮牛肉"等菜肴。

⑨姜、蒜丝。

切法：姜、蒜去皮后，先切片，再切丝。蒜丝的长度以蒜瓣的自然长度为准。

用途：一般用于主料呈丝状的菜肴。

⑩姜、蒜片。

切法：姜、蒜去皮后，切成 1 cm 见方的片。

用途：一般用于主料是片状的菜肴。

⑪姜、蒜末。

切法：姜、蒜去皮后，剁成末状。

用途：一般用于鱼香味或鱼的烹调，碎肉类的菜肴或肉类馅心的调味品。

⑫马耳朵泡辣椒。

切法：将泡辣椒去籽后，斜切成约为 3 cm 的节。

用途：常用于炒、熘类的菜肴。

⑬泡辣椒段。

切法：泡辣椒去籽后，切成约为 6 cm 长的段。

用途：常用于烧、炸类菜肴。

⑭泡辣椒末。

切法：泡辣椒去籽后，用斩、剁的刀法剁成极细的末。

用途：常用于鱼香味的菜肴，或添加于豆瓣以增加菜肴的色泽。

⑮泡辣椒丝。

切法：将泡辣椒去籽后，剖开切成约为 6 cm 长的细丝。

用途：常用于"糖醋脆皮鱼"及一些菜肴的配色。

⑯干辣椒节。

切法：将干辣椒去籽后，直切成 2～3 cm 的段。

用途：常用于爆炒类及炸类的菜肴。

⑰干辣椒丝。

切法：将干辣椒去籽后，剖开直切成约为 6 cm 长的细丝。

用途：常用于干煸、炝类的菜肴。

工作实施

一、课前准备

1. 师生工作准备

为完成该任务，请做好课前的各项准备工作。

2. 技能准备

（1）将丁、粒、末的加工中成型原料的加工分类及用途填入表 3-4-1。

表 3-4-1　成型原料的加工分类及用途

序号	类别	应用的刀法	用途
1	丁	切	根据烹调要求，将原料加工成适合的丁
2	粒	切	根据烹调要求，将原料加工成适合的粒
3	末	剁	根据烹调要求，将原料加工成适合的末
4			
5			

（2）将丁、粒、末及小料头等适合的烹调方法种类及作用填入表 3-4-2。

表 3-4-2　适合的烹调方法种类及作用

序号	种类	材料	作用
1	炒	丁、粒，如土豆丁	根据烹调方法，加工成不同形状
2			
3			
4			

3. 知识储备

（1）丁的规格可分为＿＿＿＿＿；粒的规格为＿＿＿＿＿；弹子葱的规格为＿＿＿＿＿；姜蒜片的规格为＿＿＿＿＿；泡椒段的规格为＿＿＿＿＿。

（2）适合加工成丁、粒、末及小料头的原料性质为＿＿＿＿＿，如＿＿＿＿＿等。适合加工各种＿＿＿＿＿，如无骨的猪、牛、羊肉等。

二、工作规划

1. 小组分工

将小组分工及岗位职责填入表 3-4-3。

表 3-4-3　小组分工及岗位职责

班级	烹饪高	日期	＿＿＿＿年＿＿月＿＿日
小组名称		组长	
岗位分工			
成员			

2. 小组讨论

小组成员共同讨论工作计划，列出本次任务所需器具、作用及数量，并将其填入表3-4-4。

表3-4-4　所需器具、作用及数量

序号	器具名称	作用	数量/g	备注
1	土豆	根据烹调要求，将原料加工成丁	300	
2				
3				
4				

三、实施步骤

1. 任务实施

模仿教师演示进行操作。

2. 成果分享

每个小组将任务完成结果上传到学习平台，由2～3个小组分别进行展示和讲解任务完成过程。

3. 问题反思

任务实施过程中，原料大小不正确会出现什么结果？是什么原因导致的？

4. 检查

操作前检查内容见表3-4-5。

表3-4-5　操作前检查内容

序号	检查内容	检查结果	备注
1	个人卫生、操作台卫生是否整洁		
2	刀具、抹布、菜墩、碗是否放置到位		
3	加工流程是否正确		
4	原料成型是否达到标准		

综合 评价

小组成员各自完成自我评价，组长完成小组评价，教师完成教师评价（表3-4-6），整理实训室并完成各类器具收纳摆放，做好6s管理规范。

表3-4-6　任务评价表

序号	评价内容	自我评价	小组评价	教师评价	分值分配
1	遵守安全操作规范				5
2	态度端正、工作认真				5
3	能够进行课前学习，完成相关学习内容				10

续表

序号	评价内容	自我评价	小组评价	教师评价	分值分配
4	能够熟练运用多渠道收集学习资料				10
5	能够正确选择刀具				10
6	操作规范，卫生整洁				20
7	能够正确回答教师的问题				10
8	能够按时完成实训任务				10
9	能够与他人团结协作				10
10	做好 6s 管理工作				10
	合计				100
	拓展项目		—		+5
	总分		—		

评分说明：

1. 评分项目 3 为课前准备部分评分分值。

2. 总分 = 自我评价分 ×20%+ 小组评价分 ×20%+ 教师评价分 ×20%+ 拓展项目分。

3. 拓展项目完成一个加 5 分

项目三

任务五　刀工训练

任 务 描 述

　　此任务为烹饪专业学生刀工训练的基本内容，学生能熟练地掌握运刀的站姿、握刀姿势、运刀方法，以及不同刀法的适用范围，能够灵活地运用刀工刀法对不同的原料进行刀工处理，达到烹饪和食用的要求。

学 习 目 标

1. 知识目标

掌握刀工刀法的种类和适用范围；掌握原料的成型工艺；掌握运刀方法和动作要点。

2. 能力目标

能够正确运用各种刀具，使用相应的刀工刀法加工不同属性的原料；能够正确地掌握握刀、运刀姿势，提高加工效率，确保用刀安全，预防职业病；养成良好的用刀习惯，逐步形成肌肉记忆，成为熟练的烹饪工作者。

3. 素质目标

培养爱岗敬业、吃苦耐劳的职业素养，具有精益求精、不断探索的职业意识，能传承中华传统烹饪方法；具有社会责任感和社会参与意识，能够履行道德标准和行为规范。

应知应会

刀工训练是烹饪基本功训练的重要内容，刀工训练包括对刀具种类的认识、磨刀、刀具的保养，以及不同刀法的熟悉、训练和应用，还包括站姿、握刀和运刀的姿势及身体的协调配合。

子任务一　切三丝（切土豆丝）

一、工具准备

切丝所需工具准备见表3-5-1。

表3-5-1　切丝所需工具准备

名称	规格	数量	备注
菜刀		1把	
灶滤		1把	
圆碗		1个	
白毛巾		1块	
砧板		1块	
水盆		1个	

二、原料准备

选用含水量高、淀粉含量低、质地脆嫩的新鲜白土豆，脱水绵软和发芽的土豆不适合刀工训练及食用。

三、工艺流程

选取原料→清洗去皮→切片→切丝→洗去淀粉→滤干水分→装盘备用。

四、操作方法

（1）将新鲜土豆去皮洗净（图3-5-1）。

（2）运用直刀法将土豆切成薄片（图3-5-2），片的长短决定了丝的长短，片的厚薄决定了丝的粗细。

（3）将切好的土豆片，采用瓦楞状叠法，即将切好的薄片一片一片依次排叠成瓦楞形状，然后左手压住土豆片，右手执刀，再运用直刀法将土豆切成丝，如图3-5-3所示。

（4）切好的土豆丝放入清水中，以免氧化（图3-5-4）。

五、成品标准

土豆丝长短一致，切面平整，粗细均匀，无碎刀、连刀。

图 3-5-1　土豆去皮洗净　　　图 3-5-2　土豆切薄片　　　图 3-5-3　土豆切丝

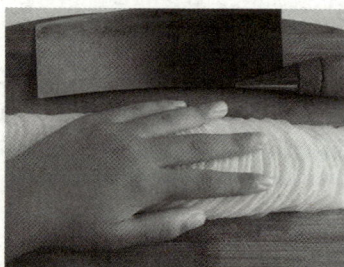

六、操作要点

（1）保持刀的锋利。

（2）土豆削皮时，注意力度，防止削去过多果肉，避免浪费。

（3）切片时注意厚度，片的厚度决定丝的粗细。

（4）切好的片需要摆放规整。

（5）切丝时要有条不紊，粗细均匀。

（6）切好的土豆放置在清水中，防止氧化。

图 3-5-4　土豆
丝放入清水中

七、评定标准

任务评价表见表 3-5-2。

表 3-5-2　任务评价表

项目	原料规格	质量标准			操作规范	卫生安全	时间标准	合计
		长短一致	粗细均匀	切面平整				
土豆丝	300 g						5 min	
标准分		20	25	25	10	10	10	100
扣分								
自评分								
得分								

子任务二　切三丝（切姜丝）

一、工具准备

切丝所需工具准备见表 3-5-3。

表 3-5-3　切丝所需工具准备

名称	规格	数量	备注
菜刀		1 把	

名称	规格	数量	备注
圆盘		1个	
白毛巾		1块	
砧板		1块	

二、原料准备

选择水分充足、质地硬实、体粗条直的生姜；脱水发霉、体小弯多的生姜不适宜食用和练习刀工。

三、工艺流程

选取原料→清洗去皮→切片→切丝→装盘备用。

四、操作方法

（1）生姜洗净去皮（图 3-5-5）。

（2）切片：沿着姜块的一边将其切成片，片的厚度决定丝的粗细（图 3-5-6）。

（3）切丝：将切好的姜片整齐地叠在一起，用手按住一边，沿着另一边切成丝（图 3-5-7）。

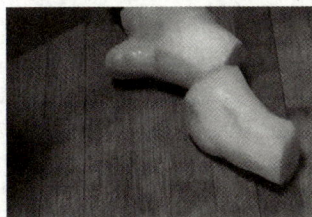

图 3-5-5　洗净去皮　　　　图 3-5-6　切成姜片　　　　图 3-5-7　姜片切丝

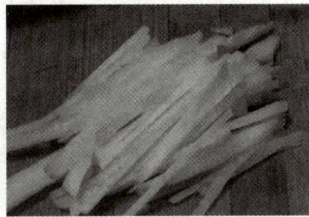

五、成品标准

姜丝长短一致，粗细均匀，刀口平整，无连刀。

六、操作要点

（1）保持刀的锋利，锋利的刀能使姜丝切面更加光滑。

（2）生姜削皮时注意力度，防止浪费和受伤。

（3）切片时注意厚度，片的厚度决定丝的粗细；运刀方向与生姜纹路一致。

（4）切好的片需要摆放规整。

（5）切丝时需注意下刀的均匀度，防止连刀和粗细不一。

七、评定标准

任务评价表见表 3-5-4。

表 3-5-4　任务评价表

项目	原料规格	质量标准			操作规范	卫生安全	时间标准	合计
		长短一致	粗细均匀	切面平整				
生姜丝	300 g						5 min	
标准分		20	25	25	10	10	10	100
扣分								
自评分								
得分								

子任务三　切三丝（切肉丝）

一、工具准备

切丝所需工具准备见表 3-5-5。

表 3-5-5　切丝所需工具准备

名称	规格	数量	备注
菜刀		1 把	
水盆		1 个	
圆盘	8 寸	1 个	
白毛巾		1 块	
砧板		1 块	

二、原料准备

选择脂肪和筋膜较少、肉质较嫩、纹理清晰的新鲜猪通脊肉。

三、工艺流程

原料选择→运用平刀法 / 直刀法加工成肉片→切丝→清洗血水→装盘备用。

四、操作方法

1. 操作方法一

（1）将新鲜肉（图 3-5-8）运用推刀法改刀成 8 cm 长的段。

（2）运用平刀法把肉段批成长为 8 cm、厚为 0.25 cm 的薄片（图 3-5-9）。

（3）把改好刀的肉片用瓦楞状叠法码放整齐（图 3-5-10）。

（4）然后左手压住肉片，右手执刀，运用推刀法顺着肉的纹理切成长为 8 cm、粗为 0.25 cm 的丝，如图 3-5-11 所示。

图 3-5-8　新鲜肉

图 3-5-9　薄片

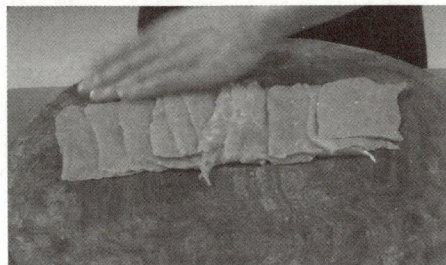

图 3-5-10　瓦楞状叠法码放

图 3-5-11　切肉丝

2. 操作方法二

（1）肉要先放入冰箱稍加冷冻后取出（图 3-5-12），软硬适中，更好切。

（2）弯曲左手五指，指关节抵住刀的侧边，将五指指尖放在猪肉上，右手握刀要稳，如图 3-5-13 所示。

（3）运用推刀法将肉切成片（图 3-5-14），片的长短决定了丝的长短，片的厚薄决定了丝的粗细。

图 3-5-12　稍加冷冻肉块

图 3-5-13　切肉姿势

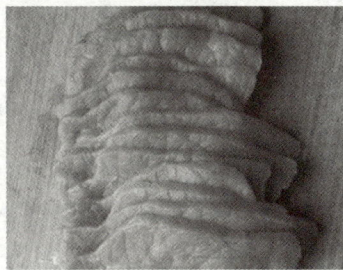

图 3-5-14　肉片

（4）采用瓦楞状叠法将肉片码放整齐，然后左手压住肉片，右手执刀，再运用推刀法将肉片切成丝，如图 3-5-15 所示。

五、成品标准

肉丝长短、粗细要求一致，无大小头，无碎粒。

六、操作要点

（1）保持刀刃锋利。

图 3-5-15　肉丝

（2）运用平刀法片新鲜肉时，需将肉按压瓷实。

（3）运用推刀法切肉时，肉需要冻至软硬适中，太硬切不动且容易损坏刀具，太软则不易成型。

（4）切片时注意厚度，片的厚度决定丝的粗细；运刀方向与肉的纹路一致。

（5）切好的片需要摆放规整。

（6）切丝时需注意下刀的均匀度，防止连刀和粗细不一。

七、评定标准

任务评价表见表 3-5-6。

表 3-5-6　任务评价表

项目	原料规格	质量标准			操作规范	卫生安全	时间标准	合计
		长短一致	粗细均匀	切面平整				
肉丝	300 g						5 min	
标准分		20	25	25	10	10	10	100
扣分								
自评分								
得分								

子任务四　剁蓉（虾蓉）

一、工具准备

剁蓉所需工具准备见表 3-5-7。

表 3-5-7　剁蓉所需工具准备

名称	规格	数量	备注
菜刀		1 把	
圆盆		1 个	
圆盘		1 个	
白毛巾		1 块	
砧板		1 块	

二、原料准备

选用新鲜的大虾，体型弓曲，肉壳紧连，肉质饱满，虾肉晶莹剔透、富有弹性，做出的虾蓉洁白无瑕。

三、工艺流程

挑选原料→取筋肉→砸肉泥→搅打上劲→装盘备用。

四、操作方法

（1）新鲜虾去虾头、虾壳，挑去虾线洗净，准备少量的肥膘肉，如图 3-5-16 所示。

（2）把肥膘肉切成薄片，与处理好的虾肉放在一起用刀背砸成泥，滤去筋膜，如图 3-5-17 所示。

（3）剁好的虾蓉加一点水和一点淀粉朝一个方向搅拌，搅拌匀后再加一点水，继续搅打上劲，如图 3-5-18 所示。

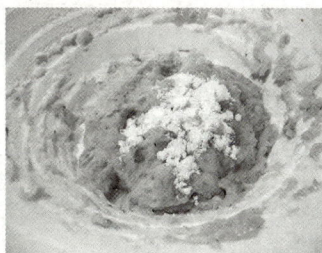

图 3-5-16　处理好的鲜虾　　　　图 3-5-17　虾蓉　　　　图 3-5-18　虾蓉搅拌

五、成品标准

色泽洁白，呈胶质状，质地细腻，无颗粒。

六、操作要点

（1）虾肉必须处理干净，否则影响色泽。

（2）加肥膘肉的目的是可以增加肉泥的黏稠度。

（3）用刀背砸能够保持虾肉的组织结构，保持口感。

（4）将砸好的肉泥滤去筋膜可以使肉质更加细腻。

（5）搅打上劲可以使虾蓉的口感更加紧实富有弹性。

七、评定标准

任务评价表见表 3-5-8。

表 3-5-8　任务评价表

项目	原料规格	质量标准			操作规范	卫生安全	时间标准	合计
		色泽洁白	呈胶质状	质地细腻				
虾蓉	300 g						5 min	
标准分		20	25	25	10	10	10	100
扣分								
自评分								
得分								

子任务五　剁蓉（鱼蓉）

一、工具准备

剁蓉所需工具准备见表 3-5-9。

表 3-5-9　剁蓉所需工具准备

名称	规格	数量	备注
菜刀		2 把	
圆盆		1 个	
圆盘		1 个	
白毛巾		1 块	
砧板		1 块	

二、原料准备

选用新鲜草鱼，鱼鳞无脱落且光滑明亮，肉质紧实有弹性，无异味，鱼眼清澈有光泽，鱼鳃呈现深红色。

三、工艺流程

原料选择→前处理取鱼净肉→砸成肉泥→加淀粉和水→搅打上劲→盛装备用。

四、操作方法

（1）将新鲜草鱼洗杀干净，取鱼腹净肉部分，切成小块，用清水浸泡出血污，捞出后用洁净的纱布吸干水分，如图 3-5-19 ～图 3-5-21 所示。

图 3-5-19　草鱼洗杀清理　　　图 3-5-20　取鱼腹净肉　　　图 3-5-21　鱼腹切块

（2）将处理好的鱼肉放置砧板上，用刀背砸成泥，滤去筋膜，如图 3-5-22 所示。

（3）在剁好的鱼泥中加一点水和一点淀粉朝一个方向打，打匀后再加一点水，继续搅打上劲，可使鱼蓉的口感更加紧实富有弹性，如图 3-5-23 所示。

五、成品标准

鱼丸（图 3-5-24）色泽洁白，呈胶质状，质地细腻，无颗粒，置于冷水中能浮起。

图 3-5-22　鱼肉剁泥

图 3-5-23　鱼泥混合搅拌

六、操作要点

（1）鱼肉必须处理干净，去除鱼皮和红肉，否则影响色泽。

（2）用刀背砸能够保持鱼肉的组织结构，保持口感。

（3）将砸好的肉泥滤去筋膜可以使肉质更加细腻。

（4）搅打上劲，呈胶状，放于冷水中能漂浮即可。

图 3-5-24　鱼丸

七、评定标准

任务评价表见表 3-5-10。

表 3-5-10　任务评价表

项目	原料规格	质量标准			操作规范	卫生安全	时间标准	合计
		色泽洁白	呈胶质状	质地细腻				
鱼蓉	300 g						5 min	
标准分		20	25	25	10	10	10	100
扣分								
自评分								
得分								

子任务六　剁蓉（猪肉蓉）

一、工具准备

剁蓉所需工具准备见表 3-5-11。

表 3-5-11　剁蓉所需工具准备

名称	规格	数量	备注
菜刀		2把	
圆盆		1个	
圆盘		1个	
白毛巾		1块	
砧板		1块	

二、原料准备

选用新鲜猪里脊肉，色泽红润，无异味，肉质透明富有弹性，表面干净无黏液。

三、工艺流程

原料选择→剔除筋膜→砸成肉泥→挑去筋膜→搅打上劲→盛装备用。

四、操作方法

（1）将猪里脊肉去除表面筋膜，切成 2～3 cm 的块（图 3-5-25、图 3-5-26）。

（2）将处理好的猪肉放置砧板上，用刀背砸成泥，滤去筋膜，如图 3-5-27 所示。

图 3-5-25　猪里脊肉　　　　图 3-5-26　猪里脊肉切块　　　　图 3-5-27　肉泥

（3）在剁好的肉泥中加水、鸡蛋清、淀粉，朝一个方向搅打至上劲，使口感更加紧实富有弹性，最终效果如图 3-5-28 所示。

五、成品标准

质感细腻，黏稠呈胶质状，无颗粒。

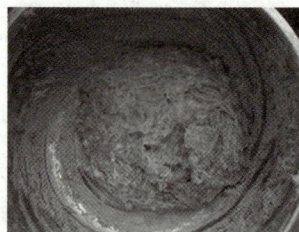

图 3-5-28　肉泥混合搅拌

六、操作要点

（1）用刀背砸能够保持猪肉的组织结构，保持口感。

（2）砸好的肉泥滤去筋膜可以使肉质更加细腻。

（3）搅打至上劲的特点就是呈现胶质状，搅打起来有较大的阻力。

七、评定标准

任务评价表见表 3-5-12。

表 3-5-12　任务评价表

项目	原料规格	质量标准			操作规范	卫生安全	时间标准	合计
		色泽洁白	呈胶质状	质地细腻				
猪肉蓉	300 g						5 min	
标准分		20	25	25	10	10	10	100
扣分								
自评分								
得分								

任务六　原料花刀成型加工训练

任务描述

用这种刀法技术加工成的原料形状，有大型的松鼠形、葡萄形、蛟龙形等，也有小巧玲珑的菊花形、核桃形、枝形等，这种刀法技术较为复杂，技术难度也较高，需经过不断实践才能领会并掌握。

学习目标

1. 知识目标

掌握原料花刀的种类和适用范围；掌握原料花刀的成型工艺；掌握运刀方法和动作要点。

2. 能力目标

根据烹调要求，能够正确地将原料进行合理规范的加工；能够正确地掌握握刀、运刀姿势，熟练掌握原料美化成型的应用和质量标准。

3. 素质目标

培养执着和艰苦奋斗的精神，养成学习中国饮食文化的习惯。

应知应会

原料花刀成型的刀法技术是指运用不同的刀法加工原料，使原料在加工以后形成各种优美形状的手工技艺。

子任务一　蓑衣黄瓜

一、工具准备

花刀成型所需工具准备见表 3-6-1。

表 3-6-1　花刀成型所需工具准备

名称	规格	数量	备注
菜刀		1 把	
筷子		1 双	
圆盘		1 个	
白毛巾		1 块	
砧板		1 块	

二、原料准备

选用颜色翠绿、体态饱满、质感脆嫩、汁水丰富的新鲜黄瓜。

三、工艺流程

原料选择→切蓑衣花刀→拉伸装盘。

四、操作方法

（1）黄瓜洗净，去除两头（图 3-6-1）。

（2）先在黄瓜一面直刀剞上间距为 1 mm、深度为原料 3/4 的一字刀纹（图 3-6-2）。

（3）一面剞完将其翻面，在另一面用同样的刀法，直刀斜剞上一字刀纹，深度同样为原料的 3/4，如图 3-6-3 所示。

（4）将改刀好的黄瓜拉长后装盘，如图 3-6-4 所示。

图 3-6-1　黄瓜初步处理　　图 3-6-2　一面直刀剞　　图 3-6-3　另一面直刀斜剞　　图 3-6-4　蓑衣黄瓜

五、成品标准

拉开后不断裂，形成网状的蓑衣。

六、操作要点

（1）保持刀刃锋利。

（2）下刀均匀，刀口间距一致。

（3）刀刃离砧板的距离一致，防止黄瓜断裂和下刀深浅不一。

七、评定标准

任务评价表见表3-6-2。

表3-6-2　任务评价表

项目	原料规格	质量标准				操作规范	卫生安全	时间标准	合计
		角度一致	厚薄一致	无断裂	拉伸长度				
蓑衣黄瓜	300 g							5 min	
标准分		15	20	20	15	10	10	10	100
扣分									
自评分									
得分									

子任务二　兰花豆干

一、工具准备

花刀成型所需工具准备见表3-6-3。

表3-6-3　花刀成型所需工具准备

名称	规格	数量	备注
菜刀		1把	
竹签	60 cm	若干	
圆盘		1个	
白毛巾		1块	
砧板		1块	
铁锅		1口	
炉灶		1口	

二、原料准备

选用色泽洁白、肉质紧实、豆香味浓、表面干燥的新鲜豆干。

三、工艺流程

原料选择→豆干焯水→打兰花花刀→竹签定型→炸制→盛装备用。

四、操作方法

（1）白豆干焯水（图3-6-5）去除豆腥味，使豆干质地更硬，更适合刀工处理。

（2）将放凉后的豆干两面各斜切11～12刀（图3-6-6、图3-6-7），切的深度为豆干厚度的2/3，所切的条纹和刀口深度相互交错，以使油炸时适当拉长。

  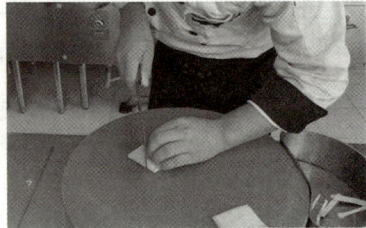

图3-6-5　白豆干焯水　　　　图3-6-6　直刀剞（一）　　　　图3-6-7　直刀剞（二）

（3）用60 cm长、顶端磨尖的细铁签子，插入豆干切条，将豆干拉至12 cm长，入锅油炸至切口呈金黄色（图3-6-8）。

五、成品标准

刀口均匀，深浅一致，成品两面各切有12条以上切条，拉至12 cm长以上，不断裂，色泽黄亮，如图3-6-9所示。

 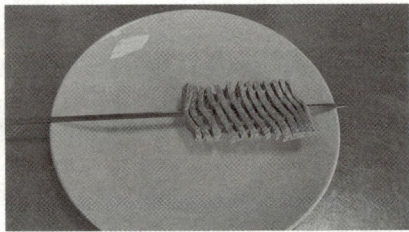

图3-6-8　油炸豆干　　　　　　　　图3-6-9　兰花豆干

六、操作要点

（1）保持刀刃的锋利。
（2）原料要选择质地较老、肉质较厚的豆干。
（3）切时注意下刀的力度和间隔的均匀度，防止断裂。
（4）炸制豆干时注意油温和炸制时间，密切关注豆干色泽的变化。

七、评定标准

任务评价表见表3-6-4。

表3-6-4　任务评价表

项目	原料规格	质量标准				操作规范	卫生安全	时间标准	合计
		角度一致	厚薄一致	无断裂	拉伸长度				
兰花豆干	300 g							5 min	
标准分		15	20	20	15	10	10	10	100
扣分									
自评分									
得分									

子任务三　麦穗鱿鱼卷

一、工具准备

花刀成型所需工具准备见表3-6-5。

表3-6-5　花刀成型所需工具准备

名称	规格	数量	备注
菜刀		1 把	
剪刀		1 把	
圆盘		1 个	
白毛巾		1 块	
砧板		1 块	
铁锅		1 口	
炉灶		1 口	

二、原料准备

选用体型完整、色泽光亮、质地紧实、黏膜完整、无异味的新鲜鱿鱼。

三、工艺流程

原料选择→取鱿鱼鱼身部分→剔除黏膜→打麦穗花刀→加热卷曲→捞出备用。

四、操作方法

（1）将新鲜鱿鱼剪开去除头部，将筒形鱼身剪开，取出内脏和鱼脊骨，并将鱿鱼一分为二（图3-6-10、图3-6-11）。

（2）扯去鱿鱼身上的外表皮，将鱿鱼平整摊开，先斜刀推剞，倾斜角度为40°，间隔为3 mm，深度为原料的3/5（图3-6-12）。

（3）再转一个角度直刀剞，直刀剞与斜刀推剞相交，深度是原料厚度的3/5，最后改刀成块（图 3-6-13）。

图 3-6-10　斜刀剞

图 3-6-11　反刀剞

图 3-6-12　斜刀推剞

图 3-6-13　直刀剞

（4）鱿鱼经加热后即卷曲成麦穗形（图 3-6-14、图 3-6-15）。

图 3-6-14　加热形成鱿鱼卷

图 3-6-15　鱿鱼卷

五、成品标准

刀口均匀，深浅一致，加热后自然卷曲，形似麦穗。

六、操作要点

（1）鱿鱼尽量选择新鲜鱿鱼。

（2）刀距、进刀深浅、斜刀角度要均匀一致。

（3）大麦穗剞刀的倾斜角度越小，麦穗越宽。

七、评定标准

任务评价表见表 3-6-6。

表 3-6-6　任务评价表

项目	原料规格	质量标准				操作规范	卫生安全	时间标准	合计
		角度一致	刀工均匀	深浅一致	形状				
麦穗鱿鱼卷	300 g							5 min	
标准分		15	20	20	15	10	10	10	100
扣分									
自评分									
得分									

子任务四　菊花豆腐

一、工具准备

花刀成型所需工具准备见表 3-6-7。

表 3-6-7　花刀成型所需工具准备

名称	规格	数量	备注
菜刀		1 把	
圆盆		1 个	
白毛巾		1 块	
砧板		1 块	

二、原料准备

选用色泽洁白光亮、质地细嫩、口感清甜、豆香浓郁的内酯豆腐。

三、工艺流程

原料选择→取出豆腐→修边整形→菊花花刀→放入水中备用。

四、操作方法

（1）内酯豆腐四边修匀，修成 4 cm×4 cm 的小块（图 3-6-16）。

（2）用十字花刀切，先切连刀片，深度为原料厚度的 4/5 左右，而后再切成丝，同样不能切断，两刀相交的角度为 90°（图 3-6-17）。

（3）将切好的豆腐放入盛好的高汤中，轻轻抖散即可（图 3-6-18）。

图 3-6-16　内酯豆腐　　　　　　图 3-6-17　切豆腐　　　　　　图 3-6-18　菊花豆腐

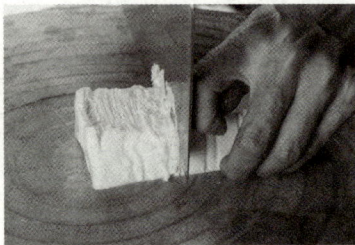

五、成品标准

汤汁清澈，刀工细致，豆腐丝细腻轻盈，宛如菊花在汤中摇曳。

六、操作要点

（1）高汤需要用瘦肉末吊汤 3 次左右，直到高汤变得清澈。

（2）切豆腐的刀一定要锋利，否则豆腐容易碎。

（3）切的时候要一气呵成，间距均匀，力道一致。

（4）切豆腐时不能切断，底部需要有连接的地方。

七、评定标准

任务评价表见表 3-6-8。

表 3-6-8　任务评价表

项目	原料规格	质量标准			操作规范	卫生安全	时间标准	合计
		刀工细致	粗细均匀	无断丝				
菊花豆腐	300 g						5 min	
标准分		20	25	25	10	10	10	100
扣分								
自评分								
得分								

子任务五　花形原料的成型

一、工具准备

花刀成型所需工具准备见表 3-6-9。

表 3-6-9 花刀成型所需工具准备

名称	规格	数量	备注
菜刀		1 把	
圆盆		1 个	
白毛巾		1 块	
砧板		1 块	

二、原料准备

选用猪腰、鲜肉、鱿鱼、鱼等质地细嫩、新鲜的原料。

三、工艺流程

原料选择→修边整形→花刀改刀→放入水中备用。

四、操作方法

花刀是将刀工艺术化，即根据烹调和菜肴制作的要求，在脆性、软性、韧性及韧中带脆的原料上巧妙地利用混合刀法，把原料加工成形态优美、卷曲自然的花刀块或花刀纹。花刀处理后的原料经过烹饪后可制成造型优美又脆嫩爽口的花式菜肴。其适用的原料有猪腰、鱿鱼、肚头、鱼等。常用的形状有数十种，具有代表性的花刀制作方法如下。

1. 凤尾形

在厚约为 1 cm、长约为 10 cm 的原料上，先顺着用反刀斜剞，剞的刀距约为 0.4 cm 宽，深度为原料的 1/2；再横着用直刀切三刀一断，呈长条形，剞的刀距约为 0.3 cm，深度为原料的 2/3。经烹制卷缩后即成凤尾形（图 3-6-19），如"凤尾腰花""凤尾肚花"等。

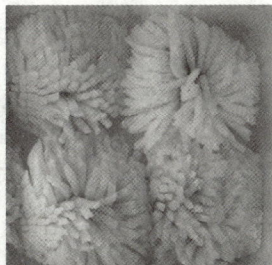

2. 菊花形

用直刀在厚约为 2 cm 的原料上剞出刀距约为 0.4 cm 的垂直交叉十字花，深度为原料的 4/5，再切成约为 3 cm 见方的块，经烹制卷缩后即成菊花形（图 3-6-20），如"菊花里脊""菊花鱼"等。

3. 荔枝形

在厚度约为 0.8 cm 的原料上，用反刀斜剞约为 0.5 cm 宽的交叉十字花形，其深度为原料的 2/3，再顺纹路切成长约为 5 cm、宽为 3 cm 的长方块、菱形块或三角形块，经烹制卷缩后即成荔枝形（图 3-6-21），如"荔枝肚花""荔枝腰块"等。

图 3-6-19 凤尾花刀　　图 3-6-20 菊花花刀　　图 3-6-21 荔枝花刀

4. 雀翅形

选用 2 cm 粗的根、茎或瓜类等植物性原料，先将其对剖成两半，切成约为 1.5 cm 的节，把剖面紧贴着菜墩，再用拉刀切的方法划成刀距约为 0.1 cm 的连刀片（每片 1/5 不划断），翻折处理即可（图 3-6-22）。断刀可灵活运用，或四刀或五刀，如"雀翅黄瓜"等。

5. 鱼鳃形

在厚度约为 1.2 cm 的原料上用直刀剞，刀距为 0.3 cm，深度为原料的 1/2；再顺着用斜刀法片成三刀一断，片的刀距为 0.5 cm，深度为原料的 2/3，经烹制卷缩后，即成鱼鳃形（图 3-6-23），如"鱼鳃腰花""鱼鳃鱿鱼"等。

图 3-6-22 雀翅花刀

图 3-6-23 鱼鳃花刀

6. 麦穗形

在厚度约为 0.8 cm 的原料上交叉反刀斜剞，再按一定规格推刀切成条（图 3-6-24）。例如，"麦穗肚"的规格：反刀斜剞约为 0.8 cm 宽的交叉十字花纹，再顺纹路切约为 3 cm 宽、10 cm 长的条。又如，"火爆麦穗腰花"的规格：反刀斜剞约为 0.5 cm 宽的交叉十字花纹，再顺纹路切约为 5 cm 宽、2.5 cm 长的条。以上反刀斜剞的深度均为原料的 2/3。

7. 松鼠形

鱼去头后沿脊柱骨将鱼身剖开，离鱼尾 3 cm 处停刀，然后去掉脊椎骨。劈去胸肋骨，在两片鱼肉上剞直刀纹，刀距约为 0.5 cm，深度要剞至鱼皮；再横着鱼身用斜刀剞，刀距为 0.5 cm，深度也要剞至鱼皮，加热后即成松鼠形（图 3-6-25）。松鼠形常用于鳜鱼、青鱼等原料，适用于制作炸、熘类菜肴，如"松鼠鳜鱼"等。

8. 松果形

用推刀剞在厚度约为 0.7 cm 的原料上，斜度约 45°，形成刀距约为 0.4 cm 的斜交叉刀纹，剞的深度约为原料厚度的 2/3，然后改切成长为 5 cm 的三角块，经加热烹制卷曲后形似松果，如"火爆鱿鱼卷"等（图 3-6-26）。

图 3-6-24 麦穗花刀

图 3-6-25 松鼠花刀

图 3-6-26 松果花刀

9. 鸡冠花形

在厚度约为 3 cm 的原料上，用直刀顺剖宽约为 0.3 cm、深度约为 2 cm 的刀纹，再把原料横过来切成约为 0.3 cm 宽的片或两刀一断的片，烹制后形如鸡冠（图 3-6-27）。

10. 眉毛花形

在厚度约为 1 cm 的原料上，先顺着用反刀斜剖，刀距约为 0.4 cm，深度为原料的 1/2；再横着用直刀切三刀一断，深度为原料的 2/3，宽约为 1 cm，长约为 8 cm，如"眉毛腰花"等（图 3-6-28）。

图 3-6-27 鸡冠花刀　　　　图 3-6-28 眉毛腰花

11. 麻花形

麻花形是将原料用片、切的刀法，再经穿拉制作而成的。先将原料劈成长为 4.5 cm、宽为 2 cm、厚为 0.3 cm 的片，在原料中间顺长划开约为 3 cm 的口，再在中间缝口的两边各划一道约为 2.5 cm 的口，用手抓住两端并将原料一端从中间缝口穿过，即成麻花形（图 3-6-29）。麻花形花刀常用于鸡脯肉、鸭肫、猪腰、里脊肉等。

12. 牡丹形

牡丹形是用直刀（或斜刀）剖和平刀剖的方法制作而成的。在鱼身两面每隔 3 cm 用直刀（或斜刀）剖一刀，剖至脊椎骨时将刀端平，再沿脊柱骨间前平推 2 cm 时停刀，两面剖成对称的刀纹，加热后鱼肉翻卷，如同牡丹花瓣。牡丹形花刀常用于体大而厚的鲤鱼、大黄鱼、青鱼等原料，适用于脆熘、软熘等烹调方法，如"糖醋脆皮鱼"等（图 3-6-30）。

13. 吉庆块

吉庆块是指经运刀加工后呈"吉庆"（佛教寺庙中僧人念经时伴奏的敲击乐器，即框形木架上悬挂的小铜锣，呈"品"字形）形的块状原料（图 3-6-31）。加工时，先将原料切成四方块，深度为原料厚度的 1/2 处用刀根切一刀，深度为原料厚度的 1/2，要求刀纹连。吉庆块大小根据烹调要求确定。例如，在改成四方块后，先在每个角上刻花纹，再进行改刀，称为花吉庆。吉庆块花刀适用于植物性原料，如萝卜、莴笋、土豆、苤蓝等。

图 3-6-29 麻花花刀　　　图 3-6-30 牡丹花刀　　　图 3-6-31 吉庆块

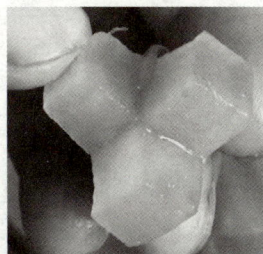

五、成品标准

造型美观，刀工细致、均匀，深浅一致。

六、操作要点

（1）刀法运用正确，力度掌握稳定。
（2）原料成型符合规范，刀口均匀。
（3）运切一气呵成，间距均匀，力道一致。
（4）切刀深浅一致。

七、评定标准

任务评价表见表3-6-10。

表3-6-10　任务评价表

项目	原料规格	质量标准			操作规范	卫生安全	时间标准	合计
		刀工细致	粗细均匀	无断丝				
眉毛花刀	300 g						5 min	
标准分		20	25	25	10	10	10	100
扣分								
自评分								
得分								

工作 实施

一、课前准备

1.师生工作准备

为完成该任务，请做好课前的各项准备工作。

2.技能准备

将餐具的分类及用途填入表3-6-11。

表3-6-11　餐具的分类及用途

序号	类别	种类	用途
1	菜刀		根据烹调要求，将原料加工成一定形状
2	料碗		盛装加工后的原料
3	砧板		用来加工食材时和刀刃直接接触
4			
5			

3. 知识储备

（1）切肉丝时为了使肉丝的形状更完整，烹调过程中不断裂变形，应顺着肌肉的纹理切，俗称_____。

（2）切冷冻肉时应采用的刀法是（　　　）。

　　　A. 直刀切　　　　　　　　B. 平刀片　　　　　　　　C. 推拉刀切

（3）加工新鲜里脊肉时，肉质地较软，切片时应采用的刀法是（　　　）。

　　　A. 直刀切　　　　　　　　B. 平刀片　　　　　　　　C. 推拉刀切

（4）肉丝的粗细应当与_____的厚度相一致。

（5）鱼香肉丝的宽度是（　　　）cm。

　　　A. 0.4　　　　　　　　　　B. 0.3　　　　　　　　　　C. 0.2

二、工作规划

将小组分工及岗位职责填入表 3-6-12。

表 3-6-12　小组分工及岗位职责

班级	烹饪高	日期	_____年___月___日
小组名称		组长	
岗位分工			
成员			

三、实施步骤

1. 任务实施

将模仿教师演示进行操作。

2. 成果分享

每个小组将任务完成结果上传到学习平台，由 2 ～ 3 个小组分别进行展示和讲解任务完成过程。

3. 问题反思

（1）任务实施过程中，持刀角度把握不准会造成什么结果？是什么原因导致的？

（2）任务实施过程中，选择不同的磨刀石会造成什么结果？

4. 检查

操作前检查内容见表 3-6-13。

表 3-6-13　操作前检查内容

序号	检查内容	检查结果	备注
1	个人卫生、操作台卫生是否整洁		
2	刀具、抹布、菜墩、碗是否放置到位		
3	磨刀姿势是否正确		

综合 评 价

小组成员各自完成自我评价，组长完成小组评价，教师完成教师评价（表3-6-14），整理实训室并完成各类器具收纳摆放，做好6s管理规范。

表3-6-14 任务评价表

序号	评价内容	自我评价	小组评价	教师评价	分值分配
1	遵守安全操作规范				5
2	态度端正、工作认真				5
3	能够进行课前学习，完成相关学习内容				10
4	能够熟练运用多渠道收集学习资料				10
5	能够正确选择刀具				10
6	操作规范，卫生整洁				20
7	能够正确回答教师的问题				10
8	能够按时完成实训任务				10
9	能够与他人团结协作				10
10	做好6s管理工作				10
	合计				100
	拓展项目		—		+5
	总分		—		

评分说明：
1. 评分项目3为课前准备部分评分分值。
2. 总分 = 自我评价分 ×20%+ 小组评价分 ×20%+ 教师评价分 ×20%+ 拓展项目。
3. 拓展项目完成一个加5分

项目三

项目四　食品雕刻实训

任务一　烹饪美术基础认知

任务描述

　　烹饪美是融色彩、造型、滋味及实用性为一体的独具一格的艺术美。菜点也具有其他艺术所不可比拟的独特的美学价值。其融汇了画家、雕刻家的艺术技法，通过刀工、勺工、调味、烹制、拼盘、雕刻等手段，使菜点具有使用性和审美性。以欣赏促食欲，在食者进行美的艺术享受的同时，增加美的食欲享受。中国烹饪的色、香、味、形、器五大属性，既紧密联系又各自表现。色、形同属视觉艺术的范畴，其先于质、味出现，又最先映入食者的眼帘，可谓先色后形，先形后味。色和形是烹饪的"仪表"和"容貌"，属于艺术的表现部分；质和味是烹饪的"骨骼"和"血肉"，是组成和支撑这些表现部分的实体。

学习目标

1. 知识目标

掌握烹饪美术的烹饪色彩的种类和作用；掌握烹饪美术的基础造型；掌握烹饪美术的器皿选择。

2. 能力目标

能够正确理解色彩搭配；能够更好地将色彩充分利用；可以更好地充实色彩知识。

3. 素质目标

培养爱岗敬业、吃苦耐劳的职业素养，具有精益求精、不断探索的职业意识，能传承中华传统烹饪方法；具有社会责任感和社会参与意识，能够履行道德标准和行为规范；培养创新意识，开拓逆向思维。

一、烹饪色彩

（一）色彩的三要素

色彩是一门内容丰富的科学。它涉及物理学、化学、生理学、心理学、美学等各方面的知识，本书不进行详述，在这里只是为了研究烹饪工艺美术的需要而研究一下色彩的三要素。

1. 色相

颜色犹如人之相貌，称作色相，即是区别红、橙、黄、绿、蓝、紫六个代表颜色的名称。我们要善于从相似的几种颜色中比较出它们，可以看到在画面上以紫色为最深，红色与蓝色次之，橙色与绿色再次之，黄色最亮。画面上偏黄的色是明色，属于"明调"；偏紫的色是暗色，属于"暗调"；其他偏于绿色的属于中间色。我们要重视色彩本身的明度，懂得色彩的调子，可以根据餐饮环境的色彩设计和食品色泽，来确定色彩明度，如对于蓝色，有钴蓝（蓝中带粉）、湖蓝（蓝中带绿）、群青（蓝中带紫）、普蓝（蓝中带黑）等。

2. 明度

明度是指色彩由明到暗的变化程度。明度一般来说有两种含义：一是同一色相受光后由于物体受光的强弱不一，产生了各种不同的明暗层次，如红色原料受了光，即有浅红、淡红、深红、暗红等不同明度的变化；二是指颜色本身的明度，在红、橙、黄、绿、蓝、紫六色之中，黄最明，紫最暗。

3. 纯度

纯度也称彩度（或称颜色的饱和度），是指颜色纯粹的程度。如果当一个颜色的色素包含量达到极限强度时，可以发挥其色彩的固有特性，并说明这块颜色达到了饱和程度，也就是该色相的标准色。如果在黄色中掺入一点黑色或任何其他的颜色，黄色的纯度（饱和度）即随之降低，颜色略变灰；掺入越多则纯度越低，灰度也就越明显，直到变为黑浊色，黄的色素也就随之消失。黄色消失而色彩暗，称为暗色。如果对一个色相混以白色时，纯色渐失色味，减少鲜度，白色加入越多则色彩越淡，越淡就越明，称为明色。色彩的明暗从视觉效果来看，在心理上产生重量感，即明色比实际的感觉要轻些，暗色则重些。掌握这个原则，可以调节原料的配色关系。

色彩感觉是人们长期社会实践的结果。色彩除了有以上三个要素，还具有使人产生许多特殊感觉的作用。

（二）色彩的冷暖

色彩的基本色，即所谓的三原色是红、黄、蓝。我们从色轮中看到的十二种颜色都是从红、黄、蓝三原色混合而成的。如果把它们互相混合又会产生众多颜色。这些颜色无论如何变化，都有偏红或偏蓝的倾向。带有不同程度的红色、黄色，一般属于暖色；反之，带有不同程度的蓝色、青色，一般属于冷色或偏冷色。所以，颜色之间有冷暖性质之分。

色彩的冷暖，是色相的物理现象在人的心理反应，这里讲的"冷"和"暖"不是指颜色本身的温度有高有低，而是一种通感的引申，就如人们用"热情""冷淡"来形容情绪一样。在可见光范围内，不同色光的温度是没有区别的，只有人眼看不见的红外线才具有较高的温度。色彩冷暖是指色相之间的冷暖区别。这种区别是大范围内强烈的差别，红、橙、黄、绿、青、紫等色相的冷暖差别是基于人对色彩的联想所产生的心理感受。例如，当人们看到红色、橙色、黄色时，常常联想到阳光、炉火的颜色，而觉得温暖；看到青色、青绿色、白色时常常会想到高空、蓝天、阴影处的冰雪，而觉得冷。一般红色、黄色、黑色是暖色，青色、青绿色、白色是冷色，而在色相环上处于冷色和暖色中间的绿色、黄绿色、紫色是温色。这是一般人都会有的感觉，冷暖色能唤起人们的联想。

（三）色彩的心理和生理作用

色彩具有一种能够强烈刺激感觉器官的作用。许多菜肴设计和餐饮环境设计的实践也证明，色彩对提高烹饪和环境设计视觉感受、创造良好的味觉及环境与效果有着重要的影响力。在人的视觉感知中，色彩和形体具有同等重要的作用。总之，色彩在环境设计中起着举足轻重的作用，具体表现为心理作用、生理作用等方面。

1. 心理作用

色彩的心理作用是指色彩在人的心理上产生的反应。色彩的辨别力、主观感知力和象征力是色彩心理学上的三个重要问题。色彩美学主要表现在三个方面，即印象（视觉上）、表现（情感上）、结构（象征上）。例如，当人们置身于一个无彩色的高明度环境里，心理上就会产生一种空旷和无方向感的感觉。若在环境中适当进行一定的色彩处理，情况就会大不一样了，因为环境中有了吸引视觉的对象，有了视觉中心。

2. 生理作用

主观色彩通过视觉传送到中枢神经系统引起反射，部分反射通过植物性神经而引起人的身体器官的生理反应。各种色彩都能对人起作用，都能影响人的心情、精神和食欲。如果大多数时间处于视野内的某块平面，其色彩属于光谱的中段色彩，则在其条件相同的情况下，眼睛的疲劳程度最小。因此，从生理学角度看，属于最佳的色彩有淡绿色、浅草绿色、淡黄色、翠绿色、天蓝色、浅蓝色和白色等。

二、基础造型

（一）烹饪美术基础造型

1. 定义

烹饪美术基础造型是指在烹饪过程中，通过对食材的切割、摆盘等方式，将食物呈现出美观、精致的形态，从而提升食物的视觉效果和美感。

2. 切割技巧

在烹饪美术基础造型中，切割是最基础的技巧之一。切割技巧的好坏直接影响到食物的口感和外观。切割技巧包括切片、切丝、切块、滚刀等。切片是将食材切成薄片，如鱼片、肉片等，可以使食物更易于烹调，同时也可以增加食物的表面积，使其更易于吸收调味料；切丝是将食材切成细长的丝状，如胡萝卜丝、黄瓜丝等，可以增加食物的口感和嚼劲，同时也可以增强食物的视觉效果；切块是将食材切成均匀的小块，如土豆块、茄子块等，可以使食物更易于烹调，同时也可以增加食物的口感和嚼劲；滚刀是将食材切成菱形或斜方形的小块，如胡萝卜滚刀、土豆滚刀等，可以增加食物的视觉效果，使其更加精致。

3.摆盘技巧

除了切割技巧，摆盘也是烹饪美术基础造型中不可或缺的一部分。摆盘是将烹制好的食物摆放在盘中，可以通过不同的摆放方式和色彩搭配，使食物更加美观、精致。摆盘技巧包括对称式、不对称式、层叠式、线性式等。对称式是将食物摆放在盘子中心，左右对称，可以使食物更加稳定和平衡；不对称式是将食物摆放在盘子中心，但左右不对称，可以增加食物的动感和活力；层叠式是将食物摆放在盘子中心，呈现出层次感，可以增加食物的立体感和深度感；线性式是将食物摆放成一条线，可以增加食物的流畅感和动感。

4.重要性

烹饪美术基础造型是烹饪过程中不可或缺的一部分，它可以使食物更加美味、精致，也可以增加食物的视觉效果和美感，让人们在享受美食的同时，也能够感受到视觉上的愉悦。烹饪美术基础造型需要掌握切割技巧和摆盘技巧，同时也需要注重色彩搭配和食材的质量及新鲜度。只有掌握了烹饪美术基础造型，才能够让食物更加美味、精致，让人们在享受美食的同时，也能够感受到精神上的愉悦。

（二）烹饪图案的立体构成

圆雕式立体构成在烹饪中的运用如图 4-1-1、图 4-1-2 所示。

三、器皿选择

烹饪美术器皿选择是指在烹饪过程中，选择合适的器皿来烹制和摆盘食物，从而提升食物的视觉效果和美感。正确选择器皿不仅可以使食物更加美观、精致，还可以增加食物的口感和质感。

一些常见的烹饪美术器皿选择如下。

1.炒锅

炒锅是烹饪中最常用的器皿之一，它可以用来烹制各种菜肴，如炒菜、煎蛋等。选择炒锅时，应该选择质量好、材质坚固、易于清洗的炒锅，同时也要根据不同的烹饪需求选择不同尺寸和形状的炒锅。

图 4-1-1　圆雕式立体构成（一）

图 4-1-2　圆雕式立体构成（二）

2.煮锅

煮锅是用来煮汤、煮面、煮粥等的器皿，选择煮锅时，应该选择质量好、材质坚固、易于清洗的煮锅，同时也要根据不同的烹饪需求选择不同尺寸和形状的煮锅。

3.烤盘

烤盘是用来烤制食物的器皿，如烤鸡翅、烤蔬菜等。选择烤盘时，应该选择质量好、材质坚固、易于清洗的烤盘，同时也要根据不同的烹饪需求选择不同尺寸和形状的烤盘。

4.碗、盘子

碗、盘子是用来盛放食物的器皿，选择碗、盘子时，应该选择质量好、材质坚固、易于清洗的碗、盘子，同时也要根据不同的烹饪需求选择不同尺寸和形状的碗、盘子。

总之，烹饪美术器皿选择是烹饪过程中不可或缺的一部分，正确选择器皿可以使食物更加美观、精致，增加食物的口感和质感。在选择器皿时，应该选择质量好、材质坚固、易于清洗的器皿，同时也要根据不同的烹饪需求选择不同尺寸和形状的器皿。

工作实施

一、课前准备

1.师生工作准备

为完成该任务，请做好课前的各项准备工作。

2.技能准备

将餐具材质的分类及用途填入表 4-1-1。

表 4-1-1 餐具材质的分类及用途

序号	类别	用途
1	陶瓷	适用于素食餐具器
2	玻璃	适用于餐厅装饰工艺
3	紫砂	适用于各式茶具、酒具、餐具、摆件
4	竹木	适用于碗、筷、刀、叉、盘、碟、托盘等
5		

3.知识储备

（1）器皿雕刻制作过程中的（　　　）特别重要。

　　　A.清洁卫生　　　B.工具　　　C.刀法

（2）器皿的类型有（　　　）种。

　　　A.三　　　B.五　　　C.七

（3）我国古代器皿最早记载在（　　　）。

　　　A.夏　　　B.周　　　C.唐　　　D.清

（4）器皿主要用来（　　　）。

　　　A.装饰　　　B.盛菜肴　　　C.作为艺术品　　　D.作为家具

（5）器皿制作一般用（　　　）。

　　　A.尖头刀、U形刀　　　　　　　B.尖头刀

　　　C.U形刀　　　　　　　D.V形刀

二、工作规划

1.小组分工

将小组分工及岗位职责填入表 4-1-2。

表 4-1-2 小组分工及岗位职责

班级	烹饪高	日期	_____年___月___日
小组名称		组长	
岗位分工			
成员			

项目四

2. 小组讨论

小组成员共同讨论工作计划，列出本次任务所需器具、作用及数量，并将其填入表 4-1-3。

表 4-1-3　所需器具、作用及数量

序号	器具名称	作用	数量	备注
1	雕刻刀	雕刻小圆球	6 把	
2	细磨刀石	磨雕刻刀	2 个	
3				
4				

三、实施步骤

1. 任务实施

模仿教师演示进行操作。

2. 成果分享

每个小组将任务完成结果上传到学习平台，由 2～3 个小组分别进行展示和讲解任务完成过程。

3. 问题反思

（1）任务实施过程中，持刀角度把握不准会造成什么结果？是什么原因导致的？

（2）任务实施过程中，选择不同的磨刀石会造成什么结果？

4. 检查

操作前检查内容见表 4-1-4。

表 4-1-4　操作前检查内容

序号	检查内容	检查结果	备注
1	个人卫生、操作台卫生是否整洁		
2	刀具、抹布、菜墩、碗是否放置到位		
3	磨刀姿势是否正确		
4			

综合评价

小组成员各自完成自我评价，组长完成小组评价，教师完成教师评价（表 4-1-5），整理实训室并完成各类器具收纳摆放，做好 6s 管理规范。

表 4-1-5　任务评价表

序号	评价内容	自我评价	小组评价	教师评价	分值分配
1	遵守安全操作规范				5

续表

序号	评价内容	自我评价	小组评价	教师评价	分值分配
2	态度端正、工作认真				5
3	能够进行课前学习，完成相关学习内容				10
4	能够熟练运用多渠道收集学习资料				10
5	能够正确选择刀具				10
6	操作规范，卫生整洁				20
7	能够正确回答教师的问题				10
8	能够按时完成实训任务				10
9	能够与他人团结协作				10
10	做好 6s 管理工作				10
	合计				100
	拓展项目		—		+5
	总分		—		

评分说明：

1. 评分项目 3 为课前准备部分评分分值。
2. 总分 = 自我评价分 ×20%+ 小组评价分 ×20%+ 教师评价分 ×20%+ 拓展项目分。
3. 拓展项目完成一个加 5 分

任务二　水果拼盘

项目四

任务描述

通过本任务的学习，要求学生对水果拼盘有一定的了解和认知，能够独立地设计造型并制作水果拼盘。

学习目标

1. 知识目标

掌握水果拼盘的基础知识；掌握水果拼盘常见的水果切法；掌握水果拼盘中水果切雕工具的使用方法。

2. 能力目标

能够正确掌握水果拼盘的基础知识；能够正确掌握水果拼盘中常见的水果切法；能够正确掌握水果拼盘的造型设计与制作。

3. 素质目标

培养爱岗敬业、吃苦耐劳的职业素养，具有精益求精、不断探索的职业意识，能传承中华传统烹饪方法；具有社会责任感和社会参与意识，能够履行道德标准和行为规范。

应知应会

水果拼盘造型设计与制作作为水果拼盘的关键环节，造型设计与制作的好坏决定着水果拼盘的美感，做好水果拼盘首先要懂得如何对水果拼盘造型进行设计，明白如何对水果拼盘的造型进行灵活的变动。应掌握水果拼盘造型的制作，以及灵活运用盘饰的造型。

一、水果拼盘基础知识

1. 水果拼盘的定义

水果拼盘是将多种新鲜水果通过艺术化切割、造型搭配组合而成的美食，既保留水果的自然风味，又通过色彩、形态设计提升观赏性。其核心强调多样性、创造性。水果拼盘常出现在家庭聚会、宴会等场合，兼具食用价值与视觉吸引力。

2. 水果拼盘的特点

（1）视觉美感。

①色彩对比：利用红（草莓）、黄（芒果）、绿（猕猴桃）、紫（葡萄）等高饱和度水果，通过冷暖色交替或互补色搭配（如红绿、黄紫）增强视觉冲击 。

②造型艺术：结合几何切割（三角块、菱形片）、创意雕刻（苹果——玫瑰、黄瓜——绿叶）及分层摆盘（底层大块水果＋顶层颗粒点缀），形成立体感和节奏感。

（2）营养均衡。

①多维补充：整合不同水果的维生素（如维生素 C、维生素 A）、矿物质（钾、钙）及膳食纤维，满足多样化营养需求。

②口感丰富：融合软（香蕉）、脆（苹果）、酸甜（猕猴桃）、多汁（西瓜）等质地，提升味觉层次。

（3）艺术性与实用性结合。

①主题创作：根据场景设计造型（如圣诞树、月兔雕刻）或自然风格（菠萝容器、森系装饰），兼具创意与趣味性。

②便捷食用：通过预处理（切块、挖球）和固定工具（牙签、竹签），既保留美观又便于取食。

（4）保鲜与卫生要求。

①抗氧化处理：易氧化水果（苹果、梨）需泡盐水或柠檬水延缓变色。

②清洁规范：表皮光滑的水果需清水冲洗，草莓等表皮粗糙的水果需浸泡盐水去污，工具需消毒防污染 。

二、水果切雕工具

1. 水果刀

水果刀（图 4-2-1）有多种规格，刀长从 10 cm 到 36 cm 不等，可据自己的喜好选择。新买的刀，前面的半圆形刀头通常比较厚，将它磨薄后有利于切西瓜皮草花，且不容易卡刀。

2. 尖刀

尖刀用法与长水果刀基本相似。

图 4-2-1　水果刀

3.雕花刀

雕花刀刀刃尖锐而锋利，主要用于雕刻。市场上常见的雕花刀有弯刀、直刀两种，也可以自制。市场上的产品，刀面常常比较宽，买回来后可以将面磨窄，刀头磨尖、磨薄，更适于精细的雕刻；也可以利用普通的水果刀、西餐刀改制而成。磨刀是很考验人耐心的工作，不能贪快而烧坏刀口。

图4-2-2所示为市售六件套雕花刀，适用于精雕细刻。图4-2-2（a）所示为自造花刀，是利用长水果刀磨制而成的，适用于精雕细刻。图4-2-2（b）所示是用西餐刀磨制成的镂空刀，专门用来雕刻厚的瓜皮或细纹雕刻。图4-2-2（c）~（f）所示为三角形、圆弧形刀口戳刀，主要用于细纹雕刻和特殊图案雕刻。

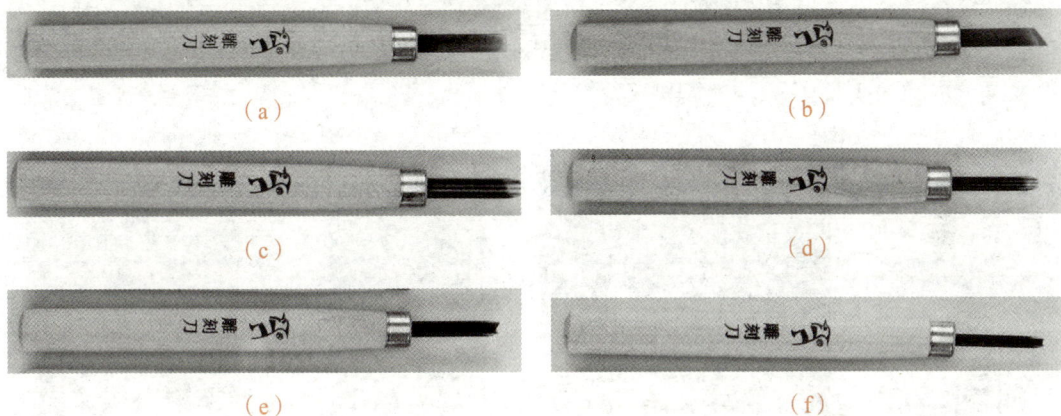

（a）　　　　　　　　　　　（b）

（c）　　　　　　　　　　　（d）

（e）　　　　　　　　　　　（f）

图4-2-2　六件套雕花刀

4.挖球器

挖球器（图4-2-3）用于挖水果球，有不同的尺寸。

图4-2-3　挖球器

三、西瓜皮草花和拼盘

"草花"是指利用瓜果的表皮，经过简单的切割、卷曲后形成的开放状造型，一般采用西瓜皮来制作。

造型一：

（1）在预加工好的西瓜皮两侧各切出三条枝（图4-2-4）。

（2）将切好的瓜皮向内翻折，再用花签固定即可（图4-2-5）。

造型二：

（1）瓜皮预加工好后，先将瓜两侧连同瓜肉各直切一刀至顶端2/3处，再切中间部分（图4-2-6）。

（2）先将瓜皮向内侧翻折，用花签插好固定，再将中间部分向后折压即可（图4-2-7）。

造型三：

（1）取1/8个西瓜对半切开，去除瓜肉，将瓜皮切好，如图4-2-8所示。

（2）将两侧瓜皮抬起，架在中间瓜皮的尖端背面；再将两块瓜皮背对背合在一起，用花签固定即可（图4-2-9）。

项目四

造型四：

（1）瓜皮预加工好后，先将瓜皮分成两层，再从底部瓜肉中间切开至 3/4 处，然后切两侧（图 4-2-10）。

（2）将切好的瓜皮对折后用花签插好固定即可（图 4-2-11）。

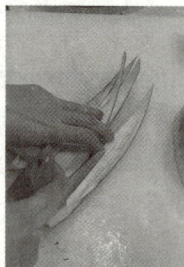

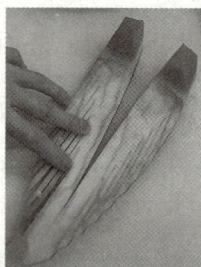

图 4-2-4　切枝（一）　图 4-2-5　翻折固定（一）　图 4-2-6　切枝（二）　　图 4-2-7　翻折固定（二）

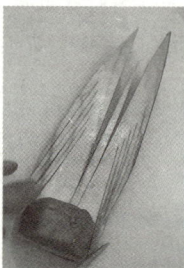

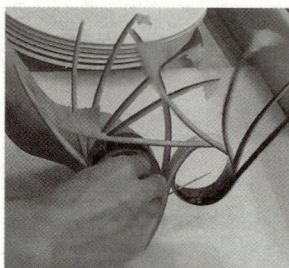

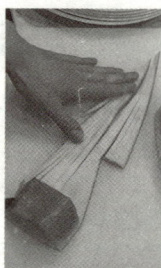

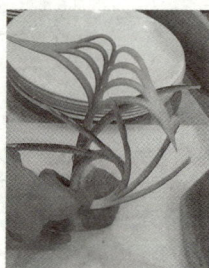

图 4-2-8　切枝（三）　　图 4-2-9　翻折固定（三）　　图 4-2-10　切枝（四）　图 4-2-11　翻折固定（四）

四、雕花造型水果拼盘——孔雀开屏

（1）选用原料及选购要求：苹果、圣女果、杨桃、橘子、黄瓜。原料以含水量足、成熟适度、新鲜脆嫩、光泽好、无空心者为上乘；从外观上应该选形状匀称的。

（2）取 1/8 的苹果，用专用 V 形刀刻画出多个 V 形；做孔雀的翅膀和身子，用苹果内瓤雕出孔雀头，再将刻好的头部和身体的部分串在一起（图 4-2-12 ～图 4-2-15）。

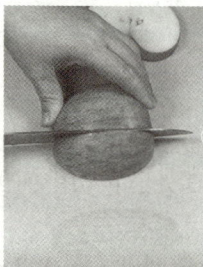

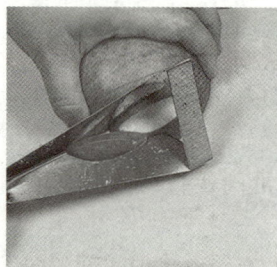

图 4-2-12　苹果　　　图 4-2-13　切翅膀　　　图 4-2-14　摆造型　　图 4-2-15　翻折固定

（3）将橘子去皮后，分成小牙片，再对半剖开，摆放在盘中形成扇形；然后用圣女果和黄瓜做装饰（图 4-2-16）。

五、加工要领

下刀要准，尽量不要出现反复修料的情况，水果排列组合以协调为宜。

六、质量标准

用料巧妙，刀工精细，色泽艳丽，给人以明快之感。

图 4-2-16　孔雀开屏

工作实施

一、课前准备

1. 师生工作准备

为完成该任务，请做好课前的各项准备工作。

2. 技能准备

将刀具的分类及用途填入表 4-2-1。

表 4-2-1　刀具的分类及用途

序号	种类	用途
1	平口刀	适用于雕刻整雕和结构复杂的雕刻作品
2	尖口刀	适用于绘制图案、刻画线条等
3	V 形戳刀	适用于雕刻动物、植物、形态等
4	U 形戳刀	适用于雕刻动物、植物、形态等
5	模型刀	适用于制作各种动植物的形象图形
6		
7		

3. 知识储备

（1）果仁蜜饯馅的特点之一是（　　　）。

　　A. 香味足　　　　　B. 口味重　　　　　C. 甜而不腻　　　　D. 肥而不腻

（2）下列对盘饰要求表述正确的是（　　　）。

　　A. 盘饰作品必须按可食性设计　　　　B. 有些盘饰原料要进行热处理

　　C. 有些盘饰原料必须进行消毒处理　　D. 以上都对

（3）（　　　）图案式装盘是根据成品特点进行组合构图的。

　　A. 面点　　　　　　B. 小鸡酥　　　　　C. 八宝饭　　　　　D. 像生雪梨

（4）组配花色冷菜时，要求（　　　）、整齐划一、自然流畅。

　　A. 形整不烂　　　　B. 技艺精湛　　　　C. 原料精细　　　　D. 刀工精细

（5）蝴蝶戏花冷拼中，当花卉所占面积大，蝴蝶所占范围小时，次体部分是（　　　）。

　　A. 花卉　　　　　　B. 蝴蝶　　　　　　C. 太阳　　　　　　D. 柳枝

二、工作规划

1. 小组分工

将小组分工及岗位职责填入表4-2-2。

表 4-2-2 小组分工及岗位职责

班级	烹饪高	日期	_____年___月___日
小组名称		组长	
岗位分工			
成员			

2. 小组讨论

小组成员共同讨论工作计划，列出本次任务所需器具、作用及数量，并将其填入表4-2-3。

表 4-2-3 所需器具、作用及数量

序号	器具名称	作用	数量	备注
1	雕刻刀	雕刻果盘装饰	6把	
2	水果刀	雕刻水果图纹	6把	
3				
4				

三、实施步骤

1. 任务实施

模仿教师演示进行操作。

2. 成果分享

每个小组将任务完成结果上传到学习平台，由 2 ~ 3 个小组分别进行展示和讲解任务完成过程。

3. 问题反思

（1）任务实施过程中，握刀的姿势不准会造成什么结果？是什么原因导致的？

（2）任务实施过程中，选择不同的原料会造成什么结果？

4. 检查

操作前检查内容见表4-2-4。

表 4-2-4 操作前检查内容

序号	检查内容	检查结果	备注
1	个人卫生、操作台卫生是否整洁		
2	刀具、抹布、菜墩、碗是否放置到位		
3	握刀姿势是否正确		
4	刀面是否平整，刻刀是否锋利		

综合 评价

小组成员各自完成自我评价，组长完成小组评价，教师完成教师评价（表4-2-5），整理实训室并完成各类器具收纳摆放，做好6s管理规范。

表 4-2-5 任务评价表

序号	评价内容	自我评价	小组评价	教师评价	分值分配
1	遵守安全操作规范				5
2	态度端正、工作认真				5
3	能够进行课前学习，完成相关学习内容				10
4	能够熟练运用多渠道收集学习资料				10
5	能够正确选择刀具				10
6	操作规范，卫生整洁				20
7	能够正确回答教师的问题				10
8	能够按时完成实训任务				10
9	能够与他人团结协作				10
10	做好6s管理工作				10
	合计				100
	拓展项目		—		+5
	总分		—		

评分说明：
1. 评分项目3为课前准备部分评分分值。
2. 总分 = 自我评价分 ×20%+ 小组评价分 ×20%+ 教师评价分 ×20%+ 拓展项目分。
3. 拓展项目完成一个加5分

任务三 烹饪美工雕刻实例（一）：综合基础类

任 务 描 述

此任务为烹饪专业学生学习食品雕刻的基础内容，目的是激发学生学习食品雕刻的兴趣，了解各种雕刻刀具的种类及用途，掌握雕刻原料的属性、小圆球雕刻成型的方法及手法，以及运刀的手法和抓刀的方法，为后续的雕刻打下基础。

学习目标

1. 知识目标

掌握雕刻刀的种类和用途；掌握原料优劣的鉴别能力；掌握基础品种的操作方法。

2. 能力目标

能够正确掌握雕刻技能；能够正确应用运刀的手法；能够正确掌握抓刀的方法。

3. 素质目标

培养爱岗敬业、吃苦耐劳的职业素养，具有精益求精、不断探索的职业意识，能传承中华传统烹饪方法；具有社会责任感和社会参与意识，能够履行道德标准和行为规范。

应知应会

烹饪美工实例是食品雕刻的基础，以训练食品雕刻基本刀法、手法为主，也是学习和提高雕刻技艺的关键。小圆球是食品雕刻的入门种类，主要练习握刀手势及抓料的手法。

雕刻是用特殊的刀具直接塑造形象的操作方式，是冷盘造型的另一种重要手段。食品雕刻不但能以全雕的形式来塑造形象，如"群鹤献寿""龙凤呈祥""瓜灯之韵"等；还可以与冷盘材料的拼接相结合，共同塑造形象，完成一个完整的冷盘造型，如冷盘造型中的"孔雀争艳"。在"孔雀争艳"中，孔雀的头和胸采用了食品雕刻的手法，在羽毛、尾屏和双翅部位则采用了拼接手法，使孔雀形象栩栩如生。

用可食性原料雕刻的局部形象与冷盘材料拼接融合一体的造型，既能使宾客大饱眼福，又能一饱口福，属冷盘造型的一个重要组成部分。因而这里仅介绍这种相结合的形式。

在用雕刻的局部形象与冷盘材料拼接融合一体的冷盘造型中，其主要食用部分在于冷盘材料，而雕刻往往起到烘托、点缀的作用，同时由于雕刻更多的是立体形象，所以又可弥补平面造型的不足，使造型更生动、更富有变化。

1. 食品雕刻的常用原料

食品雕刻采用的原料极为广泛，可以因时因地制宜，各种瓜果、蔬菜、动物性熟食品及蒸制的蛋糕、鱼糕、虾糕等，都是食品雕刻的上好原料。食品雕刻的原料一般可分为动物性原料和植物性原料。

（1）动物性原料：适用于食品雕刻的动物性原料必须是熟食品，如白蛋糕、黄蛋糕、彩色蛋糕、鱼糕、虾糕、鱼胶、白煮蛋、松花蛋、火腿肠、西式肠、午餐肉、红肠等质地细腻的原料。往往可以用这些原料来雕刻各类鸟头（如孔雀头、凤凰头等）和一些花卉（梅花、荷花、白兰花）等。

（2）植物性原料：被用作雕刻的植物性原料有很多。瓜果蔬菜（如西瓜、黄瓜、冬瓜、南瓜、苦瓜、苹果、茭白、梨、番茄、青萝卜、白萝卜、葛笋、心里美萝卜等）都可用不同方式雕刻出不同的艺术形象。在这些植物性原料中，以萝卜的艺术造型力最强，其具有质地脆硬、水分充足、不易干枯变形、易于雕刻等特点。

2. 食品雕刻的基本方法

食品雕刻主要采用质地脆嫩的植物性原料或质地硬韧的动物性原料。因此，要特别强调根据原料的质地、特性来决定雕刻刀法的选用。例如，质地脆嫩的土豆、甘薯、南瓜等原料，操作时宜轻巧，落刀准，用力实而不浮，韧而不重；质地脆嫩、水分较重的萝卜、梨、马蹄等原料，要轻拿，少盘转，动作要稳健，轻巧利落，行刀有度。在掌握操刀、运刀用力均衡的基础上，还要熟练地掌握雕刻的基本方法，主要有削、刻、挖、凿、镶等。

（1）削：削是食品雕刻中使用最广泛，也是最基本的方法。它既可单独完成某些雕刻项目，又可配合其他方法作精细的修饰。削按其行刀的基本特点，可分为顺削和叠削两种。顺削是顺势削出物象的基本形态，而没有其他的妨碍，如孔雀头、凤凰头、燕子头等，都是一气呵成顺削出来的；叠削较为复杂，如月季花、牡丹花等，是在修好的球形坯上削出最外层花瓣，再在内圈修出球形轮廓，削出第二层花瓣，位置与第一层花瓣交叉，这时刀尖极易损坏第一层花瓣，须留心谨慎，依次类推，使外层大、内层小，层次清晰，自然而又逼真的花朵展现出来。因此，叠削不但要细心，而且要操作有序。

（2）刻：刻与削配合紧密，相互补充，也是雕刻的主要方法之一。削适用于线条较长、面较大的物体形象；刻适用于线条较短、面较小的物体形象，如"金色戏莲""鲤鱼跳龙门"和凤冠、眼睛、嘴、爪等。

（3）挖：挖主要用于造型的内孔或凹陷部分的操作，如龙的眼窝、假山的山孔等都是用刀挖出来的。操作时落刀要稳，用刀要实，不可把造型需要的部位挖破。

（4）凿：凿主要用于雕刻花卉、鸟羽之类。其方法与叠削有相似之处，要根据所凿的菊花花瓣或鸟羽的大小选用不同的凿刀。如果刻较长的菊花花瓣时，落刀不要直翻到底，要轻轻地将刀柄抬起，使瓣尖薄、瓣根厚，最后往上一掀拔出，这样成型后浸入矾水中，花瓣会自动翘起，形态较为自然。

（5）镶：有些物象的部位由于原料大小有限，或配色需要，不能用一个整体雕成，想要达到预期效果，需要用另外的原料配合时，这就可以用镶嵌来完成。如凤冠、孔雀冠、仙鹤丹顶等，分别用胡萝卜、红菜头、心里美萝卜等制作，然后镶嵌在青萝卜雕刻制作的头顶上，更突出了造型的神韵，更丰富了造型的色彩，使雕刻的造型更楚楚动人。

总之，食品雕刻的艺术处理及制作近似于美术雕刻，在表现方法上同样存在着写实、变形、夸张、简化和添加等多种形式。在食品雕刻的造型中，要达到形外有意、意中见情、情中存味的效果，使雕刻的形象与菜肴、宴席融为一体。

秋声秋色是主题拼盘的一个学习内容，以秋天成熟果实小南瓜和南瓜枝叶为冷拼内容，冷拼体现浓浓的秋意景色。

子任务一　小圆球

在空间中定点的距离等于或小于定长的点的集合叫作球体，简称球（从集合角度下的定义）。

以半圆的直径所在直线为旋转轴，半圆面旋转一周形成的旋转体叫作球体，简称球（从旋转的角度下的定义）。

一、工具准备

所需工具名称及数量见表4-3-1。

表 4-3-1 所需工具名称及数量

名称	规格	数量	备注
菜刀		1 把	
雕刻刀		1 套	
圆盘		1 个	
白毛巾		1 块	
砧板		1 块	

二、原料选购

本次雕刻选用胡萝卜，其粗细均匀，光泽度较好。

三、雕刻方法

1. 工艺流程

选取原料→选择工具→修初胚→去棱角→修圆→装盘。

2. 雕刻步骤

（1）选取一根胡萝卜，取其中一段，切成边长为 4 cm 的正方体备用（图 4-3-1）。

图 4-3-1 胡萝卜段

（2）用雕刻刀从棱的中间下刀，去掉每个棱角，将其边缘修成光滑的曲面（图 4-3-2）。

（3）用同样的方法将每个面修成光滑的曲面即可，如图 4-3-3 所示。

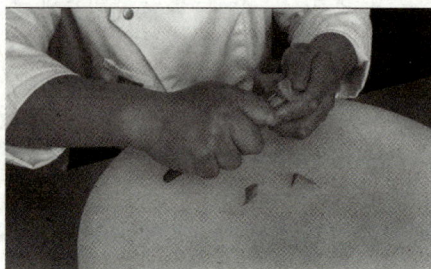

图 4-3-2 去棱角（一）

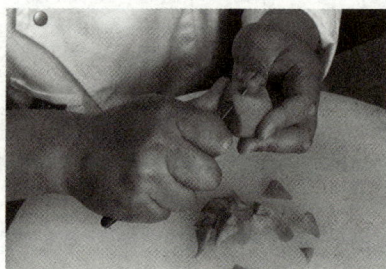

图 4-3-3 去棱角（二）

（4）要求球体圆润，无刀痕，直径为 3 cm，最终效果如图 4-3-4 所示。

四、质量标准

形似圆球，外表光滑，大小均匀。

五、加工要领

（1）原料选择要新鲜，质地脆嫩，粗细均匀，形状匀称，有光泽。

（2）下刀要准确，抓刀要稳，下料适当。

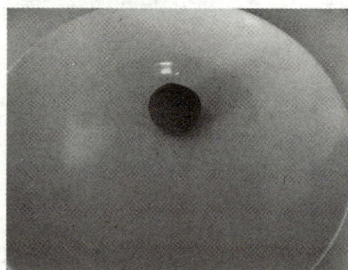

图 4-3-4 球体

项目四

（3）刀面要求光滑平整。

六、评定标准

小圆球雕刻评分标准见表4-3-2。

表4-3-2　小圆球雕刻评分标准

项目	原料规格	质量标准			操作规范	卫生安全	时间标准	合计
		大小一致	外表光滑	形似圆球				
小圆球	25 g						5 min	
标准分		20	25	25	10	10	10	100
扣分								
自评分								
得分								

子任务二　葫芦

葫芦雕刻（图4-3-5）是一门"易学难精"的民间技艺，作品大多出于民间艺人之手，全凭纯朴的感情与直觉的印象去创作，因此形成的葫芦艺术浑厚而质朴。

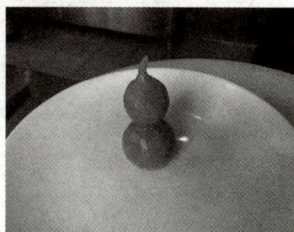

图4-3-5　葫芦的参考实样

一、工具准备

所需工具名称及数量见表4-3-3。

表4-3-3　所需工具名称及数量

名称	规格	数量	备注
菜刀		1把	
雕刻刀		1套	
圆盘		1个	
白毛巾		1块	
砧板		1块	

二、原料选购

本次雕刻选用胡萝卜，要求含水量足，成熟适度，新鲜脆嫩，光泽好。

三、雕刻方法

1. 工艺流程

选择原料→选择工具→雕刻→保鲜→装盘。

2. 雕刻步骤

（1）选用一根胡（青）萝卜，将其切成长为8 cm的段，将其修成一个上小下大的圆台初胚（图 4-3-6）。

（2）在原料的 1/2 处先用 U 形槽刀戳出凹槽，再用 V 形槽刀加深凹槽（图 4-3-7）。

（3）用雕刻刀将下半部分去掉边角料，呈圆形，用同样的方法将上半部分去掉边角料，留下葫芦的顶尖呈弯曲状（图 4-3-8）。

（4）将两个圆形的表面去掉多余的边角料，修光滑，呈葫芦形（图 4-3-9）。

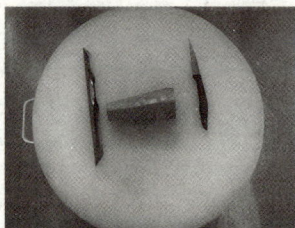

图 4-3-6　圆台初胚　　　　　　图 4-3-7　凹槽

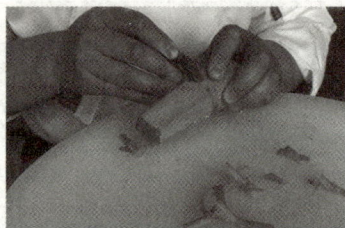

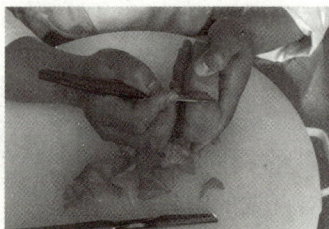

图 4-3-8　去边角料（一）　　　图 4-3-9　去边角料（二）

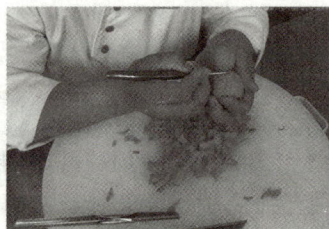

（5）选用胡萝卜皮做出葫芦的叶子和藤条，再进行组装即可（图 4-3-10）。

四、质量标准

比例协调，形似葫芦，外表光滑，造型美观。

五、加工要领

（1）原料选择要新鲜，质地脆嫩，形状匀称。

（2）下刀要准确，抓刀要稳，下料适当。

（3）刀面要求光滑平整，上下比例协调，形似葫芦。

图 4-3-10　造型设计

六、评定标准

葫芦雕刻评分标准见表 4-3-4。

表 4-3-4　葫芦雕刻评分标准

项目	原料规格	质量标准			操作规范	卫生安全	时间标准	合计
		造型美观	外表光滑	形似葫芦				
葫芦	25 g						5 min	
标准分		20	25	25	10	10	10	100
扣分								

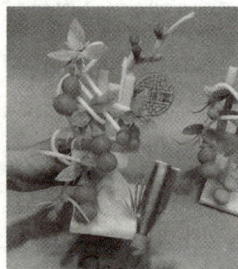

项目	原料规格	质量标准			操作规范	卫生安全	时间标准	合计
		造型美观	外表光滑	形似葫芦				
自评分								
得分								

子任务三　玫瑰花

玫瑰花（图 4-3-11），蔷薇科落叶灌木，花形有大有小，呈半圆形；结构多层、多瓣，花瓣呈半圆形向外翻。本作品适用于冷盘、热菜、展台的围边装饰及花篮、花瓶的插花等。

图 4-3-11　玫瑰花的参考实样

一、工具准备

所需工具名称及数量见表 4-3-5。

表 4-3-5　所需工具名称及数量

名称	规格	数量	备注
菜刀		1 把	
雕刻刀		1 套	
圆盘	8 寸	1 个	
白毛巾		1 块	
砧板		1 块	

二、原料选购

本次雕刻选用心里美萝卜，以含水量足，成熟适度，新鲜脆嫩，光泽好，无空心者为上乘。

三、雕刻方法

1. 工艺流程

选择原料→选择工具→修胚→雕刻→整理→装盘。

2. 雕刻步骤

（1）取一根心里美萝卜，横着切 5 cm 长，用雕刻刀将原料表面修整光滑，将其大致分为三等份，刻出花瓣的大形，再刻出边缘薄、根部厚的花瓣（图 4-3-12）。

（2）在第一片花瓣下 1/3 处下刀去掉废料，刻出第二片花瓣的大形，同理再刻出边缘薄、根部厚的花瓣（图 4-3-13）。

（3）在第二片花瓣下 1/3 处下刀去掉废料，刻出第三片花瓣的大型（图 4-3-14）。

（4）刻出边缘薄、根部厚的花瓣，三片花瓣层层叠压（图 4-3-15）。

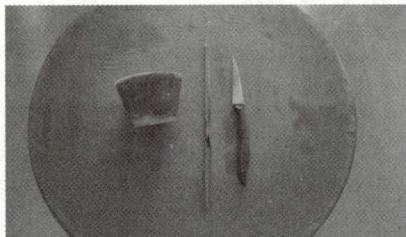

图 4-3-12 萝卜切段

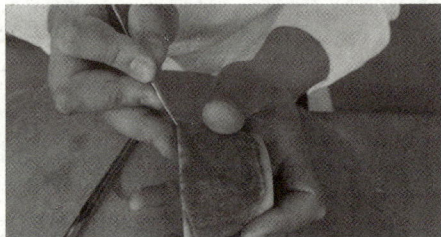

图 4-3-13 花瓣雕刻（一）

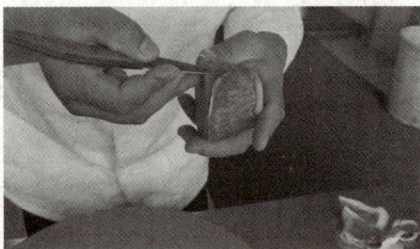

图 4-3-14 花瓣雕刻（二）

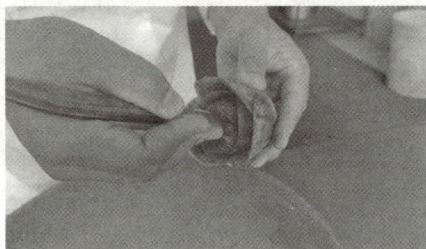

图 4-3-15 花瓣雕刻（三）

（5）同样的方法刻出第二层花瓣（图 4-3-16）。

（6）刻第三层时，雕刻刀和原料的角度在 90° 时开始收花蕊，下刀的深度为原料的一半（图 4-3-17）。

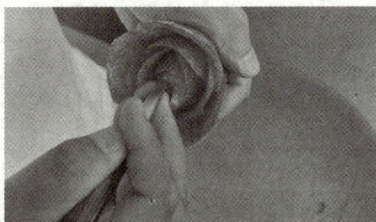

图 4-3-16 花瓣雕刻（四）

图 4-3-17 花瓣雕刻（五）

（7）刻花苞，当刻到第四层花苞时，雕刻刀向内倾斜，将花蕊形成圆锥形，去掉少许废料，做出花苞即可（图 4-3-18）。

（8）将刻好的初胚用手指将花瓣轻轻揉捏，然后将花瓣稍往外翻卷捏出小尖即可（图 4-3-19）。

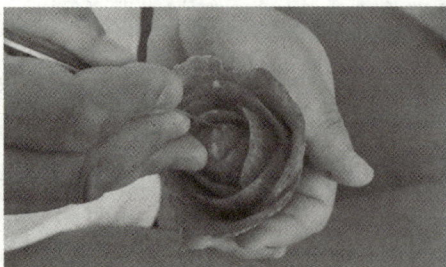

图 4-3-18 花瓣雕刻（六）

图 4-3-19 花瓣雕刻（七）

四、质量标准

每层花瓣大小均匀，形状完整，层次分明。

五、加工要领

（1）花瓣大体呈心形。

（2）下刀要准确，抓刀要稳，取料适当。

（3）刻花瓣下刀的角度与取废料下刀的角度成 V 形。

（4）取废料时刀尖紧贴外层花瓣根部。

（5）花瓣上薄下厚，使花瓣柔美而有韧性，且每层大小均匀。

（6）花瓣的角度不断发生变化，由外展不断内扣直至收花蕊，最终呈圆锥形。

（7）雕好后，花瓣要经过手指将花瓣轻轻揉捏，然后将花瓣稍往外翻卷捏出小尖即可。

六、评定标准

玫瑰花的评分标准见表 4-3-6。

表 4-3-6　玫瑰花的评分标准

项目	原料规格	质量标准			操作规范	卫生安全	时间标准	合计
		花瓣大小均匀	层次分明	形状完整				
玫瑰花	40 g						30 min	
标准分		20	25	25	10	10	10	100
扣分								
自评分								
得分								

子任务四　鲤鱼

烹饪美工实例是食品雕刻的基础，以训练食品雕刻基本刀法、手法为主，也是学习和提高雕刻技艺的关键。鲤鱼是食品雕刻的进阶种类，主要练习握刀手势及抓料的手法。

寓意与作用：在我国传统文化中，因"鱼"与"余"谐音，人们常用鲤鱼来表达富裕盈余之意，另有流传久远的"鲤鱼跳过龙门就变成龙"的民间传说，后世常以此祝颂人们高升、幸运。本作品造型蕴含了积极进取、追求年年有余的幸福生活的内涵，适用于各种中高档宴席、菜肴的装饰及展台布置。

一、工具准备

所需工具名称及数量见表 4-3-7。

表 4-3-7　所需工具名称及数量

名称	规格	数量	备注
菜刀		1 把	
雕刻刀		1 个	
圆盘	8 寸	1 个	
白毛巾		1 块	
砧板		1 块	

常用工具：雕刻鲤鱼跃水的常用工具有主雕刀、V 形戳刀和 U 形戳刀等。

二、原料选购

本次雕刻选用青萝卜，以含水量足、新鲜脆嫩、光泽度好、粗细均匀、质地结实的根茎类原料为好。

三、雕刻方法

雕刻鲤鱼跃水的常用手法主要有纵刀法、机刀法、执笔法、戳刀法。

1. 工艺流程

选取原料→选择工具→修初胚→去棱角→修刻鱼头、鱼鳍、鱼鳞、鱼尾→组装→装盘。

2. 雕刻步骤

（1）取一根胡萝卜，适当切去两侧。根据鱼的形状将胡萝卜切断再粘贴调整，使其成为弯曲上翘的形状。用水性笔画出鱼体轮廓，如图 4-3-20 所示。

（2）进一步修刻，完成鱼体上的头、身、尾、背鳍、尾鳍的初步制作，如图 4-3-21 所示。

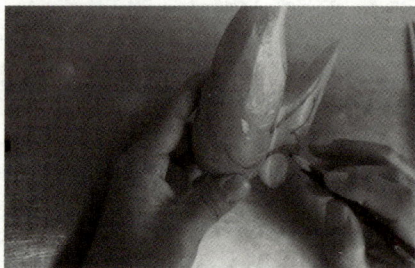

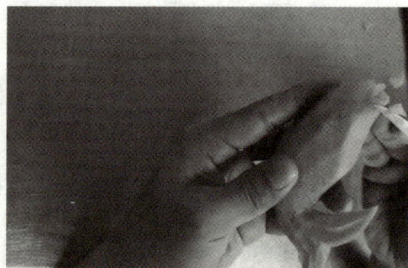

图 4-3-20　画轮廓　　　　　　　　图 4-3-21　初步修刻

（3）雕刻头部：用执笔法刻出鲤鱼的整体轮廓，再刻出长椭圆形的鱼唇，并分出上下唇，上唇略长于下唇，并在鱼唇下刻出凹形，使鱼唇微翘。在鱼头的两侧刻出一对半圆形的鱼鳃，如图 4-3-22 所示。

（4）雕刻身体：用戳刀刻出鱼鳞，再雕刻出鲤鱼的尾部。注意尾部要向内翻翘。另取小片原料刻出腹鳍、胸鳍并进行组装，如图 4-3-23 所示。

（5）组装、修整和装饰：用青萝卜雕刻成的浪花作底托，将作品整体组装在一起即可，如图 4-3-24 所示。

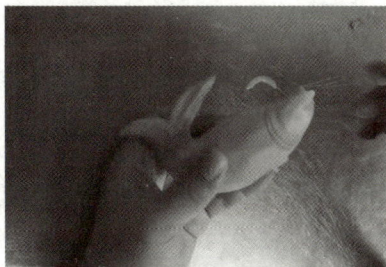

图 4-3-22　雕刻头部

图 4-3-23　雕刻身体

四、质量标准

结构比例协调，鱼鳞逼真，刀纹清晰，形状美观。

五、加工要领

（1）原料选择要新鲜，质地脆嫩，粗细均匀，形状匀称，有光泽。

（2）下刀要准确，抓刀要稳，下料适当。

（3）刀面要求光滑平整、形似鲤鱼。

图 4-3-24　成型

六、评定标准

鲤鱼的评分标准见表 4-3-8。

表 4-3-8　鲤鱼的评分标准

项目	原料规格	质量标准			操作规范	卫生安全	时间标准	合计
		大小一致	外表光滑	形似圆球				
鲤鱼	25 g						20 min	
标准分		20	25	25	10	10	10	100
扣分								
自评分								
得分								

子任务五　热带鱼

烹饪美工实例是食品雕刻的基础，以训练食品雕刻基本刀法、手法为主，也是学习和提高雕刻技艺的关键。热带鱼是食品雕刻的进阶种类，主要练习握刀手势及抓料的手法。

寓意与作用：神仙鱼为热带鱼，体长为 12～15 cm，高可达 15～20 cm，成鱼体长一般为 12～18 cm，平均寿命 5 年左右。其头小，鱼体侧扁呈菱形。背鳍和臀鳍很长，挺拔如三角帆，有"小鳍帆鱼"之称。从侧面看，神仙鱼游动时宛如在飞翔的燕子，故在中国北方地区又被称为"燕鱼"。此作品多用于冷盘、热菜、展台的围边装饰。

一、工具准备

所需工具名称及数量见表 4-3-9。

表 4-3-9　所需工具名称及数量

名称	规格	数量	备注
菜刀		1把	
圆盆		1个	
圆盘		1个	
白毛巾		1块	
砧板		1块	

常用工具有主雕刀、V形戳刀和U形戳刀等。

二、原料选购

本次雕刻选用胡萝卜，以含水量足、成熟适度、新鲜脆嫩、光泽好、无空心者为上乘。从外观上应该选把短条直、粗细均匀、不弯曲、个头中等、大小整齐、形状匀称、有光泽的萝卜。常用原料：质地结实、体积较大的瓜果、根茎类原料，如实心南瓜、青萝卜、胡萝卜等。

三、雕刻方法

常用手法与刀法有横握法、执笔法、戳刀法等。

1. 工艺流程

选取原料→选择工具→修初胚→去棱角→修圆→装盘。

2. 雕刻步骤

（1）取胡萝卜切成长方形厚片，用水性笔画出神仙鱼的身体轮廓，如图 4-3-25 所示。

（2）用主雕刀刻下鱼的身体轮廓，注意头、身、尾的位置比例要和谐，如图 4-3-26 所示。

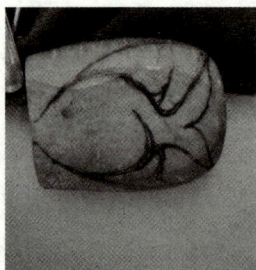

图 4-3-25　画轮廓　　　图 4-3-26　成品展示

四、质量标准

结构比例协调，鱼鳞逼真，刀纹清晰。

五、加工要领

（1）原料选择要新鲜，质地脆嫩，粗细均匀，形状匀称，有光泽。

（2）下刀要准确，抓刀要稳，下料适当。

（3）刀面要求光滑平整。

六、评定标准

热带鱼的评分标准见表4-3-10。

表4-3-10　热带鱼的评分标准

项目	原料规格	质量标准			操作规范	卫生安全	时间标准	合计
		大小一致	外表光滑	刀纹清晰				
热带鱼	25 g						20 min	
标准分		20	25	25	10	10	10	100
扣分								
自评分								
得分								

子任务六　龙首

烹饪美工实例是食品雕刻的基础，以训练食品雕刻基本刀法、手法为主，也是学习和提高雕刻技艺的关键。龙首是食品雕刻的进阶种类，主要练习握刀手势及抓料的手法。

一、工具准备

所需工具名称及数量见表4-3-11。

表4-3-11　所需工具名称及数量

名称	规格	数量	备注
菜刀		1把	
圆盆		1个	
圆盘	8寸	1个	
白毛巾		1块	
砧板		1块	

刀具：尖头刀、圆口刀、三角槽刀。

二、原料选购

南瓜、胡萝卜、白萝卜、青萝卜等。

项目四

三、雕刻方法

1. 工艺流程

选取原料→选择工具→修初胚→刻轮廓→修刻龙嘴、龙眼、龙鼻、龙角、龙须、龙纹→组装→装盘。

2. 操作步骤

（1）取一块长形的原料，如图 4-3-27 所示。

（2）在原料中间画上一条中线，龙的两边是对称的，再用尖头刀刻两刀，如图 4-3-28 所示。

图 4-3-27　长形原料　　　　　图 4-3-28　刻两刀

（3）把两个三角形余料去掉。

（4）用圆口刀在去掉三角形余料部位的上方挖出两个圆孔，准备装上龙的眼睛。用圆口刀在鼻子两边戳去两块余料，使它露出鼻梁，再用圆口刀刻出鼻子，鼻子要大一点，这样龙才会有神气。先用圆口刀戳三个半圆形，中间的半圆形是鼻尖，旁边两个半圆形是鼻孔的位置；然后用尖头刀沿着三个半圆形前沿切去余料，使前面的原料低一些，再把鼻上的轮廓修圆一些；接着用小号三角槽刀在鼻尖旁刻鼻孔；继续用三角槽刀刻出龙的鼻子前的胡须，把胡须下的余料修掉，最后把龙头两边修凹，如图 4-3-29 所示。

（5）开始刻嘴巴，用三角槽刀先刻出嘴前一排胡须，然后刻出两边胡须，两边胡须是对称的，用尖头刀削去前排与两边胡须下的余料，再刻出两只下牙齿并把嘴里刻空，这样龙的嘴巴就张开了。在龙的下嘴唇下面也要用三角槽刀刻出胡须，然后刻龙的脸，龙的两边脸部也要刻出尖刺状，表示龙的腮，如图 4-3-30 所示。

（6）开始刻龙角，先用三角槽刀刻出眼毛，并用尖头刀把眼毛下面的余料去掉，再用尖头刀去掉左右龙角中间的三角形余料，接着刻出龙角，龙角后部要翘起来，最后把龙角的轮廓修圆，如图 4-3-31 所示。

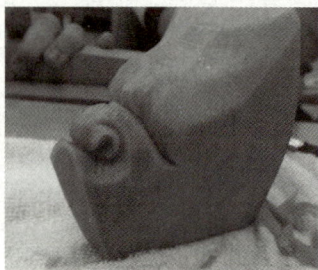

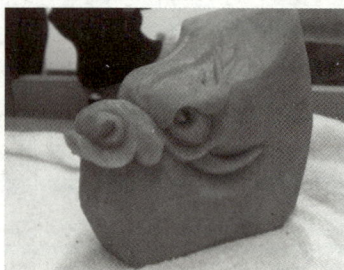

图 4-3-29　刻鼻子　　　　图 4-3-30　刻嘴巴　　　　图 4-3-31　刻龙角

项目四

（7）取两块原料切成小圆柱状，插入火柴头，装在龙的眼孔里即可（如果直接在原料上刻出眼睛也可以），如图4-3-32所示。

（8）用三角槽刀在龙角下面四周刻出毛发，用尖头刀削切毛发下的余料，这样龙头、龙角、龙颈、龙的毛发就都刻好了。最后，将下面刻得平些，便于安放，如图4-3-33所示。

图4-3-32 刻眼睛　　　　　　图4-3-33 刻毛发

四、质量标准

龙首形态逼真，纹路清晰，比例匀称。

五、加工要领

（1）原料选择要新鲜，质地脆嫩，大小均匀，形状饱满，有光泽。
（2）轮廓修胚下刀要准确，抓刀要稳，下料适当。
（3）龙角、龙眼、龙嘴刀纹要求线条清晰、深浅有度，龙须自然弯曲舒展。
（4）组装后形态逼真，形似祥龙。

六、评定标准

龙首的评分标准见表4-3-12。

表4-3-12 龙首的评分标准

项目	原料规格	质量标准			操作规范	卫生安全	时间标准	合计
		大小一致	外表光滑	形似圆球				
龙首	25 g						20 min	
标准分		20	25	25	10	10	10	100
扣分								
自评分								
得分								

项目四

工作实施

一、课前准备

1. 师生工作准备

为完成该任务，请做好课前的各项准备工作。

2. 技能准备

将刀具的分类及用途填入表 4–3–13。

表 4–3–13　所需刀具的分类及用途

序号	类别	用途
1	平口刀	适用于雕刻整雕和结构复杂的雕刻作品
2	尖口刀	适用于绘制图案、刻画线条等
3	V 形戳刀	适用于雕刻花卉、花瓣，鸟类的羽毛、翅膀等
4	U 形戳刀	适用于雕刻花卉、花瓣，鸟类的羽毛、翅膀等
5	模型刀	适用于制作各种动植物的形象图形
6		
7		

将磨刀石的种类及用途填入表 4–3–14。

表 4–3–14　磨刀石的种类及用途

序号	类别	用途
1	粗磨刀石	主要成分是天然糙石，质地粗糙，多用于新开刃或有缺口的刀
2	砂纸	将雕刻成品表面打磨光滑
3		

3. 知识储备

（1）食品雕刻运刀手法有＿＿＿＿＿、＿＿＿＿＿、＿＿＿＿＿、＿＿＿＿＿。

（2）食品雕刻的手法有＿＿＿＿＿、＿＿＿＿＿、＿＿＿＿＿、＿＿＿＿＿、＿＿＿＿＿、＿＿＿＿＿。

（3）食品雕刻的起源可以追溯到（　　　）。

　　A. 唐朝　　　　　　B. 宋朝　　　　　　C. 明朝　　　　　　D. 清朝

（4）叶茎类菜肴主要用来（　　　）成品。

　　A. 装修　　　　　　B. 装点　　　　　　C. 装饰

（5）雕刻玫瑰花常用的刀法有（　　　）。

　　A. 直刀刻　　　　　B. 旋刀刻　　　　　C. 迭刀刻

二、工作规划

1. 小组分工

将小组分工及岗位职责填入表 4–3–15。

表 4-3-15　小组分工及岗位职责

班级	烹饪高	日期	_____年___月___日
小组名称		组长	
岗位分工			
成员			

2. 小组讨论

小组成员共同讨论工作计划，列出本次任务所需器具、作用及数量，并将其填入表 4-3-16。

表 4-3-16　所需器具、作用及数量

序号	器具名称	作用	数量	备注
1	雕刻刀	雕刻小圆球	6 把	
2	细磨刀石	磨雕刻刀	2 个	
3				
4				

三、实施步骤

1. 任务实施

模仿教师演示进行操作。

2. 成果分享

每个小组将任务完成结果上传到学习平台，由 2～3 个小组分别进行展示和讲解任务完成过程。

3. 问题反思

（1）任务实施过程中，握刀的姿势不准会造成什么结果？是什么原因导致的？

（2）任务实施过程中，选择不同的原料会造成什么结果？

4. 检查

操作前检查内容见表 4-3-17。

表 4-3-17　操作前检查内容

序号	检查内容	检查结果	备注
1	个人卫生、操作台卫生是否整洁		
2	刀具、抹布、菜墩、碗是否放置到位		
3	握刀姿势是否正确		
4	刀面是否平整		

项目四

综合评价

小组成员各自完成自我评价，组长完成小组评价，教师完成教师评价（表 4-3-18），整理实训室并完成各类器具收纳摆放，做好 6s 管理规范。

表 4-3-18　任务评价表

序号	评价内容	自我评价	小组评价	教师评价	分值分配
1	遵守安全操作规范				5
2	态度端正、工作认真				5
3	能够进行课前学习，完成相关学习内容				10
4	能够熟练运用多渠道收集学习资料				10
5	能够正确选择刀具				10
6	操作规范，卫生整洁				20
7	能够正确回答教师的问题				10
8	能够按时完成实训任务				10
9	能够与他人团结协作				10
10	做好 6s 管理工作				10
	合计				100
	拓展项目		—		+5
	总分		—		

评分说明：
1. 评分项目 3 为课前准备部分评分分值。
2. 总分 = 自我评价分 ×20%+ 小组评价分 ×20%+ 教师评价分 ×20%+ 拓展项目分。
3. 拓展项目完成一个加 5 分

任务四　烹饪美工雕刻实例（二）：花卉系列

任务描述

此任务为烹饪专业学生学习食品雕刻的基础品种，目的是引导学生学习食品雕刻，了解各种雕刻刀具的种类及用途，了解雕刻原料的属性，掌握花卉系列雕刻成型的方法及手法，掌握运刀的手法及抓刀的方法，为后续的雕刻打下基础。

学习目标

1. 知识目标

掌握雕刻刀的种类和用途；掌握原料优劣的鉴别能力；掌握基础品种的操作方法。

2. 能力目标

能够正确掌握雕刻技能；能够正确应用运刀的手法；能够正确掌握抓刀的方法。

3. 素质目标

培养爱岗敬业、吃苦耐劳的职业素养，具有精益求精、不断探索的职业意识，能传承中华传统烹饪方法；具有社会责任感和社会参与意识，能够履行道德标准和行为规范。

子任务一　月季花

月季花是食品雕刻的入门种类，主要练习握刀手势及抓料的手法。

寓意与作用：月季花，又名月月红，花形大而艳丽，花瓣为不规则的半圆形，为多层多瓣的结构，层次间富有规律性，密而不乱，重叠而生。月季花象征圆满、美好，多被用于热菜的点缀及展台、看盘的装饰等。

一、工具准备

所需工具名称及数量见表 4-4-1。

表 4-4-1　所需工具名称及数量

名称	规格	数量	备注
菜刀		1 把	
圆盆		1 个	
圆盘	8 寸	1 个	
白毛巾		1 块	
砧板		1 块	

二、原料选购

本次雕刻选用心里美萝卜，质地结实，含水量适当，新鲜光泽好，个头匀称。

三、雕刻方法

1. 工艺流程

选取原料→选择工具→修初胚→去棱角→修圆→装盘。

2. 雕刻步骤

常用手法与刀法：雕刻月季花常用直握法、执笔法、旋刻刀法。

（1）将原料修成高与直径比例约为 1:1 的圆柱体，如图 4-4-1 所示。

（2）用旋刻刀法将原料下端修整成角度约为 20°的圆锥体，如图 4-4-2 所示。

（3）用执笔法在圆锥体上修出五个相等的半椭圆形平面，如图 4-4-3 所示。

（4）用旋刻刀法平刀刻出第一层的五个花瓣，如图 4-4-4 所示。

（5）用执笔法旋刻掉一层废料，如图 4-4-5、图 4-4-6 所示。

（6）去除废料后，处理好第二层，用刻第一层的方法刻出第三层，如图 4-4-7 所示。

（7）雕刻好两层花瓣的坯体，如图 4-4-8 所示。

项目四

（8）雕刻花蕊：将中间余下的原料用旋刻刀法修成低于第三层花瓣高度的花蕊粗坯，如图4-4-9、图4-4-10所示。

（9）最后用持笔刀法刻出一层层向内包的小花瓣，即成花蕊，如图4-4-11所示。

（10）用刻花蕊的手法再刻一朵花骨朵，连同月季花一起插在小树枝上，即成，如图4-4-12所示。

图 4-4-1　原料准备

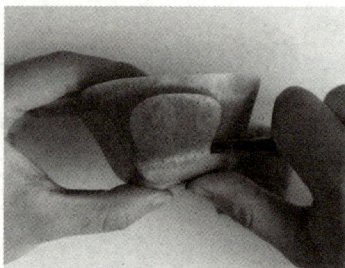

图 4-4-2　修整原料下端

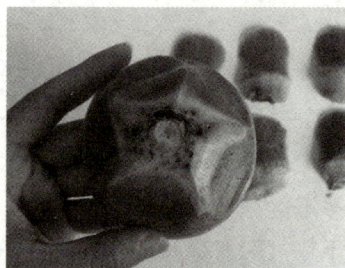

图 4-4-3　半椭圆形平面

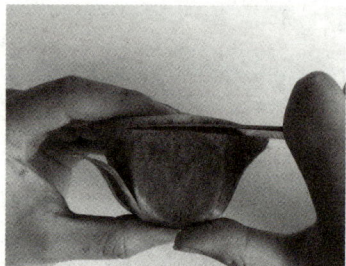

图 4-4-4　刻花瓣

图 4-4-5　去除废料（一）

图 4-4-6　去除废料（二）

图 4-4-7　逐层雕刻

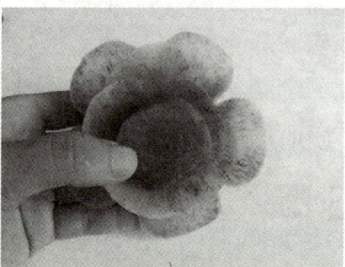

图 4-4-8　两层花瓣的坯体

图 4-4-9　雕刻花蕊（一）

图 4-4-10　雕刻花蕊（二）

图 4-4-11　雕刻花蕊（三）

图 4-4-12　月季花成品

四、质量标准

外表光滑，大小均匀。

五、加工要领

（1）原料选择要新鲜，质地脆嫩，粗细均匀，形状匀称，有光泽。
（2）下刀要准确，抓刀要稳，下料适当。
（3）刀面要求光滑平整。
（4）雕刻花瓣时，要将原料均匀地分成三等份，否则，花瓣大小会不均匀。
（5）刻花瓣时要上薄下厚，以便造型。
（6）注意每层花瓣之间的大小、距离与斜度的变化，否则会影响花朵形态。
（7）应重点讲解示范月季花花瓣的层次与结构变化。
（8）应多观察月季花实物，以抓住其外形特点。

六、评定标准

月季花的评分标准见表4-4-2。

表4-4-2　月季花的评分标准

项目	原料规格	质量标准			操作规范	卫生安全	时间标准	合计
		大小一致	外表光滑	形似月季				
月季花	100 g						15 min	
标准分		20	25	25	10	10	10	100
扣分								
自评分								
得分								

子任务二　牡丹花

牡丹花是食品雕刻的入门种类，主要练习握刀手势及抓料的手法。

牡丹花原产于中国西部秦岭和大巴山一带山区，汉中是中国最早人工栽培牡丹的地方。牡丹为落叶亚灌木，喜凉恶热，宜燥惧湿，可耐 -30 ℃的低温，在年平均相对湿度45% 左右的地区可正常生长；喜光，也稍耐荫；要求疏松、肥沃、排水良好的中性壤土或砂壤土，忌黏重土壤或低温处栽植；花期4—5月；多采用嫁接方法进行栽培，因为与芍药同属芍药属，所以多选用芍药作为砧木。牡丹为多年生落叶小灌木，生长缓慢，株型小，株高多为0.5～2 m；根肉质，粗而长，中心木质化，长度一般为 0.5～0.8 m，极少数根长度可达2 m；根皮和根肉的色泽因品种而异；枝干直立而脆，圆形，为从根茎处丛生数枝而呈灌木状，当年生枝光滑、草木，黄褐色，常开裂而剥落；叶互生，叶片通常为三回三出复叶，枝上部常为单叶，小叶片有披针、卵圆、椭圆等形状，顶生小叶常为2～3裂，叶上面深绿色或黄绿色，下为灰绿色，光滑或有毛；总叶柄长 8～20 cm，表面有凹槽；花单生于当年枝顶，两性，花大色艳，形美多姿。

一、工具准备

所需工具名称及数量见表 4-4-3。

表 4-4-3　所需工具名称及数量

名称	规格	数量	备注
菜刀		1 把	
圆盆		1 个	
圆盘	8 寸	1 个	
白毛巾		1 块	
砧板		1 块	

工具：刨刀，切刀，直头平面刻刀，二号、三号弧形口戳刀。

二、原料选购

本次雕刻选用萝卜，以质地密实、含水量足、成熟适度、新鲜脆嫩、光泽好、无空心者为上乘。从外观上应该选把短条直、粗细均匀、不弯曲、个头中等、大小整齐、形状匀称、有光泽的萝卜。

三、雕刻方法

1. 工艺流程

选取原料→选择工具→修初胚→去棱角→修圆→装盘。

2. 操作步骤

（1）将萝卜刨去表皮，如图 4-4-13 所示。

（2）将萝卜削成倒圆锥状大坯，如图 4-4-14 所示。

（3）确定外层五个花瓣的位置，可用肉眼估计，初学者最好用刀尖轻轻画出记号，如图 4-4-15 所示。

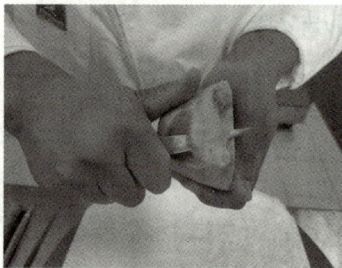

图 4-4-13　刨去表皮　　　图 4-4-14　倒圆锥状大坯　　　图 4-4-15　确定外层花瓣位置

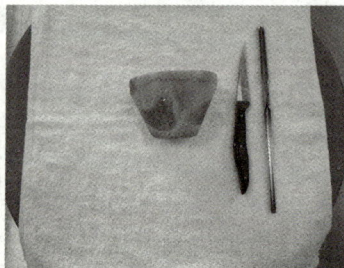

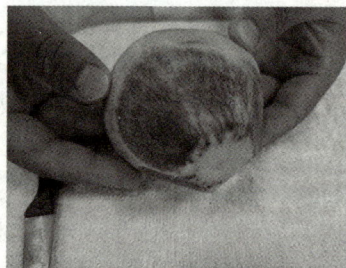

（4）在一个花瓣的位置上，用直头平面刻刀削掉比花瓣稀小一圈的一个薄片，如图 4-4-16 所示。

（5）用三号弧形口戳刀沿花瓣上半部边沿每隔 0.5 cm 戳一刀，使花瓣刻好之后上边沿呈稀齿轮状，如图 4-4-17 所示。

（6）重复步骤（4）～（6），刻出外层五个花瓣。注意使第二个花瓣根部边沿伸进第一个花瓣里边，并依次类推，使各相邻花瓣的两边沿互相重叠，如图 4-4-18 所示。

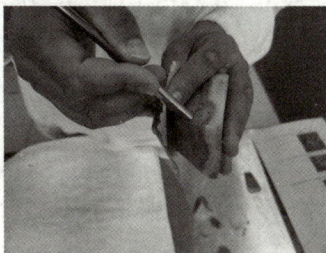

图 4-4-16　削掉薄片　　　图 4-4-17　花瓣上边沿处理　　　图 4-4-18　重复雕刻内层

（7）按照上述方法刻出花瓣数层，刻时注意使相邻两层花瓣的位置互相错开，直至原料没有即收整花蕊，完成作品，效果如图 4-4-19 所示。

四、质量标准

层次分明，结构匀称，花瓣完整。

五、加工要领

（1）原料选择要新鲜，质地脆嫩，大小均匀，形状匀称，有光泽。

图 4-4-19　成品展示

（2）下刀要准确，抓刀要稳，花瓣下刀厚薄均匀。

（3）刀面要求光滑平整，花瓣形状完整，形态自然。

（4）花蕊大小适当，呈片状包裹。

（5）废料去除干净，无残留。

（6）层与层之间花瓣长短变化过渡自然。

六、评定标准

牡丹花的评分标准见表 4-4-4。

表 4-4-4　牡丹花的评分标准

项目	原料规格	质量标准			操作规范	卫生安全	时间标准	合计
		大小均匀	形态饱满	层次分明				
牡丹花	25 g						20 min	
标准分		20	25	25	10	10	10	100
扣分								
自评分								
得分								

项目四

子任务三　睡莲

睡莲是食品雕刻的入门种类，主要练习握刀手势及抓料的手法。

睡莲为多年生水生花卉。根状茎粗短，叶丛生，具细长叶柄，浮于水面，低质或近革质，近圆形或卵状椭圆形，直径为 6～11 cm，边缘整齐，无毛，上面浓绿，幼叶有褐色斑纹，下面为暗紫色。花单生于细长的花柄顶端，多白色，漂浮于水，直径为 3～6 cm。萼片 4 枚，宽披针形或窄卵形。聚合果球形，内含多数椭圆形黑色小坚果。长江流域花期为 5 月中旬至 9 月，果期 7—10 月。花单生，萼片宿存，花瓣通常为白色，雄蕊多数，雌蕊的柱头具有 6～8 个辐射状裂片。浆果球形，为宿存的萼片包裹。种子黑色。因其花色艳丽，花姿楚楚动人，在一池碧水中宛如冰肌脱俗的少女，被人们赞誉为"水中女神"。

一、工具准备

所需工具名称及数量见表 4-4-5。

表 4-4-5　所需工具名称及数量

名称	规格	数量	备注
菜刀		1 把	
圆盆		1 个	
圆盘	8 寸	1 个	
白毛巾		1 块	
砧板		1 块	

工具：直头平面刻刀、五号弧形口戳刀。

二、原料选购

本次雕刻选用象牙白萝卜，以含水量足、成熟适度、新鲜脆嫩、光泽好、无空心者上乘。从外观上应该选把短条直、粗细均匀、不弯曲、个头中等、大小整齐、形状匀称、有光泽的萝卜。

常用原料：洋葱头（选用大个、呈正圆形的葱头）、红菜头或胡萝卜。

三、雕刻方法

1. 工艺流程

选取原料→选择工具→修初胚→去棱角→修圆→装盘。

2. 操作步骤

（1）将象牙白萝卜切成 6 cm 长的段，用平口刀将底部一端均匀地分成五等份，然后雕刻出花瓣（图 4-4-20）。

（2）确定外层五个花瓣的位置（图 4-4-21）。

（3）修出花瓣的形状，从顶端雕刻到底部，雕刻出第一层花瓣（图 4-4-22）。

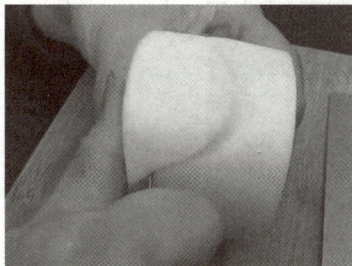

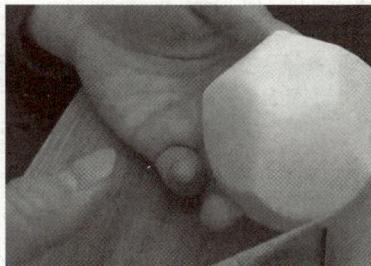

图 4-4-20　胚体　　　　图 4-4-21　确定外层花瓣位置　　　　图 4-4-22　雕刻
　　　　　　　　　　　　　　　　　　　　　　　　　　　　　　　　最外层花瓣

（4）去掉第一层内部的原料，再次均匀地分成五个花瓣，修出花瓣的形状，雕刻出第二层花瓣（图 4-4-23）。

（5）第二层花瓣的位置在第一层两两花瓣的中间（图 4-4-24）。

（6）将中央残剩部分齐根削掉，修成平面，平面直径约为 2 cm，以便安装花蕊（图 4-4-25）。

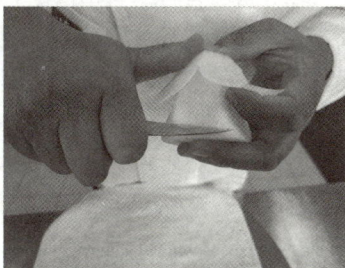

图 4-4-23　雕刻第二层花瓣　　　图 4-4-24　逐层雕刻花瓣　　　图 4-4-25　中央残剩部分处理

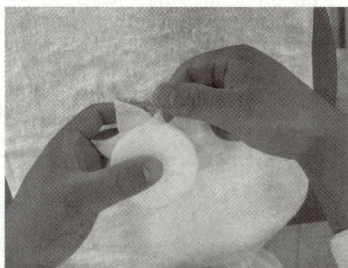

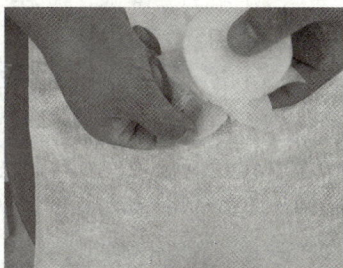

项目四

（7）去掉第二层花瓣中间的废料，用同样的方法雕刻第三层花瓣，削去多余的棱角，留下花蕊（图 4-4-26）。

（8）用 V 形花刀雕刻出莲台周围的花蕊（图 4-4-27）。

（9）用直头平面刻刀将花蕊坯修削平光（图 4-4-28）。

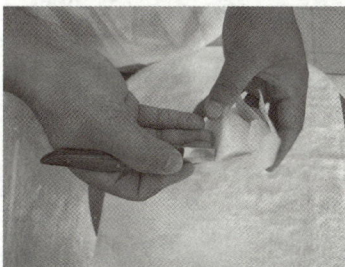

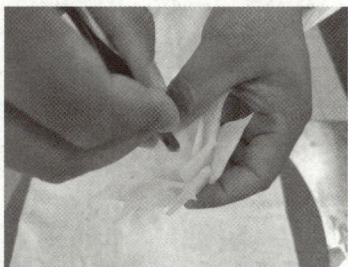

图 4-4-26　花蕊坯　　　　　图 4-4-27　雕刻花蕊丝　　　　图 4-4-28　修整花蕊坯

（10）将花蕊丝向四周分开，用切刀按纵横锯齿刀浮切法在半球面上刻出花蕊，即成花蕊（图 4-4-29）。

（11）用牙签将花蕊装在睡莲花冠中心即可（图 4-4-30）。

图 4-4-29　花蕊　　　　　　图 4-4-30　成品展示

四、质量标准

形似莲花，层次分明，花瓣大小均匀。

五、加工要领

（1）原料选择要新鲜，质地脆嫩，大小均匀，形状匀称，有光泽。
（2）下刀要准确，抓刀要稳，花瓣下刀厚薄均匀。
（3）刀面要求光滑平整，花瓣形状完整、形态自然。
（4）花蕊大小适当，呈片状绽放状。
（5）废料去除干净、无残留。
（6）层与层之间花瓣长短变化过渡自然。

六、评定标准

睡莲的评分标准见表 4-4-6。

表 4-4-6　睡莲的评分标准

项目	原料规格	质量标准			操作规范	卫生安全	时间标准	合计
		大小均匀	形似莲花	层次分明				
睡莲	25 g						20 min	
标准分		20	25	25	10	10	10	100
扣分								
自评分								
得分								

子任务四　白菊花

一、白菜菊花（图 4-4-31）

（1）寓意与作用：白菊花，呈多层多瓣结构，花瓣呈丝条状，无规律，形态优美，品种繁多，是中国名花之一。白菊花花瓣洁白如玉，花蕊黄如纯金，寓意纯洁无瑕、气质高雅。人们雕刻白菊花，常将其装点于热菜、冷菜的围边，或用作装盘及花篮、花瓶、展台的插花。

（2）常用原料：雕刻白菊花一般选用质地松散的菜叶类和根茎类原料，如大白菜、白萝卜。

（3）常用手法：执笔法、戳刀法。

二、工具准备

所需工具名称及数量见表 4-4-7。

图 4-4-31　白菜菊花

表 4-4-7　所需工具名称及数量

名称	规格	数量	备注
菜刀		1 把	
雕刻刀		1 套	
圆盘	8 寸	1 个	
白毛巾		1 块	
砧板		1 块	
不锈钢料碗	8 寸	1 个	

三、雕刻方法

1. 工艺流程

选择原料→选择工具→雕刻花瓣→取废料→浸泡→装盘。

2. 雕刻步骤

（1）选取一颗散芯大白菜，切取一段 8 cm 左右的白菜头，将根部修成平面，用作雕刻原料初胚（图 4-4-32）。

（2）用中号 U 形戳刀在每个白菜帮的表皮上戳数条长条状的花瓣，每个白菜帮上刻 5～6 瓣花瓣，花瓣由上至下逐渐变厚，然后去掉余料，使下一层花瓣的层次更为清晰（图 4-4-33）。

项目四

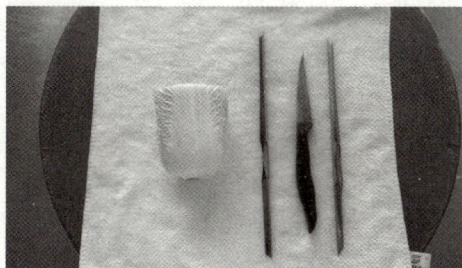

图 4-4-32　原料初胚

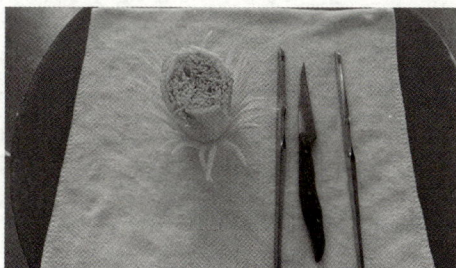

图 4-4-33　雕刻长条状花瓣

（3）用同样的方法戳出第一层至第三层花瓣，每雕刻完一层把中间的原料切短一点，使花瓣一层比一层短（图 4-4-34）。

（4）到花蕊部分时换小号 U 形戳刀戳出花蕊即可（图 4-4-35）。

（5）将刻好的白菊花放入清水中浸泡，待花瓣吸水膨胀后即可自然弯曲（图 4-4-36）。

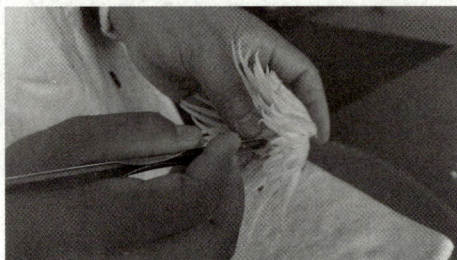

图 4-4-34　逐层雕刻花瓣

图 4-4-35　雕刻花蕊

四、质量标准

形似菊花，花形完整，层次分明，形态自然美观。

五、加工要领

（1）花瓣呈直条状翻卷，粗细均匀、完整，无毛边。

（2）花蕊大小适当，呈丝状包裹。

（3）废料去除干净、无残留。

（4）层与层之间花瓣长短变化过渡自然。

（5）用 U 形戳刀戳花瓣时握刀要稳，用力要均匀。

图 4-4-36　成品展示

（6）戳花瓣时每一刀都要戳到白菜的根上，并且花瓣的根部要紧挨着，这样容易去除废料。

（7）去除废料时，手可以从左往右用力。

（8）戳花瓣时，尽量不要戳到白菜筋，否则会影响花瓣的弯曲度。

（9）注意花蕊的大小、高矮。花蕊部分的花瓣要短而间隔紧密。浸泡时间不要太长，否则会弯曲过度。

六、评定标准

白菊花的评分标准见表 4-4-8。

表 4-4-8　白菊花的评分标准

项目	原料规格	质量标准			操作规范	卫生安全	时间标准	合计
		花瓣完整	层次分明	形态自然				
白菊花	60 g						30 min	
标准分		20	25	25	10	10	10	100
扣分								
自评分								
得分								

工作 实 施

一、课前准备

1.师生工作准备

为完成该任务，请做好课前的各项准备工作。

2.技能准备

将所需刀具的分类及用途填入表4-4-9。

表 4-4-9 所需刀具的分类及用途

序号	类别	用途
1	平口刀	适用于雕刻整雕和结构复杂的雕刻作品
2	尖口刀	适用于绘制图案、刻画线条等
3	V形戳刀	适用于雕刻花卉、花瓣，鸟类的羽毛、翅膀等
4	U形戳刀	适用于雕刻花卉、花瓣，鸟类的羽毛、翅膀等
5	模型刀	适用于制作各种动植物的形象图形
6		
7		

将磨刀石的种类及用途填入表4-4-10。

表 4-4-10 磨刀石的种类及用途

序号	类别	用途
1	粗磨刀石	主要成分是天然糙石，质地粗糙，多用于新开刃或有缺口的刀
2	细磨刀石	用于磨雕刻刀
3		

3.知识储备

（1）食品雕刻的主要工具有（　　　）、U形刀、V形刀、圆柱刀、凤尾刀。

　　A.尖刀　　　　　　　　　B.花边刀　　　　　　　　C.菜刀

（2）形刀主要用于（　　　）、小花瓣的雕刻。

　　A.羽毛　　　　　　　　　B.花边　　　　　　　　　C.山石

（3）凤尾刀主要用于（　　　）、尾羽、蝴蝶翅膀的制作。

　　A.孔雀　　　　　　　　　B.雄鹰　　　　　　　　　C.湖水

（4）刀具要经常磨制，（　　　）刀口锋利光滑。

　　A.保护　　　　　　　　　B.保养　　　　　　　　　C.保证

（5）食品雕刻常用的原料包括（　　　）等蔬菜，以及蛋类制品。这些原料需要质地细密、坚实脆嫩、色泽纯正。

　　A.根茎、瓜、果　　　　　B.鱼、虾　　　　　　　　C.油炸食品

项目四

二、工作规划

1. 小组分工

将小组分工及岗位职责填入表 4-4-11。

表 4-4-11　小组分工及岗位职责

班级	烹饪高	日期	＿＿＿＿年＿＿月＿＿日
小组名称		组长	
岗位分工			
成员			

2. 小组讨论

小组成员共同讨论工作计划，列出本次任务所需器具、作用及数量，并将其填入表 4-4-12。

表 4-4-12　所需器具、作用及数量

序号	器具名称	作用	数量	备注
1	雕刻刀	雕刻牡丹花	6 把	
2	细磨刀石	磨雕刻刀	2 个	
3				
4				

三、实施步骤

1. 任务实施

模仿教师演示进行操作。

2. 成果分享

每个小组将任务完成结果上传到学习平台，由 2～3 个小组分别进行展示和讲解任务完成过程。

3. 问题反思

（1）任务实施过程中，握刀的姿势不准会造成什么结果？是什么原因导致的？

（2）任务实施过程中，选择不同的原料会造成什么结果？

4. 检查

操作前检查内容见表 4-4-13。

表 4-4-13　操作前检查内容

序号	检查内容	检查结果	备注
1	个人卫生、操作台卫生是否整洁		
2	刀具、抹布、菜墩、碗是否放置到位		
3	握刀姿势是否正确		
4	刀面是否平整		

综合评价

小组成员各自完成自我评价，组长完成小组评价，教师完成教师评价（表4-4-14），整理实训室并完成各类器具收纳摆放，做好6s管理规范。

表4-4-14　任务评价表

序号	评价内容	自我评价	小组评价	教师评价	分值分配
1	遵守安全操作规范				5
2	态度端正、工作认真				5
3	能够进行课前学习，完成相关学习内容				10
4	能够熟练运用多渠道收集学习资料				10
5	能够正确选择刀具				10
6	操作规范，卫生整洁				20
7	能够正确回答教师的问题				10
8	能够按时完成实训任务				10
9	能够与他人团结协作				10
10	做好6s管理工作				10
	合计				100
	拓展项目		—		+5
	总分		—		

评分说明：
1. 评分项目3为课前准备部分评分分值。
2. 总分＝自我评价分×20%＋小组评价分×20%＋教师评价分×20%＋拓展项目分。
3. 拓展项目完成一个加5分

任务五　烹饪美工雕刻实例（三）：禽鸟系列

任务描述

此任务为烹饪专业学生学习食品雕刻的基础品种，目的是激发学生学习食品雕刻的兴趣，了解各种雕刻刀具的种类及用途，掌握雕刻原料的属性，掌握禽鸟系类雕刻成型的方法及手法，掌握运刀的手法及抓刀的方法，为后续的雕刻打下基础。

学习目标

1. 知识目标

掌握雕刻刀的种类和用途；掌握原料优劣的鉴别能力；掌握基础品种的操作方法。

2. 能力目标

能够正确掌握雕刻技能；能够正确应用运刀的手法；能够正确掌握抓刀的方法。

3. 素质目标

培养爱岗敬业、吃苦耐劳的职业素养，具有精益求精、不断探索的职业意识，能传承中华传统烹饪方法；具有社会责任感和社会参与意识，能够履行道德标准和行为规范。

子任务一　天鹅

天鹅是食品雕刻的入门种类，主要练习握刀手势及抓料的手法。

天鹅一般全长约为 110 cm，体重为 4～7 kg，雌鸟略小。体羽洁白，头部稍带棕黄色，颈部和嘴均比大天鹅稍短。它与大天鹅在体形上非常相似，同样是长长的脖颈，纯白的羽毛，黑色的脚和蹼，身体也只是稍稍小一些，颈部和嘴比大天鹅略短，但很难分辨。最容易区分它们的方法是比较嘴基部的黄色的大小，大天鹅嘴基部的黄色延伸到鼻孔以下；而小天鹅的黄色仅限于嘴基的两侧，沿嘴缘不延伸到鼻孔以下。它的头顶至枕部常略带有棕黄色，虹膜为棕色，嘴端为黑色，脚黑色。它的鸣声清脆，有似"叫，叫"的哨声，而不像大天鹅像喇叭一样的叫声。天鹅生活在多芦苇的湖泊、水库和池塘中，主要以水生植物的根茎和种子等为食，也兼食少量水生昆虫、蠕虫、螺类和小鱼。

一、工具准备

所需工具名称及数量见表 4-5-1。

表 4-5-1　所需工具名称及数量

名称	规格	数量	备注
菜刀		1 把	
雕刻刀		1 套	
圆盘	8 寸	1 个	
白毛巾		1 块	
砧板		1 块	

工具：平口刀、U 形插刀。

二、原料选购

白萝卜、胡萝卜（形状笔直，原料表面有光泽，水分充足）。

三、雕刻方法

1. 工艺流程

选取原料→选择工具→修初胚→刻轮廓→修圆→装盘。

2. 操作步骤

（1）在白萝卜的一头的两边各削一刀，刻出天鹅长而有力的颈，并将胡萝卜镶嵌在头部刻出嘴和大额头（图 4-5-1）。

（2）刻出天鹅的大体轮廓（图 4-5-2）。

（3）修圆颈部和身体，刻出尾部羽毛，调整身体姿态（图 4-5-3）。

（4）用白萝卜刻出翅膀，注意三层羽毛的排列，用竹签装上身体，一只展翅姿态的天鹅就完成了（图 4-5-4）。

 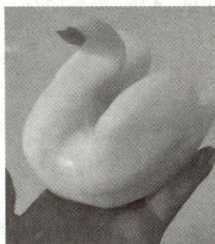 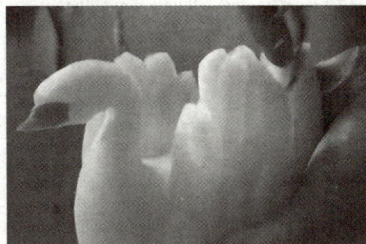 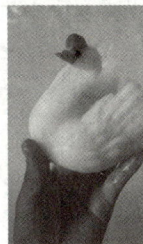

图 4-5-1 修初胚　　图 4-5-2 刻轮廓　　　　图 4-5-3 修圆　　　　图 4-5-4 成品展示

四、质量标准

形似天鹅，结构比例协调，刀纹清晰，形态饱满。

五、加工要领

（1）原料选择要新鲜，质地脆嫩，粗细均匀，形状匀称，有光泽。

（2）各部位下刀要准确，整体比例协调，下料适当。

（3）刀面要求光滑平整，羽毛雕刻逼真，形似天鹅。

六、评定标准

天鹅的评分标准见表 4-5-2。

表 4-5-2　天鹅的评分标准

项目	原料规格	质量标准			操作规范	卫生安全	时间标准	合计
		结构匀称	比例协调	形态逼真				
天鹅	25 g						20 min	
标准分		20	25	25	10	10	10	100
扣分								
自评分								
得分								

子任务二　仙鹤

仙鹤是食品雕刻的入门种类，主要练习握刀手势及抓料的手法。

丹顶鹤为一类保护鸟，通称仙鹤、白鹤，是一种大型的珍贵涉禽，主要栖息在有水湿地或泛水沼泽，通常要求有较高的芦苇等挺水植物为隐蔽条件。丹顶鹤体长可达 1.2 m，全身羽毛大都白色，次级和三级飞羽黑色；头顶上裸露无羽，呈朱红色，嘴长，呈淡绿灰色，故有"白羽黑翎、丹顶缘啄"之说。尾短，尾羽白色，跗很长，长可及尺（30 cm），呈铅黑色。丹顶鹤寿命可长达五六十年，丹顶鹤在每年春季小群地从南方陆续迁来，在进入交配期之前，雄鹤便将跟随的幼鹤驱逐，让它去单独活动或与其他幼鹤结群。交配期间，雌雄不断翩翩起舞，或引颈高鸣，此时鸣声特别洪亮，可远及两千米之外，故有"鹤鸣九泉，声闻于天"之说。

一、工具准备

所需工具名称及数量见表 4-5-3。

表 4-5-3　所需工具名称及数量

名称	规格	数量	备注
菜刀		1 把	
雕刻刀		1 套	
圆盘	8 寸	1 个	
白毛巾		1 块	
砧板		1 块	

工具：尖头刀、圆口刀、V 形刀（三角槽刀）。

二、原料选购

象牙白萝卜、胡萝卜（形状笔直，原料表面有光泽，水分充足）。

三、雕刻方法

1. 工艺流程

选取原料→选择工具→修初胚→去棱角→修圆→装盘。

2. 操作步骤

（1）将原料底部切平，从原料的顶端落刀，并把原料上面部分的两边削去，中间削成长扁尖形，刻仙鹤的头。接着刻仙鹤的颈，仙鹤的颈很细，要慢慢地把它修出来，在头上用胡萝卜刻出尖嘴（图 4-5-5）。

（2）把仙鹤身子的轮廓修出来，准备刻翅膀。先把背的中间部分用尖头刀钎凹，再把身子两边修圆一些（图 4-5-6）。

（3）取一块整料，刨去皮刻出翅膀骨干轮廓，并把下面的余料修去，这样翅膀的立体感就显出来了，用同样的方法把另一只翅膀刻好。用小号圆口刀刻翅膀上的小覆羽，把两边的小覆羽都刻好。换一把大一号的圆口刀把中覆羽全部刻好，再在中覆羽的羽毛上用刻线刀刻出羽中间的筋，在刻好的中覆羽下面用尖头刀修去一层薄薄的余料，使中覆羽有立体感。再刻一层中覆羽，削去一层余料。最后刻仙鹤的飞羽，方法基本上与刻中覆羽相同，只不过飞羽更长一些，雕好后把翅膀完整取下来（图 4-5-7）。

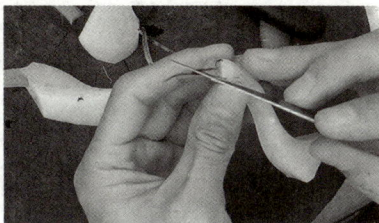
图 4-5-5　修初胚

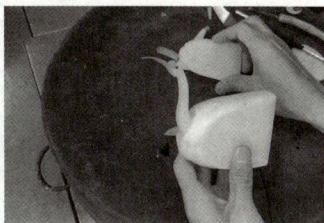
图 4-5-6　修圆

（4）接下来刻仙鹤的腹部，腹部要收得凹一些，然后刻仙鹤的两条腿，最后把仙鹤修正一下，装上翅膀，一个栩栩如生的仙鹤就出现了（图 4-5-8）。

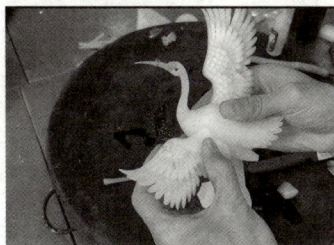
图 4-5-7　雕刻羽毛

图 4-5-8　成品展示

四、质量标准

形似仙鹤，外表光滑，各部位匀称。

五、加工要领

（1）原料选择要质地新鲜，色泽洁白，质地脆嫩。
（2）刀口均匀，形状匀称，有光泽。
（3）下刀要准确，下料适当。
（4）刀面要求光滑平整，身形舒展，形似仙鹤。

六、评定标准

仙鹤的评分标准见表 4-5-4。

表 4-5-4　仙鹤的评分标准

项目	原料规格	质量标准			操作规范	卫生安全	时间标准	合计
		结构匀称	比例协调	形似仙鹤				
仙鹤	25 g						20 min	
标准分		20	25	25	10	10	10	100
扣分								
自评分								
得分								

子任务三　鹦鹉

鹦鹉是食品雕刻的入门种类，主要练习握刀手势及抓料的手法。

鹦鹉也称娇凤、彩凤、阿苏儿、鹦哥等，原产于澳大利亚等地。鹦鹉体长为16～18 cm。前额、脸部黄色，颊部有紫蓝色斑点，上体密布黄色和黑色相间的细条纹，腰部、下体绿色，喉部有黑色的小斑点，尾羽绿蓝色。虹膜白色，嘴灰色，脚灰蓝色。雄鸟鼻包为淡蓝色，雌鸟为肉色。

一、工具准备

所需工具名称及数量见表 4-5-5。

表 4-5-5　所需工具名称及数量

名称	规格	数量	备注
菜刀		1 把	
雕刻刀		1 套	
圆盘	8 寸	1 个	
白毛巾		1 块	
砧板		1 块	

工具：刨刀、切刀、直头平面刻刀、2～5号弧形口戳刀、牙签、水萝卜、天门冬苗、竹签 1 根。

二、原料选购

长南瓜（无空芯，质地硬实，个头均匀，原料新鲜有光泽）。

三、雕刻方法

常用手法与刀法：直握法、执笔法、旋刻刀法。

1. 工艺流程

选取原料→选择工具→修初胚→去棱角→修刻身体各部位→组装→装盘。

2. 雕刻步骤

（1）主刀结合掏刀刻出鹦鹉头部，不同于其他鸟类的是鹦鹉嘴要内勾（图 4-5-9）。

（2）粘接出头部毛发大料，主刀刻出嘴部周围毛发，头部毛发略长（图 4-5-10）。

（3）制作出头部毛发，注意层次感（图 4-5-11）。

（4）同样的方法制作出颈部毛发（图 4-5-12）。

（5）将鹦鹉嘴安装在白萝卜的嵌眼内，注意将鹦鹉嘴钩尖方向朝下（图 4-5-13）。

（6）制作出翅膀长飞羽，此翅膀为半开张形状，所以部分长飞羽会内收（图 4-5-14）

（7）同样的方法粘接出左侧翅膀，制作出羽毛，注意粘接口衔接（图 4-5-15）。

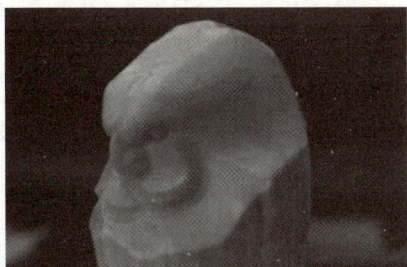

图 4-5-9　雕刻鹦鹉头部

图 4-5-10　粘接头部毛发

图 4-5-11　制作出头部毛发

图 4-5-12　制作出颈部毛发

图 4-5-13　安装鹦鹉嘴

图 4-5-14　制作翅膀长飞羽

图 4-5-15　制作左侧翅膀

（8）用主刀或拉线刀，刻出羽毛上的纹路（图 4-5-16）。

（9）成品展示（图 4-5-17）。

图 4-5-16　制作羽毛上纹路

图 4-5-17　成品展示

四、质量标准

形态逼真，层次分明、结构清晰，形似鹦鹉。

项目四

五、加工要领

（1）原料选择要质地新鲜，色泽明艳脆嫩，粗细均匀，形状饱满，有光泽。

（2）修刻轮廓下刀要准确，抓刀要稳，下料适当。

（3）刀面要求光滑平整，头身比例协调，羽毛纹路清晰。

六、评定标准

鹦鹉的评分标准见表 4-5-6。

表 4-5-6　鹦鹉的评分标准

项目	原料规格	质量标准			操作规范	卫生安全	时间标准	合计
		结构匀称	比例协调	形似鹦鹉				
鹦鹉	25 g						20 min	
标准分		20	25	25	10	10	10	100
扣分								
自评分								
得分								

子任务四　老鹰

一、知识要点

老鹰是食品雕刻的复杂性雕刻，主要练习握刀手势及抓料的手法。

寓意与作用：鹰是猛禽的一种，体形较大，造型威武，飞翔能力极强，喙较长大，弯钩锐利。通过对"锐利的目光""有力的翅膀"和"钢铁般的利爪"形象的塑造，可展现勇猛顽强、无坚不摧的雄鹰形象。人们往往把鹰比喻为志向远大且不畏艰辛、展翅拼搏的形象，因而，此造型既广泛适用于中高档宴席和展台的装饰，更适用于庆功宴或年轻人的生日宴席。

二、工具准备

所需工具名称及数量见表 4-5-7。

表 4-5-7　所需工具名称及数量

名称	规格	数量	备注
菜刀		1 把	
雕刻刀		1 套	
圆盘	8 寸	1 个	
白毛巾		1 块	
砧板		1 块	

常用工具：主雕刀、V 形戳刀和 U 形戳刀等。

三、原料选购

本次雕刻选用萝卜，以含水量足、粗细均匀、不弯曲、个头中等、大小整齐、形状匀称为好。

常用原料：质地结实、体积较长大的瓜果、根茎类原料，如实心南瓜、白萝卜等。

准备原料：长形南瓜 1 个，重约 5 斤（1 斤 =0.5 kg）。

四、雕刻方法

1. 工艺流程

选取原料→选择工具→修初胚→雕刻头、颈部，身体与尾部，脚爪，翅膀→组装→装盘。

2. 雕刻步骤

（1）雕刻头、颈部：在原料顶端一侧用主刀刻出一个三角形，备用。在三角形凸出部位的一侧靠边沿约 1 cm 处往里刻并去掉废料，然后雕刻出呈弯钩状的喙，并沿着下喙外边刻出颈和胸部。在喙角与头顶间的位置刻出眼睛，最后将头顶和颈部上边的轮廓刻好，延伸至三角尖处（图 4-5-18 ～图 4-5-20）。

图 4-5-18　去除废料（一）　　图 4-5-19　去除废料（二）　　图 4-5-20　雕刻头、颈部轮廓

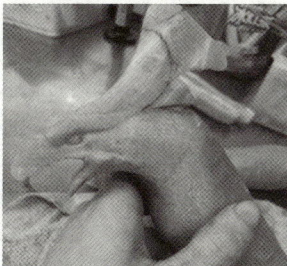

（2）雕刻身体与尾部：将一块原料组装在身体的后端作为尾部，并雕刻出身体与尾部的羽毛（图 4-5-21）。

（3）雕刻脚爪：在腹部后下方的位置处，先刻出略向后屈的腿，然后刻出向前屈的脚爪。爪尖向里勾，前面为三个趾，后面一个趾稍短些，并刻出脚爪上横向的角质纹路。然后对脚爪下剩余的原料稍作修整，雕刻岩石、云纹或浪花，以作衬托（图 4-5-22）。

图 4-5-21　雕刻身体与尾部　　　　图 4-5-22　雕刻脚爪

（4）雕刻翅膀：用余料或另取原料，先将两个展开的翅膀内侧的三角形轮廓雕刻出来，再把翅膀外侧的废料刻去，使翅膀的厚度为 1 cm 左右。在翅膀前端从上至下略长于 1/2 的位置处，刻出稍向外凸的关节。用主刀或 U 形戳刀刻出翅膀上的小覆羽、中覆羽和飞羽，并用主刀或刻线刀在飞羽上刻出羽毛的纹路。最后用牙签和黏合剂把刻好的双翼装在雄鹰身体两侧相应的位置处（图 4-5-23）。

图 4-5-23　雕刻翅膀

鹰通常是食品雕刻创作者较喜欢的雕刻题材，用上述方法，通过改变鹰的姿态，可雕刻出"大鹏展翅""鹰击长空"等不同作品。

（1）雕刻时，应注意作品的结构关系。向上展开的翅膀应在身体的两侧，转动的头与颈部一定要与双翼间的背脊相连接。

（2）鹰的身体宽度大约只是体长的 1/4，切忌把作品刻得太肥、太臃肿，作品应能体现鹰姿矫健的特点。

（3）应反复练习鹰的眼睛、翅膀、爪子的雕法，抓住鹰目光锐利、翅膀有力和利爪如钢的特点，以表现鹰勇猛顽强、无坚不摧的神韵。

五、质量标准

形似老鹰，结构匀称，形态逼真，刀纹清晰。

六、加工要领

（1）原料选择要质地新鲜、脆嫩，粗细均匀，形状饱满，有光泽。
（2）修刻轮廓下刀要准确，抓刀要稳，下料适当。
（3）刀面要求光滑平整，头身比例协调，羽毛纹路清晰。
（4）雄鹰展翅状态舒展，鹰爪纹路清晰。

七、评定标准

老鹰的评分标准见表 4-5-8。

表 4-5-8　老鹰的评分标准

项目	原料规格	质量标准			操作规范	卫生安全	时间标准	合计
		结构匀称	比例协调	形似老鹰				
老鹰	25 g						20 min	
标准分		20	25	25	10	10	10	100
扣分								
自评分								
得分								

项目四

工作实施

一、课前准备

1. 师生工作准备

为完成该任务，请做好课前的各项准备工作。

2. 技能准备

将刀具的分类及用途填入表 4-5-9。

表 4-5-9　所需刀具的分类及用途

序号	种类	用途
1	平口刀	适用于雕刻整雕和结构复杂的雕刻作品
2	尖口刀	适用于绘制图案、刻画线条等
3	V 形戳刀	适用于雕刻花卉、花瓣，鸟类的羽毛、翅膀等
4	U 形戳刀	适用于雕刻花卉、花瓣，鸟类的羽毛、翅膀等
5	模型刀	适用于制作各种动植物的形象图形
6		
7		

将磨刀石的种类及作用填入表 4-5-10。

表 4-5-10　磨刀石的种类及作用

序号	种类	作用
1	粗磨刀石	主要成分是天然糙石，质地粗糙，多用于新开刃或有缺口的刀
2	细磨刀石	用于雕刻刀
3		

3. 知识储备

（1）食品雕刻依据成品（　　）来选择原料。

　　A. 大小　　　　　　　　B. 质地　　　　　　　　C. 形状

（2）食品雕刻的技术要求（　　），选材合理、刀法精准、运用技法，合理选用刀具，卫生、安全。

　　A. 刀工　　　　　　　　B. 艺术修养　　　　　　C. 熟处理

（3）食品雕刻的原料有（　　）与植物性原料。

　　A. 动物性　　　　　　　B. 泡沫　　　　　　　　C. 黄油

（4）雕刻葫芦用到的雕刻方法是（　　）。

　　A. 直刀刻　　　　　　　B. 旋刀刻　　　　　　　C. 迭片刻

（5）雕刻的基本刀法有（　　）、削、旋、戳、压等。

　　A. 切　　　　　　　　　B. 挖　　　　　　　　　C. 钻眼

二、工作规划

1. 小组分工

将小组分工及岗位职责填入表 4-5-11。

表 4-5-11　小组分工及岗位职责

班级	烹饪高		日期	_____年___月___日
小组名称			组长	
岗位分工				
成员				

2. 小组讨论

小组成员共同讨论工作计划，列出本次任务所需器具、作用及数量，并将其填入表 4-5-12。

表 4-5-12　所需器具、作用及数量

序号	器具名称	作用	数量	备注
1	雕刻刀	雕刻老鹰	6 把	
2	细磨刀石	磨雕刻刀	2 个	
3				
4				

三、实施步骤

1. 任务实施

模仿教师演示进行操作。

2. 成果分享

每个小组将任务完成结果上传到学习平台，由 2 ～ 3 个小组分别进行展示和讲解任务完成过程。

3. 问题反思

（1）任务实施过程中，握刀的姿势不准会造成什么结果？是什么原因导致的？

（2）任务实施过程中，选择不同的原料会造成什么结果？

4. 检查

操作前检查内容见表 4-5-13。

表 4-5-13　操作前检查内容

序号	检查内容	检查结果	备注
1	个人卫生、操作台卫生是否整洁		
2	刀具、抹布、菜墩、碗是否放置到位		
3	握刀姿势是否正确		
4	刀面是否平整		

综 合 评 价

　　小组成员各自完成自我评价，组长完成小组评价，教师完成教师评价（表4-5-14），整理实训室并完成各类器具收纳摆放，做好6s管理规范。

表 4-5-14　任务评价表

序号	评价内容	自我评价	小组评价	教师评价	分值分配
1	遵守安全操作规范				5
2	态度端正、工作认真				5
3	能够进行课前学习，完成相关学习内容				10
4	能够熟练运用多渠道收集学习资料				10
5	能够正确选择刀具				10
6	操作规范，卫生整洁				20
7	能够正确回答教师的问题				10
8	能够按时完成实训任务				10
9	能够与他人团结协作				10
10	做好6s管理工作				10
	合计				100
	拓展项目		—		+5
	总分		—		

评分说明：
1. 评分项目3为课前准备部分评分分值。
2. 总分 = 自我评价分 ×20%+ 小组评价分 ×20%+ 教师评价分 ×20%+ 拓展项目分。
3. 拓展项目完成一个加5分

任务六　烹饪美工雕刻实例（四）：走兽系列

任 务 描 述

　　此任务为烹饪专业学生学习食品雕刻的基础品种，目的是激发学生学习食品雕刻的兴趣，了解各种雕刻刀具的种类及用途，掌握雕刻原料的属性、走兽系列雕刻成型的方法及手法，以及运刀的手法和抓刀的方法，为后续的雕刻打下基础。

学 习 目 标

1. 知识目标

掌握雕刻刀的种类和用途；掌握原料优劣的鉴别能力；掌握基础品种的操作方法。

2. 能力目标

能够正确掌握雕刻技能；能够正确应用运刀的手法；能够正确掌握抓刀的方法。

3. 素质目标

培养爱岗敬业、吃苦耐劳的职业素养，具有精益求精、不断探索的职业意识，能传承中华传统烹饪方法，具有社会责任感和社会参与意识，能够履行道德标准和行为规范。

子任务一　骏马

骏马是食品雕刻的进阶种类，主要练习握刀手势及抓料的手法。

一、知识导入

马属动物起源于 6 000 万年前新生代第三纪初期，其最原始祖先为原蹄兽，体长约为 1.5 m，头部和尾巴都很长，四肢短而笨重，行走缓慢，常在森林或热带平原上活动，以植物为食，体格矮小，四肢均有 5 趾，中趾较发达。生活在 5 800 万年前第三纪的始新马，或称始祖马，体高约为 40 cm，前肢低，有 4 趾；后肢高，有 3 趾；牙齿简单，适于热带森林生活。进入中世纪以后，干燥草原代替了湿润灌木林，马属动物的机能和结构随之发生明显变化：体格增大，四肢变长，成为单趾；牙齿变硬且趋复杂。经过渐新马、中新马和上新马等进化阶段的演化，马属动物到第四纪才呈现为单蹄的扬首高躯大马。

二、工具准备

所需工具名称及数量见表 4-6-1。

表 4-6-1　所需工具名称及数量

名称	规格	数量	备注
菜刀		1 把	
圆盆		1 个	
圆盘		1 个	
白毛巾		1 块	
砧板		1 块	

刀具：平口切刀、平口刻刀。

三、原料选购

本次雕刻应该选用粗细均匀、自然弯曲、个头匀称、大小整齐、形状匀称的胡萝卜。

四、雕刻方法

1. 工艺流程

选取原料→选择工具→修初胚→去棱角→修刻马头、马身、马蹄、马尾→组装→装盘。

2. 操作步骤

（1）用胡萝卜先刻出马头，用笔勾勒出马的身体轮廓（图 4-6-1）。

（2）将马的前后腿刻出，再将马蹄细刻出，然后刻出后腿、臀部、尾巴的轮廓（图4-6-2）。

（3）将马的躯体刻出，要细刻出躯体上丰满的肌肉，再刻出马的后腿，后腿着地有力，然后刻出马尾。在雕刻此作品时应注意以下几点：一是马头要昂起，后腿着地有力，才能表现出其奔腾的姿态；二是细刻出马躯体丰满的肌肉（图4-6-3）。

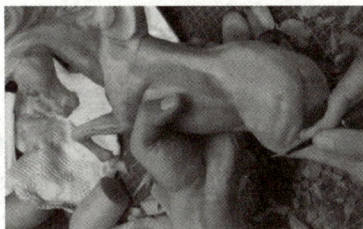

图 4-6-1　修初胚　　　　　　图 4-6-2　雕刻马腿　　　　图 4-6-3　雕刻马的躯体

五、质量标准

形似骏马奔腾，结构匀称，轮廓清晰。

六、加工要领

（1）原料选择要质地新鲜、脆嫩，形状匀称，有光泽。
（2）轮廓修胚下刀要准确，抓刀要稳，下料适当。
（3）刀面要求光滑平整，骏马飞跃状舒展，线条纹路清晰。

七、评定标准

骏马的评分标准见表4-6-2。

表 4-6-2　骏马的评分标准

项目	原料规格	质量标准			操作规范	卫生安全	时间标准	合计
		轮廓清晰	比例协调	形似骏马				
骏马	225 g						20 min	
标准分		20	25	25	10	10	10	100
扣分								
自评分								
得分								

子任务二　祥龙

龙是食品雕刻的进阶种类，主要练习握刀手势及抓料的手法。

一、知识导入

龙是中国神话中的一种善变化、兴云雨、利万物的神异动物，传说能隐能显，春风时登天，秋风时潜渊。龙能兴云致雨，为众鳞虫之长，四灵（龙、凤、麒麟、龟）之首，后成为皇权象征，历代帝王都自命为龙，使用器物也以龙为装饰。《山海经》记载，夏后启、蓐收、句芒等都"乘雨龙"。另有书记"颛顼（zhuān xū）乘龙至四海""帝喾春夏乘龙"。前人将龙分为四种：有鳞者称蛟龙；有翼者称应龙；有角者称螭龙，无角者称虬。上下数千年，龙已渗透了中国社会的各个方面，成为一种文化的凝聚和积淀。龙成了中国的象征、中华民族的象征、中国文化的象征。对于每一个中华儿女来说，龙的形象是一种符号、一种意绪、一种血肉相连的情感。"龙的子孙""龙的传人"这些称谓，常令我们激动、奋发、自豪。龙的文化除在中华大地上传播承继外，还被远渡海外的华人带到了世界各地，在世界各国的华人居住区或中国城内，最多和最引人注目的饰物仍然是龙。因而，"龙的传人""龙的国度"也获得了世界的认同。龙是华夏民族的代表。

二、工具准备

所需工具名称及数量见表 4-6-3。

表 4-6-3　所需工具名称及数量

名称	规格	数量	备注
菜刀		1 把	
圆盆		1 个	
圆盘		1 个	
白毛巾		1 块	
砧板		1 块	

刀具：平口刀、U 形戳刀、V 形戳刀。

三、原料选购

本次雕刻应该选用粗细均匀、不弯曲、个头中等、大小整齐、形状匀称的胡萝卜。

四、雕刻方法

1. 工艺流程

选取原料→选择工具→修初胚→修刻龙头、龙身、龙爪、云彩卷、龙须→组装→装盘。

2. 操作步骤

（1）从两侧各切去一片胡萝卜，中间厚约为 5 cm，并在其上设计出龙的轮廓，即"一波三折"（图 4-6-4）。

（2）用 U 形戳刀和 V 形戳刀刻出龙背鳍，用 V 形戳刀戳出腹部鳞片，用 U 形戳刀戳出龙体两侧的鳞片（图 4-6-5）。

（3）刻出龙尾；另切一块三角形块状料，刻出龙爪（图 4-6-6）。

（4）刻出云彩卷（图4-6-7）。

（5）用V形戳刀戳出两个长触须，装在龙鼻子头两侧，将刻好的龙爪、云彩卷装在龙体两侧（图4-6-8）。

图 4-6-4　雕刻龙的轮廓

图 4-6-5　雕刻龙背鳍

图 4-6-6　雕刻龙尾和龙爪

图 4-6-7　雕刻云彩卷

图 4-6-8　成品展示

五、质量标准

祥龙形态逼真，气势磅礴，结构匀称。

六、加工要领

（1）原料选择要新鲜，质地脆嫩，粗细大小适合，形状饱满，有光泽。

（2）轮廓修胚下刀要准确，抓刀要稳，下料适当。

（3）刀面要求光滑平整，各部纹路清晰，整体组合协调。

七、评定标准

祥龙的评分标准见表4-6-4。

表 4-6-4　祥龙的评分标准

项目	原料规格	质量标准			操作规范	卫生安全	时间标准	合计
		轮廓清晰	比例协调	形似祥龙				
祥龙	125 g						20 min	
标准分		20	25	25	10	10	10	100
扣分								
自评分								
得分								

工 作 实 施

一、课前准备

1. 师生工作准备

为完成该任务，请做好课前的各项准备工作。

2. 技能准备

将刀具的种类及用途填入表 4-6-5。

表 4-6-5　所需刀具的种类及用途

序号	种类	用途
1	平口刀	适用于雕刻整雕和结构复杂的雕刻作品
2	尖口刀	适用于绘制图案、刻画线条等
3	V形戳刀	适用于雕刻花卉、花瓣，鸟类的羽毛、翅膀等
4	U形戳刀	适用于雕刻花卉、花瓣，鸟类的羽毛、翅膀等
5	模型刀	适用于制作各种动植物的形象图形
6		
7		

将磨刀石的种类及作用填入表 4-6-6。

表 4-6-6　磨刀石的种类及作用

序号	种类	作用
1	粗磨刀石	主要成分是天然糙石，质地粗糙，多用于新开刃或有缺口的刀
2	细磨刀石	用于磨雕刻刀
3		

3. 知识储备

（1）适合果蔬雕刻的原料有（　　　）。

　　A. 黄瓜、西瓜、香蕉、龙眼　　　　B. 哈密瓜、木瓜、龙眼

　　C. 菠萝、茄子、冬瓜　　　　　　　D. 葱头、南瓜、西红柿

（2）中国食品雕刻的最早起源是先秦时期的（　　　）。

　　A. 果品雕刻　　　　　　　　　　　B. 蛋卵雕刻

　　C. 瓜盅雕刻　　　　　　　　　　　D. 蜜饯雕刻

（3）食品雕刻最终的目的是（　　　）。

　　A. 提高食品的营养价值　　　　　　B. 增加食品的观赏性

　　C. 延长食品的保质期　　　　　　　D. 减少食品浪费

（4）雕刻龙鳞时所用的雕刻刀法是_____。

二、工作规划

1. 小组分工

小组分工及岗位职责见表 4-6-7。

表 4-6-7　小组分工及岗位职责

班级	烹饪高	日期	＿＿＿＿年＿＿月＿＿日
小组名称		组长	
岗位分工			
成员			

2. 小组讨论

小组成员共同讨论工作计划，列出本次任务所需器具、作用及数量，并将其填入表 4-6-8。

表 4-6-8　所需器具、作用及数量

序号	器具名称	作用	数量	备注
1	雕刻刀	雕刻龙	6 把	
2	细磨刀石	磨雕刻刀	2 个	
3				
4				

三、实施步骤

1. 任务实施

模仿教师演示进行操作。

2. 成果分享

每个小组将任务完成结果上传到学习平台，由 2～3 个小组分别进行展示和讲解任务完成过程。

3. 问题反思

（1）任务实施过程中，握刀的姿势不准会造成什么结果？是什么原因导致的？

（2）任务实施过程中，选择不同的原料会造成什么结果？

4. 检查

操作前检查内容见表 4-6-9。

表 4-6-9　操作前检查内容

序号	检查内容	检查结果	备注
1	个人卫生、操作台卫生是否整洁		
2	刀具、抹布、菜墩、碗是否放置到位		
3	握刀姿势是否正确		
4	刀面是否平整		

综合 评价

小组成员各自完成自我评价，组长完成小组评价，教师完成教师评价（表4-6-10），整理实训室并完成各类器具收纳摆放，做好6s管理规范。

表 4-6-10　任务评价表

序号	评价内容	自我评价	小组评价	教师评价	分值分配
1	遵守安全操作规范				5
2	态度端正、工作认真				5
3	能够进行课前学习，完成相关学习内容				10
4	能够熟练运用多渠道收集学习资料				10
5	能够正确选择刀具				10
6	操作规范，卫生整洁				20
7	能够正确回答教师的问题				10
8	能够按时完成实训任务				10
9	能够与他人团结协作				10
10	做好6s管理工作				10
	合计				100
	拓展项目		—		+5
	总分		—		

评分说明：
1. 评分项目3为课前准备部分评分分值。
2. 总分＝自我评价分×20%＋小组评价分×20%＋教师评价分×20%＋拓展项目分。
3. 拓展项目完成一个加5分

任务七　烹饪美工雕刻实例（五）：瓜雕系列

任务 描述

盛器类食雕作品将外形美与实用性结合在一起，除部分镂空的作品外；大多数瓜盅、龙舟等可盛汤菜、面点等，用途较为广泛。同时，食雕原料本身的香味也为菜肴增色不少。盛器类作品不仅能提高宴席的档次，而且是调节宴席气氛的上等雕刻佳品，形式千变万化，内容不一。在刻出的作品内若通上灯光或放上点燃的蜡烛，更是玲珑别透、妙趣横生。盛器类食雕的题材多为吉祥的花卉、禽鸟、龙、山水风景、人物等图案，还有以各种套环组成的图案。

学习目标

1. 知识目标

掌握雕刻刀的种类和用途；掌握原料优劣的鉴别能力；掌握基础品种的操作方法；了解瓜雕的文化背景；掌握瓜雕图案的各种素材。

2. 能力目标

能够正确掌握雕刻技能；能够正确应用运刀的手法；能够正确掌握抓刀的方法；能够正确设计瓜雕的造型；能够正确掌握结构比例。

3. 素质目标

培养爱岗敬业、吃苦耐劳的职业素养，具有精益求精、不断探索的职业意识，能传承中华传统烹饪方法。具有社会责任感和社会参与意识，能够履行道德标准和行为规范。培养创新意识，开拓逆向思维。

子任务一 瓜盅

一、瓜盅

瓜盅（图4-7-1）是食品雕刻中最受人们欢迎的品种，它不但广泛运用于凉菜、花台，起到美化席面的作用，而且还广泛用于热菜之中，其作用不仅是盛放菜肴，更主要的是点缀菜肴和增添宴席气氛。很多初学者也往往从雕刻瓜盅入手来掌握雕刻技法。瓜盅的刻法有两种：一种是浮雕法，另一种是镂空法，其中应用最多的是浮雕法。浮雕法主要有两种形式：一是阳纹雕刻，所雕刻的图案向外凸出；另一种是阴纹雕刻，所雕刻的图案向里凹陷。但在具体雕刻时，刀法的

图4-7-1 瓜盅的参考实样

变化是很灵活的，同一个瓜盅可以有浮雕的阴、阳纹样，也可以有镂空纹样出现，其表现手法和内容多种多样，但只要掌握基本刻法，就可以创造出丰富多彩的作品。

二、工具准备

所需工具名称及数量见表4-7-1。

表4-7-1 所需工具名称及数量

名称	规格	数量	备注
菜刀		1把	
雕刻刀		1套	
圆盘	8寸	1个	
白毛巾		1块	
砧板		1块	
料碗	8寸	1个	

三、原料选购

本次雕刻选用小金瓜，以含水量足、成熟适度、新鲜脆嫩、色泽金黄、表皮光整为上乘。从外观上应该选外表匀称、个头中等、大小整齐的小金瓜。

四、雕刻方法

1. 工艺流程

选取原料→选择工具→主体设计→雕刻→取料→成型→组装。

2. 雕刻步骤

（1）选取一形状匀称的小金瓜，将表皮削掉，在小金瓜上部的1/4处，以瓜蒂为圆心，用U形戳刀戳一圆圈，取下瓜盖，刻出叶子形备用（图4-7-2）。

（2）在瓜体的中间画出六等份，分别用圆规画出6个大小均匀的长方形，备用（图4-7-3）。

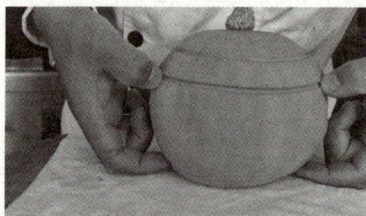

图4-7-2 主体设计

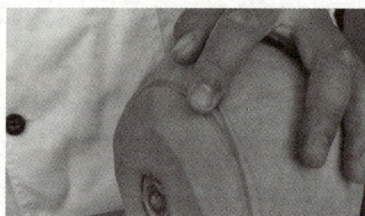

图4-7-3 瓜体六等份

（3）在前后的4个方块中刻上阴纹图案（图4-7-4）。

（4）在底部1/4的地方用圆规画出圆形，用V形戳刀戳出线槽，刻上云子形回纹备用（图4-7-5）。

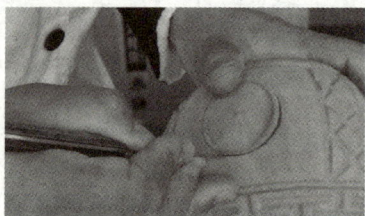

图4-7-4 雕刻阴纹图案

图4-7-5 雕刻底部

（5）取一勺将瓜瓤挖出，然后用平口刀将多余的边角料去掉（图4-7-6）。

（6）将刻好的小金瓜组装，装饰即可（图4-7-7）。

图4-7-6 去除边角料

图4-7-7 成品展示

五、质量标准

纹路清晰，造型美观，结构对称，立体感强，布局合理。

六、加工要领

（1）原料的选择要求新鲜，质地脆嫩，粗细均匀，形状匀称，有光泽。
（2）下刀要准确，抓刀要稳，下料适当。
（3）刀面要求光滑平整。
（4）雕刻时刀纹深浅一致，粗细结合，结构对称。
（5）盅盖、盅体、盅座三者比例恰当，布局合理。
（6）构图清晰，凹凸起伏有致，造型自然饱满。

七、评定标准

瓜盅的评分标准见表4-7-2。

表 4-7-2　瓜盅的评分标准

项目	原料规格	质量标准			操作规范	卫生安全	时间标准	合计
		纹路清晰	立体感强	布局合理				
瓜盅	300 g						1 h	
标准分		20	25	25	10	10	10	100
扣分								
自评分								
得分								

项目四

子任务二　瓜灯

一、瓜灯

图 4-7-8　瓜灯的参考实样

在食品雕刻中，瓜灯（图4-7-8）的雕刻难度较大，程序较为复杂。瓜灯雕刻就是用特种雕刻工具套环刀，在西瓜、香瓜等瓜果的表皮上，运用各种刀法，把瓜果雕刻成带有花纹图案和特种瓜环的宫灯形状。瓜灯的雕刻，除在其表面雕刻出一些凹凸的图案外，还要雕刻出一些环和扣，使瓜灯的上部和下部离开一定的距离。这些环扣不但要起连接作用，而且形状要美观。雕刻完后挖去瓜瓤，瓜内置以灯具，可达到通室纹彩交映、别具奇趣的艺术效果。

二、工具准备

所需工具名称及数量见表4-7-3。

项目四

表 4-7-3　所需工具名称及数量

名称	规格	数量	备注
菜刀		1 把	
雕刻刀		1 套	
圆盘	8 寸	1 个	
白毛巾		1 块	
砧板		1 块	
料碗	8 寸	1 个	

三、原料选购

本次雕刻选用西瓜，以含水量足、成熟适度、新鲜脆嫩、表皮光整为上乘。从外观上应该选外表匀称、个头中等、大小整齐的西瓜。

四、雕刻方法

1. 工艺流程

选取原料→选择工具→主体设计→雕刻→取料→成型→组装。

2. 雕刻步骤

（1）在西瓜上部的 1/4 处，以瓜蒂为圆心，画好"盖"的位置，用圆口刀凿一圆圈，取下瓜盖，刻出如意环待用（图 4-7-9）。

（2）在瓜体的中间画出三等份，分别用圆规画出 3 个圆，大小均匀，备用（图 4-7-10）。

（3）在 3 个圆上，分别刻出如意套环（图 4-7-11）。

图 4-7-9　雕刻西瓜上部　　图 4-7-10　雕刻西瓜中间部分（一）图 4-7-11　雕刻西瓜中间部分（二）

（4）将如意环的上下空余位置用槽口刀刻成水波图案，多余部分镂空（图 4-7-12）。

（5）用平口尖刀，按如意环的线路分别刻至瓜瓤，备用（图 4-7-13）。

（6）将瓜瓤挖出，然后用平口刀将如意环分别挑起，环环相连（图 4-7-14）。

（7）另取一块比瓜盅本身直径大的厚皮西瓜，刻上线条粗犷的花纹成为底座（图 4-7-15）。

（8）将瓜盅置于底座上，即完成西瓜盅（图 4-7-16）。

五、质量标准

纹路清晰，造型美观，结构对称，立体感强，布局合理。

图 4-7-12 雕刻水波图案　　图 4-7-13 雕刻如意环线路　　图 4-7-14 挖出瓜瓤

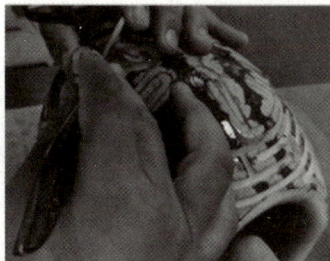

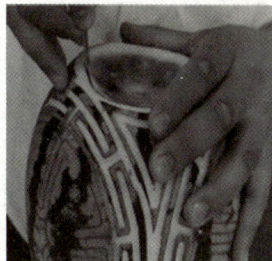

图 4-7-15 雕刻制作底座　　图 4-7-16 成品展示

六、加工要领

（1）应选皮厚色清的西瓜，西瓜圆整，花纹清晰。

（2）刻时刀纹要深，粗细相结合，增强立体感。

（3）盅盖、盅体、盅座三者比例恰当，上细纹，下粗纹，突出盅体。

（4）布局时，如意环占有大面积，以此确定构图重心，各环凸起，立体感倍增。如意环自然挺立，均衡舒展。

七、评定标准

瓜灯的评分标准见表 4-7-4。

表 4-7-4 瓜灯的评分标准

项目	原料规格	质量标准			操作规范	卫生安全	时间标准	合计
		纹路清晰	立体感强	结构对称				
瓜灯							1 h	
标准分		20	25	25	10	10	10	100
扣分								
自评分								
得分								

工作实施

一、课前准备

1. 师生工作准备

为完成该任务，请做好课前的各项准备工作。

2. 技能准备

将所需刀具的分类及用途填入表4-7-5。

表4-7-5　所需刀具的分类及用途

序号	种类	用途
1	平口刀	适用于雕刻整雕和结构复杂的雕刻作品
2	尖口刀	适用于绘制图案、刻画线条等
3	V形戳刀	适用于雕刻花卉、花瓣，鸟类的羽毛、翅膀等
4	U形戳刀	适用于雕刻花卉、花瓣，鸟类的羽毛、翅膀等
5	模型刀	适用于制作各种动植物的形象图形
6	套环刀	适用于在各种瓜皮上刻出套环、刻画线条等
7		

将磨刀石的种类及作用填入表4-7-6。

表4-7-6　磨刀石的种类及作用

序号	种类	作用
1	粗磨刀石	主要成分是天然糙石，质地粗糙，多用于新开刃或有缺口的刀
2	细磨刀石	用于磨雕刻刀
3		

3. 知识储备

（1）食品雕刻制作过程中的（　　　）特别重要。

　　A. 清洁卫生　　　　B. 工具　　　　　　C. 刀法

（2）食品雕刻的类型有（　　　）种。

　　A. 三　　　　　　　B. 五　　　　　　　C. 七

（3）我国雕刻"西瓜灯"的文字记载可追溯至（　　　）。

　　A. 夏代　　　　　　B. 周代　　　　　　C. 唐代　　　　　　D. 清代

（4）半圆口刀主要用来（　　　）。

　　A. 雕刻花瓣、羽毛、鱼鳞片等　　　　B. 削片、切片等

　　C. 挖削雕刻原料内瓣等　　　　　　　D. 雕刻凤尾、孔雀凤尾等

（5）在瓜皮表面雕刻花纹，把与图案无关的瓜皮刻去，露出白色瓜皮的方法称为

（　　　）。

　　A. 阳纹雕刻　　　　B. 阴纹雕刻　　　　B. 花纹雕刻　　　　D. 镂空雕刻

二、工作规划

1. 小组分工

将小组分工及岗位职责填入表 4–7–7。

表 4–7–7　小组分工及岗位职责

班级	烹饪高	日期	_____年___月___日
小组名称		组长	
岗位分工			
成员			

2. 小组讨论

小组成员共同讨论工作计划，列出本次任务所需器具、作用及数量，并将其填入表 4–7–8。

表 4–7–8　所需器具及用途

序号	器具名称	作用	数量	备注
1	雕刻刀	雕刻各种花卉、图案	6 把	
2	细磨刀石	磨雕刻刀	2 个	
3				
4				

三、实施步骤

1. 任务实施

模仿教师演示进行操作。

2. 成果分享

每个小组将任务完成结果上传到学习平台，由 2 ～ 3 个小组分别进行展示和讲解任务完成过程。

3. 问题反思

（1）任务实施过程中，持刀角度把握不准会造成什么结果？是什么原因导致的？

（2）任务实施过程中，选择不同的磨刀石会造成什么结果？

4. 检查

操作前检查内容见表 4–7–9。

表 4–7–9　操作前检查内容

序号	检查内容	检查结果	备注
1	个人卫生、操作台卫生是否整洁		
2	刀具、抹布、菜墩、碗是否放置到位		
3	握刀姿势是否正确		
4	刀面是否平整		

项目四

综合 评价

　　小组成员各自完成自我评价，组长完成小组评价，教师完成教师评价（表 4-7-10），整理实训室并完成各类器具收纳摆放，做好 6s 管理规范。

表 4-7-10　任务评价表

序号	评价内容	自我评价	小组评价	教师评价	分值分配
1	遵守安全操作规范				5
2	态度端正、工作认真				5
3	能够进行课前学习，完成相关学习内容				10
4	能够熟练运用多渠道收集学习资料				10
5	能够正确选择刀具				10
6	操作规范，卫生整洁				20
7	能够正确回答教师的问题				10
8	能够按时完成实训任务				10
9	能够与他人团结协作				10
10	做好 6s 管理工作				10
	合计				100
	拓展项目		—		+5
	总分		—		

评分说明：
1. 评分项目 3 为课前准备部分评分分值。
2. 总分 = 自我评价分 ×20%+ 小组评价分 ×20%+ 教师评价分 ×20%+ 拓展项目分。
3. 拓展项目完成一个加 5 分

项目五　调味基本功实训

任务一　调味技能

任务描述

此任务是烹饪专业学生学习烹调技能的基础知识，学习调味知识，了解调味的原理，掌握调味的方法和调味的技能，为菜品制作打下基础。

学习目标

1. 知识目标

了解调和工艺的概念、意义、内容和作用；理解调味工艺、原理、方法、原则和要求；掌握调味的操作要领。

2. 能力目标

能准确调配常用味型。

3. 素质目标

培养对专业的热爱，树立民族自豪感；追求五味调和的和谐美，领略中国"和"思想的博大精深和源远流长。

应知应会

调味技能是烹饪专业的基础，掌握调味技能是提高菜品制作的关键。调味技能是烹饪专业的基本技能，主要练习调味的方法和各种味型的调制。

调味方法是指在烹调工艺中，通过调味品作用于烹饪原料（半成品），使其转化成菜肴的途径和手段。调味方法主要有以下几类。

1. 根据调味的次数划分

（1）一次性调味法：在烹调过程中一次性加入所需要的调味品就能完成菜肴复合味的调味方法。

（2）多次性调味法：是指在烹调过程中需要在烹制前、中、后进行多次调味才能确定菜肴口味的方法。例如，油炸菜肴在加热前调定基本味，在加热后补充特色味。

2. 根据调味品作用于原料的形式划分

（1）纯物理方式的调味方法：借助调味品的呈味作用，通过对原料（半成品）吸附、粘裹、渗透等方式，达到改善原料固有的滋味，使之成为菜肴的一类调味方法。调味时，将配制好的调料（不必加热）直接作用于经过一定加工的原料（包括生、熟两类）。调味品之间、调味品和原料之间都不需共同受热。这类调味方法多属于一次性调味，只适用于少数类别的菜肴，如拌、淋、泡、腌等类菜肴的调味。

（2）理化方式相结合的调味方法：此种调味方法在调味时需借助于加热。菜肴新滋味的形成，主要靠调味品和原料之间受热发生的化学变化———分解与合成。这种变化受到诸多因素影响，如不同传热介质的性能差别及加热时间长短、调味品对原料的效果等，属于多次性调味。有些菜品在加热前需借助物理方式，用调味品作用于原料，使其渗透入味；加热中，使原料与调味品之间发生分解合成等反应，从而形成特定滋味；加热结束后，有的菜肴还要进行补充调味———吸附、粘裹。其中，加热前和加热后的调味属于物理性的调味方法，加热中的调味则属于化学变化的调味方法。上述几个环节中，使用的调味手段既可以是一次完成，也可以分两步完成，有些菜肴则三个阶段都需要。

3. 根据烹调工艺中原料入味（包括附味）的方式划分

根据烹调工艺中原料入味（包括附味）的方式不同，调味方法可分为腌渍、分散、热渗、裹浇、粘撒、跟碟等几种方法。这些方法可以单独使用，更多是根据菜肴的特点将数种方法综合应用。

（1）腌渍调味法：是将调味料与主配料拌和均匀，或将主配料浸泡在溶有调料的水中，经过一定时间使其入味的调味方法。所用调料主要有食盐、酱油或蔗糖、蜂蜜、食醋等。腌渍有两种形式：一种是干腌渍，即将调料干抹或拌揉在原料表面，使其进味的方法，常用于码味和某些冷菜的调味；另一种是湿腌渍，即将原料浸置于溶有调料的水中腌渍进味的方法，常用于易碎原料的码味，以及一些冷菜的调味和某些热菜的入味。

（2）分散调味法：是将调料溶解并分散于汤汁中的调味方法，多用于水烹菜肴的调味。对于糜状原料仅靠水的对流难以分散调料，还必须采用搅拌的方法将调料搅拌均匀，有时要把固态调料事先溶解成溶液，再均匀拌和到肉糜原料中。

（3）热渗调味法：是在加热过程中使调料中的呈味物质渗入原料内部的调味方法。此法常与分散调味法和腌渍调味法配合使用。热渗调味法需要一定的加热时间，一般加热时间越长，原料入味就越充分。

（4）裹浇调味法：是将液体状态的调料裹浇于原料表面，使其带味的方法。按调料黏附方法的不同可分为裹制法和浇制法两种。裹制法是将调料均匀裹于原料表面的调味法，在菜肴制作中使用较为广泛，可以在原料加热前、加热中或加热后使用。从调味的角度看，上浆、挂糊、勾芡、收汁、拔丝、挂霜等均是裹制法的使用。浇制法是将调料浇散于原料表面的调味法，多用于热菜加热后及冷菜切配装盘后的调味，如脆熘菜及一些冷菜的浇汁等。浇制法调味不如裹制法均匀。

（5）粘撒调味法：是将固体状态的调料黏附于原料的表面，使其带味的方法。通常是将加热成熟后的原料，置于颗粒或粉末状调料中，使其粘裹均匀；也可将颗粒或粉末状调料投入锅中翻动，使原料裹匀调料；还可将原料装盘后，再撒上颗粒或粉末状调料。

（6）跟碟调味法：是将调料盛入小碟或小碗中，随菜一起上席，由用餐者蘸而食之的方法，多用于烤、炸、蒸、涮等的调味。跟碟上席可以一菜多味（上数种不同滋味的味碟），由食用者根据各自的需要自选蘸食。它较之其他调味方法具有较大的灵活性，能同时满足不同人的口味要求。

任务二 调味过程

任 务 描 述

此任务是烹饪专业学生学习味觉形成的基础知识，学习味觉产生的机理，理解调味对食材的重要性，掌握调味的时机，能够更好地完成菜品制作。

学 习 目 标

1. 知识目标
了解味觉产生的机理；理解调味对食材的重要性；掌握调味的时机。

2. 能力目标
在烹饪过程中能正确把握调味的时机。

3. 素质目标
培养对专业的热爱，树立民族自豪感；追求五味调和的和谐美，领略中国"和"思想的博大精深和源远流长。

应 知 应 会

调味阶段是实施调味技巧的过程，在了解味觉形成的理论基础上，综合运用基本味在烹饪的不同时间段调味。

味是指食物在人口腔（图 5-2-1）中经味觉器官感受的性状，味觉器官的感受称为味觉。人体的味觉感受器是味蕾（图 5-2-2），主要分布在舌面的乳突中，以舌黏膜褶处的乳突侧面最为稠密，特别在舌的背面、舌尖和舌的侧缘，少部分分布在咽喉、软腭、会咽处。味觉感受器是一种化学感受器。口腔中的唾液是天然的溶剂，与烹饪原料中的成分混合，刺激味觉。但这种刺激在极少数情况下是单一的，多数情况下是复合的、综合的，与物理味觉、心理味觉共同完成。物理味觉是指由于菜肴的硬度、黏度、温度等物理因素刺激口腔或咀嚼而产生的物理刺激。适宜的硬度、黏度、温度是菜肴产生良好味觉必不可少的条件。心理味觉是指由于菜肴的色泽、形状、用餐环境等因素对人产生的心理反应。幽雅的用餐空间和美观的菜肴形状，令人心旷神怡，并启发人们品味。一般情况下，菜肴色泽呈暖色能增进食欲，例如，红色最能促进人们的食欲，使人精神振奋。味蕾受到刺激后通过神经中枢传给大脑，由大脑思考后判断出具体的味觉。

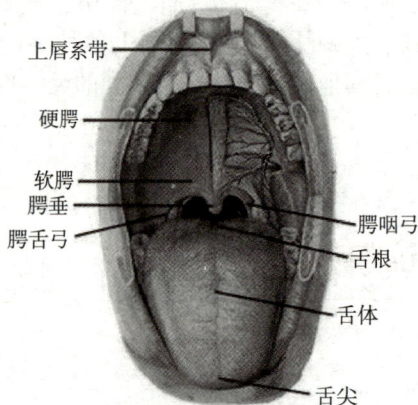

图 5-2-1　口腔图

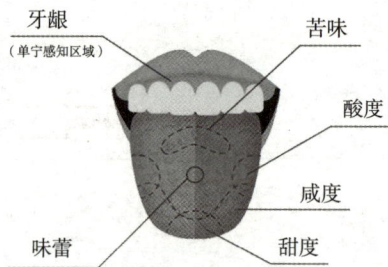

图 5-2-2　舌头表面味蕾

　　调味简单来说就是调和滋味，运用调味手段将调味品和原料性味调成美味菜肴的过程。菜肴原料通过调味，可以起到四个方面的作用：一是使淡味的原料获得鲜美的味道，如豆腐等原料，本身没有什么滋味，需要用调味品来调制出菜肴的味道，若用咸鲜类调味品可调出咸鲜味的豆腐菜肴；若用麻辣味的调味品，则能调出麻辣味的豆腐菜肴，依次类推，能调出多种味道的豆腐菜肴；二是能改变和确定菜肴的滋味，如猪肥肠原料本身味道不佳，通过调味，去除异味，增加香味；三是能增加菜肴的色彩，如加入有色调味料，既调味又增加颜色；四是能去除原料中的一些腥异味。

　　调味的过程按菜肴制作工序可划分为原料在加热前调味、加热中调味和加热后调味三个阶段。不同阶段的菜肴在调味时的每个阶段的作用和调味方法都不相同。

　　（1）加热前调味。菜肴原料在加热前加入调味品，以改善原料口味、色泽、质地（含水量）等品质，通常称为基本调味或调内口。加热前调味主要运用拌的方法，对菜肴原料进行腌渍，时间由十分钟到数小时不等。所加入的调味品不同，叫法有时也有区别。通常加入以精盐为主的称为腌（腌肉、腌白菜），加入以糖为主的称为糖渍（糖渍藕片、糖渍白菜），加入以醋为主的称为醋渍（醋渍黄瓜、醋渍莴苣）。加入的调味品有干有湿，加入调味品后原料表面液体较少的为干腌法，反之为湿腌法，先干腌后湿腌的称为混合法。

　　（2）加热中调味。菜肴原料在加热过程中加入调味品，这是以菜肴为对象的调味过程，是菜肴调味的主要阶段，又称为主要调味。菜肴加热过程中的调味，有利于调味品的分解、渗透、黏附、混合，达到呈味的较佳效果。加入调味品的次数有多有少，有一次调味、两次调味、多次调味。对于一些旺火短时间加热的烹调方法，以一次性调味（如兑汁）居多，如炒、熘、烹、爆等烹调方法；对于加热时间长的烹调方法，调味以两次或两次以上居多，如炖、焖、煨、煮、烧、扒等烹调方法，在原料刚入锅时加入部分调味品，在菜肴原料成熟时，经过试尝卤汁后，再加入适量调味品，使菜品符合制作要求。

　　（3）加热后调味。菜肴加热成熟后加入调味品，这种调味的手段是补充前面调味不足而进行的调味，故又称辅助调味。如炸猪排，原料经油炸后撒上花椒盐。这种调味适用于炝、拌、炸、蒸、烤、白灼等烹调方法，在烹调过程中不能彻底调味，需要进行补充调味。

这类调味方法主要有跟碟法、撒拌法、调汁淋拌法等。跟碟法，就是将所需调味品放入调味碟中，与菜肴同时上桌，由客人自己蘸食，如葫芦虾蟹，配上花椒盐一起上桌；撒拌法，就是将干粉类调味品撒在菜肴上，再经拌匀入味，如干炸大虾，将虾炸熟后撒上香料粉拌和均匀即成；调汁淋拌法，就是将调好的料汁浇淋在菜肴上，清蒸菜肴和炝拌菜肴常用此法，如生炝河虾，将洗干净的活河虾放入玻璃碗中，另取一只小碗，放入香菜碎、精盐、酱油、白糖、浓香型白酒、味精、胡椒粉、辣椒酱、芝麻油、姜末、蒜泥，拌和均匀，活虾上桌，临吃时，由服务员将拌虾的卤汁倒入活虾中，迅速盖上碗盖，此时活虾突然受到浓烈调味品的刺激拼命挣扎，就像河虾在碗中上下"跳舞"，从而引起人们的食欲。

上述三个阶段的调味是紧密联系在一起的调味过程，它们之间相互联系、相互影响、互为基础，其主要目的是保证菜肴获得理想的滋味。

任务三　复合味的调制

任务描述

此任务为烹饪专业调味工艺基本功训练的主要内容。味道是菜肴的灵魂，是决定菜肴制作成败的评判依据，味型是菜肴独特的标志，是区别菜肴的主要标准。通过学习，学生能掌握复合味型的常见类型、调制方法、调味料的配比、味型特点和代表菜品，达到菜品烹饪过程中准确调味的要求。

学习目标

1. 知识目标

了解调味品的属性和调味的先后顺序；掌握复合味型的类型、常见复合味型中的调味品比例；掌握味型特点及调制方法。

2. 能力目标

能够正确掌握调味品的属性和调味的时机；能够正确掌握复合味型的类型、调味料比例及味型的调制方法；能够掌握味型特点和养成良好的调味习惯。

3. 素质目标

培养爱岗敬业、吃苦耐劳的职业素养，具有精益求精、不断探索的职业意识，能传承中华传统烹饪方法。具有社会责任感和社会参与意识，能够履行道德标准和行为规范。饮食上不追求刺激，树立良好的饮食习惯，健康饮食。

应知应会

复合味是指用两种及两种以上的基本味调味料调配而成的滋味。复合调味相较于单一调味味道更为柔合，口感丰富。

调制原则：

（1）仔细研究各种味型的风味特点和调味料的使用。

（2）讲究技巧，正确操作。

（3）禁止滥用调味品。

（4）合理搭配各款菜肴的味型。

常用复合味型：麻辣味、酸辣味、泡椒味、糊辣荔枝味、椒麻味、家常味、鱼香味、怪味、蒜泥味、姜汁味、芥末味、酱香味、五香味、咸鲜味、香甜味、糖醋味、椒盐味。

一、工具准备

所需工具名称及数量见表 5-3-1。

表 5-3-1　所需工具名称及数量

名称	规格	数量	备注
菜刀		1 把	
灶漏		1 把	
圆碗		1 个	
白毛巾		1 块	
砧板		1 块	
水盆		1 个	
细漏		1 把	
石臼		1 套	
锅		1 口	
炉灶		1 台	

二、原料准备

生姜、大蒜、大葱、花椒（红花椒）、麻椒（青花椒）、花椒面、干海椒、辣椒面、豆瓣酱、干辣椒、海椒面、盐、鸡精、味精、料酒、蚝油、生抽、老抽、白醋、红醋、白糖、淀粉（生粉）、白胡椒、白胡椒面、黑胡椒、黑胡椒面、泡红辣椒、小米椒、野山椒、白芝麻、山奈、八角、丁香、小茴、甘草、砂仁、老蔻（草豆蔻）、肉桂（桂皮）、草果、番茄酱等。

三、复合味型的调制

（1）麻辣味型：辣椒之辣与川菜传统的麻味相结合，便形成了麻辣味厚、咸鲜而香的独特味型。

①调味料：花椒粒（油、面）、泡椒、豆瓣酱、海椒面、红椒油、干辣椒节、刀口海椒、香辣酱、辣椒丝、盐、味精、鸡精、鲜汤、姜、葱、蒜、料酒、淀粉、胡椒、白糖、醋。

②味型特点：色泽金红，麻辣鲜香，有轻微的甜酸。

③代表菜品：水煮牛肉、麻婆豆腐、麻辣田螺、麻辣小龙虾等。

（2）酸辣味型：酸辣味型是川菜中仅次于麻辣味型的主要味型之一，酸辣味型的菜肴绝不是辣椒唱主角，而是先在辣椒的辣、生姜的辣之间寻找一种平衡，再用醋、胡椒粉、香油、味精这些解辣的佐料去调和，使其形成醇酸微辣、咸鲜味浓的独特风味。

①调味料：醋、胡椒、泡椒末、盐、酱油、味精、鸡精、鲜汤、料酒、淀粉、老姜、葱。

②味型特点：醇酸微辣，咸鲜味浓。

③代表菜品：酸辣鱿鱼卷、酸辣鱼片、酸辣汤、酸辣烩鸡血等。

（3）泡椒味型：泡椒味型将泡辣椒鲜香微辣、略带回甜的特点发挥到了极致，泡椒味香色正，根根硬朗，老而弥香，食之开胃生津。

①调味料：野山椒、花椒、白糖、白醋。

②味型特点：泡辣椒鲜香微辣，略带回甜。

③代表菜品：泡椒牛蛙、泡椒鸭血、泡椒墨鱼仔、泡椒双脆等。

（4）怪味味型：集众味于一体，各味平衡且十分和谐，故以"怪"字褒其味妙。

①调味料：盐、酱油、白糖、花椒面、花椒油、红油辣椒、醋、味精、鸡精、鲜汤、香油、芝麻酱、熟芝麻、姜、葱、蒜。

②味型特点：咸、甜、麻、辣、酸、鲜、香比例搭配恰当，各味道之间互不压抑，相得益彰。

③代表菜品：怪味鸡丁、怪味鸭片等。

（5）糊辣荔枝味型：糊辣荔枝味型的菜都用炝炒一法，取其辣椒的干香与糊辣，以大火把辣味炝入新鲜的原料中，这是把极度的枯焦与新鲜结合在一起，深得造化相克相生的炒趣。

①配料：干海椒节、红油、花椒粒、香油、盐、鸡精、味精、料酒、淀粉、白糖、姜、葱、蒜、醋。

②味型特点：糊辣味型的菜肴香辣咸鲜，回味略甜。

③代表菜品：宫保鸡丁、宫保豆腐等。

（6）家常味型：此味型以"家常"命名，乃取"居家常有"之意，在热菜中应用最为广泛。

①配料：盐、酱油、味精、鸡精、泡椒末、姜、葱、蒜、豆瓣酱、白糖、醋、料酒、淀粉。

②味型特点：咸鲜微辣，或回味略甜，或回味略有醋香。

③代表菜品：回锅肉、家常豆腐、红烧鱼等。

（7）鱼香味型：鱼香味型因源于四川民间独具特色的烹鱼调味方法而得名。

①配料：植物油、泡红椒、姜、蒜、葱、白酱油、醋、白糖、四川豆瓣酱（或郫县豆瓣酱）、蘑菇精、水适量。

②味型特点：咸甜酸辣兼备，姜葱蒜香气浓郁。

③代表菜品：鱼香肉丝、鱼香茄子等。

（8）咸鲜味型：咸鲜清香的特点使咸鲜味型在冷、热菜式中运用十分广泛，常以川盐、味精调制而成，因不同菜肴的风味需要，也可用酱油、白糖、香油及姜、盐、胡椒调制。

调制时，须注意掌握咸味适度，突出鲜味，并努力保持以蔬菜为烹饪原料本身具有的清鲜味，白糖只起增鲜作用，须控制用量，不能露出甜味来，香油也仅仅是增香，须控制用量，勿使过头。

①配料：盐、酱油、味精、鸡精、鲜汤、胡椒、姜、葱、蒜、料酒、淀粉。

②味型特点：咸鲜清香，突出鲜味，咸味适度。

③代表菜品：雀巢小炒皇、上汤时蔬、五彩云霄等。

（9）香甜味型：其特点即是纯甜而香，它以白糖或冰糖为主要调味品，因不同菜肴的风味需要，可佐以适量的食用香精，并辅以蜜玫瑰等各种蜜饯、樱桃等水果及果汁、桃仁等干果仁。香甜味型有蜜汁、糖粘、冰汁、撒糖等多种调制方法，无论使用哪种方法，均须掌握用糖分量，过头则伤。

①配料：白糖、淀粉。

②味型特点：纯甜而香，香甜可口，醇和柔美。

③代表菜品：蜜汁小番茄、拔丝红薯等。

（10）椒麻味型：椒麻以盐、花椒、小葱叶、酱油、冷鸡汤、味精、香油调制而成，花椒的麻香和小葱的清香相得益彰，清爽中不失辛辣，多用于冷菜，尤适宜夏天。

①配料：花椒（油、粒）、去籽花椒粒、香油、葱叶、盐、味精、鸡精、鲜汤、老姜、料酒、淀粉。

②味型特点：椒麻辛香，咸鲜适口。

③代表菜品：椒麻鸡、椒麻鱼、椒麻肚片等。

（11）蒜泥味型：蒜泥味型的菜肴主要以蒜泥、红酱油、香油、味精、红油调制而成，在红油味的基础上重用蒜，有蒜在其中去生涩，添辛香，才能有口味中的起伏曲折。蒜泥入味，主要用于凉菜中。做这类菜肴，其他调味料一定不能太重，否则，压了蒜泥的香味，喧宾夺主，就是烹饪中的南辕北辙了。另外，蒜泥凉菜一定要现做现吃，蒜泥凉拌的菜肴放久之后不仅会失去鲜香，还会使蒜泥变色，影响菜肴的色泽。

①配料：蒜泥（蒜水、蒜末）、香油、盐、酱油、味精、鸡精、鲜汤、红油、糖、葱。

②味型特点：蒜香显著，咸鲜微辣。

③代表菜品：蒜泥白肉、蒜泥黄瓜等。

（12）五香味型：所谓"五香"，乃是以数种香料烧煮食物的传统说法，其所用香料通常有山奈、八角、丁香、小茴、甘草、砂仁、老蔻（草豆蔻）、肉桂（桂皮）、草果、花椒等，根据菜肴需要酌情选用，远不止五种。

①配料：五香料、盐、味精、鸡精、鲜汤、老姜、料酒、胡椒、葱、糖。

②味型特点：浓香咸鲜，天然辛香。

③代表菜品：五香牛肉、五香豆干等。

（13）糖醋味型：糖醋味型是以糖、醋为主要调料，佐以川盐、酱油、味精、姜、葱、蒜调制而成，在冷热菜式中应用也较为广泛，调制时，须以适量的咸味为基础，重用糖、醋，以突出甜酸味。

①配料：白糖、白醋、番茄酱、盐、酱油、味精、鸡精、鲜汤、姜蒜末、葱花、料酒、淀粉。

②味型特点：甜酸味浓，回味咸鲜。

③代表菜品：糖醋排骨、糖醋鱼等。

（14）酱香味型：酱香味型以酱香浓郁、咸鲜带甜为主要特色，多用于热菜，以甜酱、盐、酱油、味精、香油调制而成，因不同菜肴风味的需要，可酌加白糖或胡椒面及姜、葱。调制时，须审视甜酱的质地、色泽、味道，并根据菜肴风味的特殊要求，决定其他调料的使用分量。

①配料：甜面酱、葱、酱油、味精、鸡精、鲜汤、老姜、蒜末、白糖、料酒、淀粉。

②味型特点：酱香浓郁、咸鲜带甜。

③代表菜品：酱爆鸭舌、京酱肉丝等。

（15）姜汁味型：姜汁味型是一种古老的味型，其特点是姜味醇厚，咸鲜微辣，广泛用于冷、热菜式。姜汁味型的菜肴以川盐、姜汁、酱油、味精、醋、香油调制而成，姜可开胃，而醋则有助消化、解油腻的作用。

①配料：盐、酱油、味精、鸡精、鲜汤、老姜、香油、醋、葱、料酒。

②味型特点：姜味醇厚，咸鲜微辣。

③代表菜品：红杏鸡、姜汁鸡等。

（16）椒盐味型：椒盐味型的特点是香麻而咸，多用于热菜，以川盐、花椒调制而成。调制时盐须炒干水分，舂为极细粉状，花椒须炕香，也舂为细末。花椒末与盐按1:4的比例配制，现制现用，不宜久放，以防止其香味挥发，影响口感。

①配料：盐、花椒。

②味型特点：香麻而咸。

③代表菜品：椒盐虾、椒盐茄饼等。

（17）芥末味型：咸鲜酸香、芥末冲辣是芥末味型的特点，夏秋季冷菜较为常用，以盐、醋、酱油、芥末、味精、香油调制而成。调制时，先将芥末用汤汁调散，密闭于盛器中，勿使泄气，放笼盖上或火旁，临用时方取出，酱油宜少用，以免影响菜品色泽。

①配料：盐、酱油、味（鸡）精、鲜汤、芥末粉、芥末膏、香油、葱、白醋。

②味型特点：咸鲜酸香，芥末冲辣。

③代表菜品：芥末鸭掌、芥末肚丝等。

四、评定标准

复合味调制的评分标准见表5-3-2。

表 5-3-2　复合味调制的评分标准

项目	原料规格	质量标准			操作规范	卫生安全	时间标准	合计
		色泽分明	香醇浓郁	口味纯正				
复合味调制							3 min	
标准分	15	20	10	25	10	10	10	100
扣分								
自评分								
得分								

五、随堂训练

（1）鱼香味的味型特点是_____。

（2）家常味的味型特点是_____。

（3）糊辣荔枝味的味型特点是_____。

（4）麻辣味的味型特点是_____。

（5）咸鲜味型的代表菜肴有_____。

（6）下列（   ）的菜肴需要用大量白糖。

    A. 糖醋味　　　　　B. 麻辣味　　　　　C. 家常味　　　　　D. 咸鲜味

项目六　拼盘、菜品盘饰实训

任务一　冷菜拼盘

任 务 描 述

　　此任务为烹饪专业学生刀工训练的基本内容，学生能熟练地掌握运刀的手法、站姿，握刀姿势，运刀方法，以及不同刀法的适用范围，并能将烹制好的冷菜原料进行加工整理装入盛器。

学 习 目 标

1. 知识目标

　　掌握刀工刀法的种类和适用范围；掌握原料的成型工艺；掌握拼盘的装盘方法和各种原料、色泽搭配的原则要求。

2. 能力目标

　　能够正确运用各种刀具，使用相应的刀工刀法加工不同属性的原料；能够正确地掌握各式花色拼盘的装盘手法，并能熟练运用；养成良好的卫生习惯，逐步形成专项技能，成为熟练、创新的烹饪工作者。

3. 素质目标

　　培养爱岗敬业、吃苦耐劳的职业素养，具有精益求精、不断探索的职业意识，能传承中华传统烹饪方法。具有社会责任感和社会参与意识，能够履行道德标准和行为规范。成为具有创新性的现代烹饪工作者。

子任务一　冷菜装盘知识

一、冷菜装盘

冷菜装盘就是将烹制好的冷菜，进行刀工美化整理装入盛器的一道工序。由于冷菜适合饮酒时食用，常作第一道菜入席，故而它的形式组合和色泽搭配如何，对整桌菜肴的评价有着一定的影响，所以冷菜装盘很讲究工艺造型。

1. 冷菜装盘的类型

冷菜装盘根据实际需要，有单盘、拼盘和花色冷盘三种类型。

（1）单盘：就是只用一种菜肴装入一盘，所以又称独碟或独盘。这是最普通的一种装盘类型（图6-1-1）。

（2）拼盘（图6-1-2）：就是用两种或两种以上菜肴原料装入一盘。拼盘具体又分为双拼（又称对镶）、三拼（又称三镶）及什锦全盘等数种。双拼是用两种菜肴原料拼在一起；三拼是用三种菜肴原料拼在一起；什锦全盘则是用十种左右菜肴原料拼摆在一起，这是一种较高级的装盘类型。

图 6-1-1　蘸酱黄瓜　　　　图 6-1-2　红油牛肉

（3）花色冷盘（图6-1-3）：就是用多种冷菜原料，拼摆成花鸟等形象或各种美丽图案的装盘，所以又称装饰图案冷盘。这是一种很讲究审美价值的装盘类型，一般多用于高级宴席。花色冷盘常见的有两种：一是以独立一只大冷盘入席；二是以一只大冷盘配上几只小围碟（即小冷盘菜）入席。花色冷盘也有拼成四只花色小冷盘入席。

图 6-1-3　双色锦鲤

2. 冷菜装盘的式样

冷菜装盘根据具体情况和内容要求有以下几种式样。

（1）馒头式：即冷菜装入盘中，形成中间高周围较低，好像馒头似的，这是较普通的装盘式样，常用于单盘。

（2）合掌式：即冷菜装入盘中，形成中间高周围低，中间一条缝，以分开两味菜肴，其形好像两只手掌合在上面似的，一般多用于双拼。

（3）城垛式（图6-1-4）：即冷菜装入盘中，形成两个或三个立体长方形，并立于盘中，好像城墙上的两、三座城垛。城垛式一般多用于双拼和三拼。

（4）桥梁式（图6-1-5）：即冷菜装入盘中，形成中间高、两头低，好像一座桥梁（古时）。桥梁式一般多用于单拼和双拼。

（5）马鞍式（图6-1-6）：即冷菜装入盘中，形成中间高两头低，好像一具马鞍似的。马鞍式一般多用于双拼和三拼。

（6）花朵式（图6-1-7）：即冷菜装入盘中，摆成花朵似的，一般多用于双拼、三拼及什锦全盘。双拼是以一味冷菜放中间作花蕊，另一味冷菜在周围摆成花瓣；三拼是将两味冷菜间隔地按花瓣式摆在周围；如果是什锦全盘只换上大盘也可按此法处理。这种花朵形的式样比较讲究形式美，尤其是什锦全盘，已很接近于花色冷盘，只是没有具体形象，工艺水平不够高而已。

图 6-1-4　凉拌苦瓜

图 6-1-5　五香牛肉

图 6-1-6　酱香牛肉

图 6-1-7　爽口菜心

（7）花色图案式（图 6-1-8）：这是冷菜装盘在形、色方面工艺要求相当高的一种装盘形式，要求主题突出、形象生动。高级花色图案冷盘还在周围配以小围碟，烘托主题，并提高食用价值。

3. 冷菜装盘的技巧

冷菜装盘无论是单盘、拼盘或花色冷盘，都应根据菜肴应有的形态或经过刀工处理后的丝、条、片、块等形状，适当运用三个步骤、六种手法和附加点缀等手法来完成（图 6-1-9）。

图 6-1-8　孔雀开屏

图 6-1-9　双味酿苦瓜

（1）装盘的步骤：首先是垫底。冷菜经过刀工处理后，必须有一些零碎边料，先把这些边料垫在盘底。其次是围边，也称盖边，是将比较整齐的熟料，刀工处理后，围在垫底边料周围。最后是盖刀面，选择质量好，刀工整齐、完美的熟料，用刀铲盖在冷盘的正中间，压住围边料上面，这样就能体现装盘整齐美观。

项目六

（2）装盘的手法。

①排：将熟料平排在盘中，一般是逐层叠成锯齿形。适合排用的熟料都是片、块形状，如肴肉、大腿等。

②推：推法适用于一些刀工不规则的熟料，如油焖笋、拌黄瓜等。堆法一般多用于单盘，要求下面大、上面小，形成宝塔状。

③叠：将切好的熟料一片一片叠成梯形，也可以随切随叠。叠的熟料一般多是片状刀法，如白切卤猪舌等。叠成后多作盖刀面用。

④围：将切好的熟料排列在四周呈环形，也可围一层或两层，围的中间配其他熟料，形成花形。

⑤贴：将切好的熟料贴在需要的部位。贴法一般多用于花色图案冷盘，先构成大体轮廓，再经刀工处理成各种形状并逐片贴上去，以构成美丽的图像。

⑥覆：将熟料整齐地排列好，然后铲于刀面再覆于盘中；也有先在碗中摆好，后翻扣在盘中。覆法可使装盘表面整齐、美观、大方。

（3）附加点缀：附加点缀是指在装盘工序完成之后，根据冷盘的具体情况，附加一些绚丽的点缀品，这些点缀品一般是以食物为主，如香菜、蛋松、火腿蓉、姜丝，以及用黄瓜、胡萝卜、土豆等雕刻成的小型花鸟、鱼虫图案等。其目的是锦上添花或是弥补盘中内容的某些不足，以更好地突出主体，从而使装盘的工艺效果更臻完善。在具体操作上，应注意以下几点。

①凡是盘面上刀工整齐、形态可取的，其点缀品以放在盘边为好；反之，如果盘面上的刀工并不整齐好看，其点缀品应放在上面以弥补不足。

②凡是色泽质暗、不够醒目的熟料，上面可以放点缀品，以增强绚丽宜人的感觉；反之，则宜放在盘边，不必放在上面。

③凡是四只冷盘一道上席，其点缀应统一为好，不要一只放盘边一只放盘面，或一只放得多一只放得少，这样就显得杂乱无章，缺乏整齐感。

④无论是盘面点缀还是盘边点缀，都应少而精，切忌画蛇添足。特别是花色冷盘，更应考虑点缀目的是要更好地突出主体，多了则会喧宾夺主，冲淡主体。

4. 装盘的基本要求

（1）清洁卫生。冷菜有荤有素、有生有熟，而且装盘后都是直接供人食用。因此，食品的清洁卫生尤为重要。应禁忌蔬菜与任何生鱼、生肉、生蔬菜接触，即使是必须配入的新鲜蔬菜的生料，如香菜、黄瓜、番茄、姜丝等，还有凉拌的时令蔬菜都应经过消毒处理。操作前手洗干净，使用洁净的刀和砧板，严防污染。

（2）刀工整齐。冷菜一般多是先烹调后切配。无论是丝、条、片、块，各种形状都应注意长短、厚薄、粗细，做到整齐划一、干净利索，切忌藕断丝连。

（3）式样美观。冷菜多是以第一道菜入席。它的形状美否，对整桌菜肴的评价都有一定的影响。无论单盘、拼盘或花色冷盘；也无论是馒头式、合掌式或桥梁式都应讲究美观大方。装饰图案冷盘更应以形取胜，主题要突出，形象要生动（图 6-1-10）。

（4）色调悦目。冷菜装盘在色调上处理得好，不仅有助于提升美

图 6-1-10　双味鹅肝

观度，而且又能显示内容丰富多彩。一般来说，色泽相近的不宜拼摆在一起，如熏鱼和皮蛋同是偏黑色的，它们放在一起就很不好看；白鸡和白肚都是白色的，放在一起也不相宜。如果把它们间隔开了，色调也就分明悦目。特别是用多种熟料的什锦全盘更应注意，否则，就不能显示丰富多彩。

（5）用卤吻合。由于制作方法不同，有不少冷菜需要在装盘后，浇上不同的调味卤汁。如白鸡、白肚、白切肉等，也有不用加任何卤汁的，如肉松、蛋松、香肠等，而卤汁的色泽一般有红白之分，质地上也有稠、稀之别。因而装盘时应注意将需加卤汁的相配在一起，不用卤汁的相配在一起，否则就会相互干扰，如蛋松、肉松沾上任何卤汁都会破坏滋味和质地。但有时为了强调色泽分别，或用多种熟料相配而造成用卤汁矛盾时，不宜在菜肴本身浇上卤汁，应另用调味小碟附上。

（6）合理用料。由于原料的部位、质地等不完全相同，有的可选作刀面料，如鸡的脯肉、牛肉的腱子、水晶肴蹄的眼睛等；边角料可用来垫底，如鸡的翅膀、爪子、颈等，做到物尽其用。

二、花色冷盘的装盘工艺

花色冷盘，又称花色拼摆或象形拼盘，也称为图案装饰冷盘。它是将多种多样的生、熟冷菜料在美学观点的指导下，结合冷菜的特点，采取形象化形式的特殊装盘方法（图6-1-11）。

拼摆花色冷盘，不仅要有娴熟的刀工，而且要具备一定的美术素养。同时也要像文学家、艺术家那样去体验生活，平时要多观察拼摆对象的真实形态，多注意有关绘画、雕塑等艺术中可为拼摆花色冷盘使用的有益的东西。借以吸取营养，以提高自己的美学知识。

图6-1-11　花色双拼

拼摆花色冷盘，根据用料情况，一般分为"飘形""堆形"和"结合形"三类。"飘形"冷盘一般用料多偏重于追求形态和色彩，故而多浮于表面，内在质量不高，使用价值不大。"飘形"冷盘一般需配上几只冷菜围碟，以弥补食用价值的不足；"堆形"冷盘一般用料偏重于实惠，在注重实用价值的前提下，兼顾形态和色泽，故而可食性很高，一般常以独立的形式出现在席上；"结合形"拼摆四只花色冷盘同时上席，形、色美观，实用价值也大，如济南的"拼八宝"（四只盘中拼摆八样图形）、苏州的"四扇"（四个扇面形）、蚌埠的"四排围式"及"四蝴蝶"等。

1. 构思

在拼摆花色冷盘之前，首先要进行构思。构思就是对拼摆冷盘的内容和形式进行思考。构思的过程即是选定题材和如何提炼及概括表现内容的过程。其中关键即是题材的选定。

花色冷盘可以选用的题材比较广泛，如鸟兽、鱼虫、花草、风景等，均可作为拼摆的题材。但如何选材得当、效果满意，则应考虑以下两个方面。

（1）考虑人们喜爱的内容来选定题材。如凤凰、孔雀、雄鸡、金鱼、蝴蝶等，这些形象在人们的心目中都是美好的，所以皆可作为拼摆的题材。

（2）考虑宴会的形式、场合和用餐者的身份来选定题材。如宴会的形式是为来宾洗尘，可摆花篮或孔雀开屏较为适合；如宴会的形式是祝寿，可拼摆松鹤内容能有助于增强宴会的喜庆气氛。总之，要选材得当，这样可以提高用餐者的情绪，使宴会收到满意的效果。

2. 构图

所谓构图，就是在特定的范围内，根据原料的特点，把要表现的形象恰当地进行安排，使其形象更为合理地展示出来，同时要突出主题，使菜肴看上去赏心悦目。构图在装盘工艺上是很重要的一环。

花色冷盘的构图要综合考虑菜肴特有的形态和色彩，以及装盛器皿等特定的条件和环境，使之构图要接近图案，一定要给人以美的享受。

在研究构图的同时，还应考虑整体结构的艺术效果。例如，蝴蝶题材是对称构图，蝴蝶本身是对称的，左右翅膀也应是对称的花纹和色彩，否则就失去了整体上的感觉；根据平衡式的构图要求，盘中的内容一定要和谐，如盘的一边安排蝴蝶，另一边就应该安排一只花朵或其他姿态的蝴蝶，意在统一中求变化，变化中求统一。

3. 拼摆

拼摆是花色冷盘艺术造型的具体施工阶段，一般从以下方面进行。

（1）基础形态的准备。

①特定形态的加工复制。利用菜肴去构成一定的形象，在菜肴中寻求一些形态和色彩，并根据造型的需要，采用加工复制等手段进行弥补。如选用蛋皮、紫菜或其他原料包卷各种馅心成圆柱形，经蒸煮冷却后切成椭圆片或斜片状，这些片状根据需要可薄可厚，在中间能形成可见的螺形花纹。

②原料自然形色的利用。就菜肴本身应具有的食用价值而言，尽量选用原料的自然形色，更能引起人们的食欲，并且没有矫揉造作的不协调之感。在冷菜装盘造型中，尽量考虑因材施艺，除一些特定形状需要加工复制外，要充分利用原料的自然形态和色彩。如熟虾的红色和自然弯曲，鱼丸的乳白和形状，以及水果蔬菜的自然色。

③精致的刀工处理。花色冷盘刀工处理不似一般冷菜那样仅求整齐美观、便于使用，而是要符合施艺所需，即使是使用原料的自然形或加工复制后的形态，也要根据构图形象的需要进行刀工处理。在刀工处理上必须讲究精巧，使用的刀法除拍斩、直切、锯切及片法之外，还要采取一些美化刀法，而这些美化刀法又需要备有特殊的刀具，如锯齿刀、波纹刀、小洋刀等。

（2）加工拼摆的技巧。

①基础轮廓的安排。当题材、构图和基础形态的准备工作完成之后，即着手进行具体施工。在施工操作阶段要根据确定好的构图，安排形象的基础轮廓，即大体的布局，对于发现不理想的地方应加以调整。

②具体拼摆手法。当基础轮廓定型之后，即开始拼摆。根据形象的要求，将原料进行刀工处理，一般是一边切、一边拼。如果是事先准备比较妥帖，也可以提前切好再统一拼摆。具体拼摆时，有些形象要讲究先后顺序。

花色冷盘是一种食用与审美相结合的艺术装盘，要综合考虑成品的形色结合，以及具备一定的食用价值，以符合食用与审美的双重要求。

子任务二　单拼

一、色彩在冷盘造型中的应用

1. 冷盘造型色彩应用的特点

冷盘造型色彩是烹饪师们根据由自然色彩所获得的丰富、深刻的感受，把自己的思想感情和创作才能融入进去，运用各种艺术和技术，根据冷盘造型的实际需要，对各种原料固有色相进行组合，使色彩及其被赋予形象的艺术感染力得到充分的发挥，达到更为理想的食赏两利的效果。其特点如下。

（1）实用性：冷盘是供人们食用的，这是不可改变的根本特征。所以，在服从和服务于实用的前提下，冷盘造型应该使色彩的感情象征意义和实用意义紧密地结合起来，取得高度统一的效果。为了达到实用性要求，冷盘造型色彩的设计和运用，必须特别注意以下内容。

①以牺牲原料的品质特性为代价，再好的色彩获取也是无意义的。

②以损害菜肴的美味为交换，再好的色彩搭配也会变得一文不值。

③以损害人的健康为代价，滥用人工合成色素，即便是最美艳的色彩也会是最令人憎恶的。

（2）理想性：冷盘造型的色彩不是对自然物象的写实和逼真，也不以自然色彩的美为满足，而是一种理想化的表现。自然界中的荷叶是绿的，而冷盘"荷叶"是五颜六色的，它化单调乏味为生动活泼、丰富多彩。自然界中许多禽鸟、蝴蝶的色彩纷繁，而冷盘中它们的色彩却化繁为简了，特征也更突出了。

当然，理想性不是随意，而是以自然色彩的某些特征为基础，以对理想色彩效果的向往为依据，通过合理的大胆夸张，创造出来的更富有暗示性、装饰性的理想化了的色彩。从这种意义上说，冷盘造型的色彩，是一种更讲究形式美的"人造色彩"。

（3）因材制宜：冷盘造型是根据烹饪原料的质地，特别是其固有色的美，加以充分的利用，在此基础上进行设计构思，原料原有的色彩美得到保持和发挥，使形象更为典型、更为理想。

很多冷盘原料色彩本来就具有天然美，如红色的火腿、碧绿的西芹、黄色的蛋糕、洁白的鱼片等，如果不能通过设计发挥天然美，而是全凭臆想、滥用色彩，为西芹着上红装，为鱼片染上绿色，其结果只能是糟蹋了原料的天然美，反见丑陋。

因材制宜还要求巧妙地利用既定条件下的原料的质和色。有许多烹饪原料，由于质感上的区别，使它们即使在相同色相的情况下，也各有不同的色彩美感。因此，在实际应用中，要尽量发挥它们各自的美感特征，恰到好处地把它们设定在能扬其所长的位置上，以显"巧夺天工"之美。

总之，在冷盘造型色彩设计中，要充分利用和发挥原料本身的固有色彩，获得设计思想与原料特性的高度统一，由原料得到设计的启发，由设计而使原料的美感达到更理想的效果，相得益彰，创造出优秀的冷盘造型。

（4）必须适应造型工艺条件：冷盘色彩应用既受原料色彩的制约，也受到造型工艺的制约。所谓受原料色彩的制约，是因为可供选择和应用的原料色彩是有限的，所以要扬长避短、因材制宜；所谓受造型工艺的制约，是因为冷盘造型的工艺条件、工艺方法有其自身的特点和某种规定性，违背了这种规定性反而不美。例如，咸鸭蛋适合切块而不适合切片，如果不考虑这种特性，硬是切成薄片反落得破碎不堪；酱牛肉宜顶丝切薄片而不适合切成大块使用，否则即便设色再好，也是徒劳。再如，有些原料在制熟前色泽艳丽，但制熟后色泽晦暗，而有些原料色泽变化则正好相反，还有些原料则需要在加工过程中控制色彩变化的条件，才能获得美好的色彩。所以，冷盘造型色彩的应用，要与冷盘制作工艺方法和条件相适应，不能脱离和无视加工工艺的制约与规定，凭想当然应用色彩。只有这样，才能拼制出具有较高实用价值的优秀冷盘作品，才能凸显出具有冷盘造型工艺特点的意趣之美。

2. 冷盘造型的色彩组合

冷盘造型色彩组合的总要求：既要有对比，又要有调和。没有对比就无法传达造型；没有调和就不能形成艺术美感。因此，冷盘造型色彩组合，就是要妥善处理好色彩的对立统一关系。

（1）对比色的组合：对比就是一种差异，当并置两种或多种色彩比较效果能看出不同时，就是对比。对比色运用得当，能以其鲜明的对照、浓郁的气氛、强烈的刺激，赋予冷盘造型独特的效果。对比色的组合方式很多，从色彩属性看，有色相对比、明度对比和纯度对比；从色彩对比效果看，有强烈对比和调和对比；从相对色域的大小看，有面积对比等。

①色相对比：色相对比是指由两种或多种色彩并置时因色相不同而产生的色彩对比现象。在色相对比中，临近色的对比属于调和对比，如红色与紫红色、橙红色的对比。在这些颜色中，红是它们共同性因素，比较接近调和色的组合效果；在色相环上，相隔120°～180°的颜色，由于相同的因素变少，相异的成分增加，色彩的对抗性显著增强，这类对比色的组合属于强烈对比。

最强烈的对比色组合莫过于补色对比，如黄与紫、红与绿等。它们的组合，双方互相有力地反衬着对方，彼此都得到了增强，如红与绿，红者更红，绿者更绿。所以，在冷盘造型色彩的应用中，补色组合，尤其要避免等量配置，以免显得太刺激，并因相互抗衡与排斥，产生没有调和余地的感觉。恰当的组合方法是扩大补色各自相对色域多与少、大与小的差别，从而使各自的色彩表现产生增值作用，诚如中国古诗所颂的那样："浓绿万枝一点红，动人春色不须多""两个黄鹂鸣翠柳，一行白鹭上青天"，这是色彩对比美的赞歌，也是启发对比色组合在冷盘造型中应用的最形象的范例。

②明度对比：在明度对比中，既有同色与异色明度对比之分，又有强对比与弱对比之别。同色明度对比有如绿孔雀拼盘的深绿、绿、浅绿的亮度差异；异色明度对比则在普通冷盘的菜与点缀及盛器、花色拼盘的色彩设置中，利用不同色彩的明暗差别形成对比。

在明度对比中，特别值得引起注意的是黑白对比。黑与白，一是最暗的极点，一是最亮的颜色，明暗跨度最大，对比最为强烈，应用得当，能获得响亮的色彩效果，给人以清晰醒目、情怀激荡之感。例如，八卦冷盘中央的太极图，在周围八面排拼的簇拥下，黑白互衬，白的显得更亮，黑的显得更乌，强烈的反差使之成为整个造型注意的中心。

在明度对比中，还要处理好菜肴与盘子之间的色彩关系。在白盘子里，所有色感觉明度变暗，尤其是黄色原料与白色明度差最小，可视度变低；在灰色盘子里，绿色、橙色原料等由于明度近似，对比减弱；在黑盘子里，黄色、橙色原料明亮而鲜艳，对比效果好。

总之，在实际应用中要准确把握明度关系的处理，排除成见，通过反复比较、试验、调配，从纷乱中找出秩序，提高造型整体的表现力。

③纯度对比：在冷盘造型色彩应用中，我们也发现了纯度对比的规律，即在同一色相中，纯度不同的颜色产生对比时，纯度高的越显鲜艳，纯度低的越加混浊。

纯度较高的冷菜色彩原料鲜明、突出，富有动感，因其艳丽夺目，可称之为"显艳色"。在一个冷盘造型中，纯度高的鲜艳色彩是最引人注目的，一点、一小块便有"点石成金"的妙用，使整个造型活起来。例如，蝴蝶冷盘中的蝶须，常用晶莹碧红的一点红樱桃饰在须端，正是这"一点红"，蝴蝶有了灵动感，产生了翩然飞舞的幻象。

但是，具有鲜艳色彩的冷菜原料是不多的，要利用这有限的色彩原料，表现物象色彩的丰富变化，主要借助于色彩对比来增加表现效果。因此，色彩鲜艳的原料不可盲目滥用，而是要"惜墨如金"。认真研究一些优秀的冷盘造型，就会发现色彩明快、响亮的并不一定都使用具有鲜艳色彩的原料，而往往以大面积不甚鲜艳的原料与少量鲜艳的原料互相配合、调节，达到丰富、鲜明而和谐的效果。以孔雀拼盘设色为例，尾屏的基色即上复羽是用蓑衣黄瓜或葱油海蜇铺垫，其纯度较低；"翎眼"则用瓷白色的卤鸽蛋与鲜红的樱桃镶嵌，其纯度较高，正是这样的组合，才有了整个造型五彩斑斓、光华四射的感觉。

（2）调和色的组合：调和色又称姐妹色或类似色。调和色在某种属性方面具有较强的共同因素，关系显得亲近，在共处或并置时能互相调和。调和色组合恰当，有素雅简朴、优美柔和、统一协调的效果。调和色的组合有两种，一种是同种色的组合，另一种是同类色的组合。

①同种色调和：同种色是基本色相相同的一组颜色，它们相互之间的主要区别在于明度不同，并置在一起时，显得异常亲近和相像，犹如同血统的亲姐妹一样，属姐妹色中关系最亲近的一类。例如，酱红色的牛肉、深红色的火腿、鲜红色的大虾、粉红色的火腿肠……在这些以红色为基本色相的系列冷菜原料中，酱牛肉与熟火腿的颜色因相距不远，并置在一起，调和的意味更浓；而酱牛肉与火腿肠并置在一起，因其两种颜色相距较远，调和的意味便淡了些。如果将这些不同红色的冷菜原料组合到一个造型中，整体说来，仍然是属于调和色的组合。

②同类色调和：同类色是在色相上互有区别，又互相类似，彼此间你中有我、我中有你的一组颜色。尽管它们各自所含的两色比例不等，并置在一起，依然不难发觉，它们相互之间也是颇为亲近和相像的。

同类色应用于冷盘造型中，如带红橙、橙、黄橙不同颜色的原料，虽然其调和印象稍弱于同种色，相异的因素略强了，但由于其色相上较接近，有共同的色相因素，所以总的色彩效果仍是较为调和的。

（3）色彩效果的调和：怎样才能使冷盘造型色彩的运用更美呢？清代画家方熏曾指出："设色不以深浅为难，难于色彩相和，和则神气生动，否则形迹宛然，画无生气。"的确，只有整体色彩效果调和，才能给人以和谐的美感。

色彩效果的调和，是一种恰到好处的安排，即是包容多种色彩因素有机组合的整体印象，这种印象从任何一个优秀冷盘造型的使人愉快的色彩中都可以获得。例如，对比色的调和，在面积相近时，因两者势均力敌而无调和感，当改变面积对比，提高一色的主导地位，另一色的抗争能力便被削弱，组合效果趋向调和，而这种调和又是以强烈对比为基础的，所以显得十分生动。

再如，在过于以调和色为主的组合中，可以对比色作为点缀，形成局部的小对比，使原本平淡单调、缺乏精神的色彩，变成充满活力的色彩画面，这种活力蕴藏在调和色之中，又是从其中勃发而生的，所以它是生机无限的。

在冷盘造型中，有相当一部分采用的是多色组合而成的，其色彩布局的总体调和效果尤显重要。"五色彰施，必有主色，以一色为主，而他色附之"，这来自前人的设色经验可谓一语中的。为主的一色，是冷盘造型全体色彩的统治者、主宰者，其余各色都在不同程度上倾向它、衬托它，形成以它为代表的整个色彩效果的协调和谐。这种色彩整体布局的基本方法，通常是以大块面色彩的方法，或是各色之中都包含有某种共同色彩因素等方法，取得协调，形成整体色彩效果的调和，而在这调和之中，又常以面积对比或补色对比等手法，产生丰富的变化。

（4）色调的处理：色调是我们从冷盘造型中所见到的色彩的主要特征与基本倾向，是与冷盘造型要表现的内容、艺术处理意图、应用的环境、特定的气氛条件密切相关的。

色调的划分，有的依据色相分类，分红调子、黄调子、绿调子、紫调子等；有的依据明度分类，分亮调子、中间调子、暗调子等；有的依据纯度分类，分艳调子、灰调子等。但是，用整体观察的方法，最先引人注目的，又能见出微妙差异的是色性的冷暖倾向，这是提擎一切色彩因素的纲。

①冷调与暖调：色调倾向于红色、橙色、黄色为暖调，色调倾向于青色、蓝色、绿色、紫色为冷调。暖调具有膨胀感、近色感，冷调则有收缩感、远色感。暖调色彩使人兴奋，冷调色彩让人沉静。

在单色原料构成的冷盘中，其冷暖倾向显而易见，而在多色原料构成的冷盘造型中，其冷暖倾向因表现的主题不同而各有不同。例如"龙凤和鸣""丹凤朝阳""锦鸡报春""吉庆有鱼""金鸡唱晓"等冷盘造型，表现的主题是喜庆、向上的，色彩布局上暖色为主，渲染的便是欢快的节奏和炽热的气氛。又如"翠马戏花""红嘴绿鹦鹉""迎客松""荷塘映月"等冷盘造型，表现的主题是宁静、悠闲的，因而色彩布局上突出冷色，观之倍觉幽雅、疏旷、空明。当然，所谓冷调与暖调，又是相对的，是在具体的色彩环境中，既定的对比条件下，获得的色性感觉。

冷调与暖调互相对立，又相辅相成。暖调要靠冷色来反衬才更加绚丽光辉，冷调要靠暖色来烘托和调节才具有更深的韵味。巧妙运用色彩冷暖变化的节律来调节视觉上的平衡，无论是单碟冷盘造型还是多碟组合造型，都能取得很好的艺术效果。

②暗调与亮调：在分析色彩的冷暖统调的同时，不应忽视色彩的明暗变化，这是色调设计的关键。暗调沉稳厚重，如山、石、松树、雄鹰等造型，便是以深色原料为主拼接而成。亮调鲜明艳丽，如"春色满园""向日葵""锦绣花篮"等造型，即是以饱和度较强的色相为主来处理的。

但是，无论暗调还是亮调，都是由色与色之间的光度、色度所产生的关系左右的。暗调虽没有五彩缤纷的绚丽感觉，但是需要亮色的点缀、衬托，否则，会给人阴郁消沉、暧昧寂闷的印象。亮调虽没有浑厚古朴的凝练感觉，但是需要暗色来均衡、制约，否则会给人飘忽不定、浮躁不安的刺激。所以，在冷盘造型的设色中，暗调或亮调的选择，应根据造型形象的需要来进行设计，或耐人寻味，或使人爽朗愉快。

3. 应用中常见的问题及克服方法

冷盘造型的色彩应用，需要通过长期的实践才能运用自如。在这一过程中，常因"心有余而力不足"，出现以下几种弊病。

（1）脏：所谓"脏"，是指画面视觉感觉不整洁，或某些局部的设色违背了客观规律给人感觉到"脏"。如拼摆雄鹰时，有人把鹰嘴做成鲜红的直嘴状，把鹰爪做成亮黄的鸡爪形，把鹰尾做成翠绿的梯形，而其余部分都是由明度和纯度较低的原料做成的。这样的设色，给人的感觉是脏的。其实，色彩本身无所谓脏与不脏，但是当某种色彩用到造型中后，同形象的色调形成错误的色彩关系时，脏的感觉油然而生。鲜红、亮黄、翠绿三色虽漂亮，但成为鹰之嘴、爪、尾的颜色，便成了"脏"颜色，破坏了整体色彩基调。

克服设色"脏"的办法最主要的是多观察被塑造的物象的色彩，熟悉和掌握色彩冷暖、明暗的变化规律，注意调整画面的色彩关系。

（2）乱："乱"是指形象各个部分的颜色互不相干、杂乱无章地合在一起，不能形成统一的色调，色彩的表现力大部分被削弱在"内耗"中。它给人的感觉是混乱的、烦躁的，画面的主题也被淹没在一片喧嚣之中。例如拼接蝴蝶时，有人把多种色相的原料不分层次地错杂放置，错误地认为这是创造绚丽的色彩感觉。殊不知，由于主观的臆断，忽视了色彩之间的种种联系，不懂得色彩关系既要求对比更要求统一，因此，"乱"也就在所难免了。

克服"乱"的办法：多用比较的方法认真区别各种色相的原料，并筛选出最适合的不同色彩的原料。从冷盘造型适合近距离欣赏的特点出发，通过分层次、有序的变化，注意整体的冷暖倾向，并从整体上把握色彩的对比与统一。

（3）火：主要是指用色生硬，造型的局部或全部用色简单化或过度夸张，使人产生一种不舒服的感觉。造成色彩"火"的最主要原因是制作者对烹饪原料色彩认识的简单化所致，他们往往用孤立、静止的认识方法对客观物象实行简单归类，片面地突出某种颜色的个性，追求所谓的亮丽鲜艳，不能对不同色彩的原料进行认真的观察和区分，不进行认真的选择与调配，不善于表现色彩的丰富变化，造成整体色彩效果的不协调。曾有这样一个孔雀开屏的设色布局，用人工合成色素将蛋卷、蛋糕调制得红艳艳的，在屏上分隔摆放了两层，翅上摆了最前端一层，身上又摆了两片，让人一看就有僵直、生硬、刺目的不和谐感觉。

克服"火"的方法主要是认真观察分析客观物象，认识色彩的冷暖变化，研究其丰富性、多样性，慎重使用极鲜艳色彩的原料，逐步掌握色彩应用规律，把不同色彩的原料安置得恰到好处，给人清新明快、活泼爽朗的美感。

二、工具准备

所需工具名称及数量见表 6-1-1。

表 6-1-1　所需工具名称及数量

名称	规格	数量	备注
菜刀		1 把	
圆盘	8 寸	1 个	
白毛巾		1 块	
砧板		1 块	

三、原料准备

原料选择色泽透明、精肉绯红、柔韧不拗口的、酥嫩爽口、形态完整的上好肴肉。

四、工艺流程

原料选择→去边整形→切片→摆盘装饰。

五、操作方法

（1）肴肉切长方形薄片，码成馒头形初胚（图 6-1-12）。
（2）将改刀的肴肉切成 0.3 cm 厚的薄片，呈瓦楞状堆叠成拱形（图 6-1-13）。
（3）生姜切细丝堆于拱形顶端（图 6-1-14）。

图 6-1-12　初胚　　　　　　图 6-1-13　切薄片　　　　　　图 6-1-14　成果展示

六、成品标准

整齐美观、堆摆得体，质朴素雅、量少而精。

七、操作要点

（1）切肴肉时采用直刀法，薄厚均匀。
（2）用肴肉拼摆时要求间距一致。
（3）生姜切得越细越好，要漂水以去除辣味。

八、评定标准

单拼的评分标准见表 6-1-2。

表 6-1-2　单拼的评分标准

项目	原料规格	质量标准			操作规范	卫生安全	时间标准	合计
		刀工精细	拼摆精致	造型美观				
单拼	300 g						5 min	
标准分		20	25	25	10	10	10	100
扣分								
自评分								
得分								

子任务三 双拼

一、冷盘造型的构图

构图是冷盘造型艺术的组织形式。冷盘在拼接过程中，如果缺乏构图上的合理组成，就会显得杂乱无章，极不协调。因此，在冷盘造型构图时，必须认真运用造型美的法则，对造型的形象、色彩、组合需要进行认真的推敲和琢磨，处理好整体与局部的关系，以便冷盘造型获得最佳的艺术效果。

冷盘造型的构图不同于一般绘画艺术，是与一定的食用目的相联系的，同时需要选用烹饪原料，通过工艺制作来体现。因此，它受到食用目的的制约，也受到原料制作工艺条件的限制。

冷盘造型的构图具有显著的特点，应有规律、有秩序地安排和处理各种形象。它具有一定的形式和较强的韵律感。掌握冷盘造型的构图规律，要注意以下几点。

1. 构思

精心构思是冷盘造型构图的基础。在构图过程中，必须考虑到内容与形式的统一，做到布局合理、结构完整、层次清晰、主次分明、虚实相间；构思可以取材于现实生活，也可以取材于某些遐想。因此，在构思过程中，可以充分发挥想象力，尽情地表达内心的思想感情与意境，逐渐把整体布局与结构确定下来，再深入细致地去表现每个局部形象，作进一步的艺术加工。

2. 主题

冷盘造型的构图要从整体出发，无论题材、内容如何，结构简繁各异，要主次分明，务必使主题突出。突出主题可采用下列方法。

（1）把主要题材放在显著的位置。

（2）把主要题材表现得大一些，刻画得细致一些，或色彩对比鲜明、强烈一些。

3. 布局

构图要严谨。在冷盘造型过程中，解决布局问题是至关重要的，主要题材的定势、定位，要考虑整体的气势，其余题材物象都从属于这个布局和总的气势，达到气韵生动且具有较强的艺术感染力。

4. 骨架

骨架是冷盘造型的重要格式，它如同人体的骨架、花木的主干、建筑的梁柱，决定着冷盘造型的基本布局。

在构图时，初学者必须先在盘内定出骨架线，方法是：在盘内找出纵横相交的中心线，使之成为十字格，如果再加平行线相交，就成为井字格，便于烹饪原料的准确定位和拼接。

5. 虚实

任何冷盘造型都是由形象与空白组成的。"空白"也是构思的有机组成部分。中国绘画的构图中讲究"见白当黑"，也就是把虚当作实，并使虚实相间。对于冷盘造型构图来说，巧妙的虚实处理是构图的关键之一。

6. 完整

冷盘造型构图在表现内容上要求完整，避免残缺不全；在构图形式上要求统一，结构上要合理而有规律，不可松散、零乱；对题材的外形也要求完整，从头至尾不使意境中断。

二、冷盘造型的变化

冷盘造型的变化是把取之于自然或遐想中的题材处理成冷盘中的形象，它是冷盘造型设计的一个重要组成部分。通过造型变化，把现实生活或理想中的各种题材形象，处理成适用于冷盘造型的图案纹样。没有这个过程，就不能成为冷盘实用造型。

现实生活中的自然形态或遐想中的理想形态，有些不适应冷盘造型的要求，或不符合冷盘工艺拼接条件，因而不能直接用于冷盘造型。所以，造型需要经过选择、加工、提炼，才能适用于一定的烹饪原料拼接制作。

冷盘造型的变化，不仅要求在构图上完美生动，具有高于生活的艺术效果，而且要求经过变化，具有造型设计密切结合冷盘工艺要求的特点，使冷盘符合"经济、食用、美观"的原则。造型变化的过程正是提炼、概括的过程。变化是为了造型设计，而造型的设计是为了美化冷盘造型。任何时候，冷盘造型都不能脱离冷盘拼接制作工艺而孤立存在，它必须密切结合冷盘拼接制作工艺和原料的特点，才有发展前途。

1. 冷盘造型变化的规律

冷盘造型的变化是在选取自然生活或遐想中的题材的基础上，加以分析和比较、提炼和概括的过程。为此，我们必须对题材进行不断地认识，反复地比较和全面地理解。例如，我们粗看梅花、桃花的花朵，认为都是五瓣的花形，但仔细观察我们会发现，桃花花朵的花瓣是尖的。这就是通过仔细观察，找出了它们之间的共性和个性及形态特征。只有经过一定的思考、比较，才能在造型变化时对每类花的品种（包括各类动物及山水风景等）特征有较为透彻的掌握。在认识了自然界的物象之后，如何把它们变成冷盘造型图案，就需要进行一番设想和构思，这一过程在冷盘造型艺术中显得尤为重要。所谓设想，就是如何体现制作者进行制作的意图。例如要变化一朵花、一片叶，就必须先考虑它起什么作用，用何种原料进行拼制，达到什么效果等。所谓构思，就是如何把设想具体地表达出来，如用什么表现手法，什么样的构图造型，以及什么色彩和选用何种原料等。

冷盘造型图案的设想，源于丰富的生活知识、大胆的想象力和创造性。既要根据客观对象来设想，又不为客观物象所束缚。要紧紧抓住物象美的特征，敢于设想，敢于创造，才能获得优美的冷盘造型，并达到冷盘造型变化的目的，使冷盘造型丰富多彩。由雄鸡造型的变化可以看出，经过一系列的变化后，雄鸡的外形由繁到简，由具体到抽象，每一步变化的图样，都能被冷盘造型工艺所采用。

2. 冷盘造型变化的形式

冷盘造型的变化是一种艺术创造，但变化的原则是为宴席主题服务的，同时，必须与烹饪原料的特点相结合。冷盘造型变化的形式和方法多种多样，为了使冷盘中的形象更典型、更完美、更感人，掌握冷盘造型变化的基本形式是非常有益的。

（1）夸张变形：夸张是冷盘造型的重要手法。它采用加强的方法对物象代表性的特征加以夸张，使物象更加典型化，更加突出、感人。

冷盘造型的夸张是为了更好地写形传神。夸张必须以现实生活为基础，不能任意加强什么或削弱什么。例如，将梅花的五瓣圆形花瓣组织成更有规律的花形，使其特征经过夸张后更为完美；月季花的特征是花瓣结构层层有规律的轮生，则可加以组织、集中、强调其轮生的特点；还有牡丹花的花瓣其曲折的特征，向日葵的花蕊、芙蓉花的花脉等特征，都是启发我们进行艺术夸张的依据。

又如夸张动物，孔雀的羽毛是美丽的，特别是雄孔雀的尾屏，紫褐色中镶嵌着翠蓝的斑点，显得光彩绚丽。因此，在构图以孔雀为题材的冷盘时，应夸张其大尾巴，头、颈、胸的形象都可有意缩小。在用原料进行拼接造型时，应选择一些色彩较鲜艳的原料。金鱼眼大、腰细、尾长，是它们共同的特征，其颜色有红、橙、紫、蓝、黑和银白等，其形态的变化也较大，这一众多的变化在金鱼的名字上得到了生动的体现，如"龙眼""虎头""丹凤""水泡眼""珍珠鳞"等，其形态的夸张要抓住这些特征，有规律地突出局部。在造型拼摆时，要处理好鱼身与鱼尾的动态关系，因而鱼尾可拼摆大一些，但不宜过厚。如果盘底四周用淡绿色或淡蓝色琼脂加以处理，效果会更佳，更显得逼真，色彩更加明快和谐。松鼠的尾巴又长又大，大得接近它的身躯。然而那蓬松的大尾巴却很灵活，松鼠活泼，动作敏捷，其小的身躯和大的尾巴形成对比，冷盘构图造型时可强调这一对比。而熊猫就没有那么灵敏，团团的身体，短短的四肢，缓慢的动作，特别是它在吃嫩竹或两两相戏的时候，使人感到一种雅趣。

由此可见，恰当的夸张能增加感染力，使被表现动物更加典型化。例如，恰当夸张金鱼的长尾，会更美丽传神；蝴蝶的双须、双尾若适当加长，会更具灵性和飘逸感；鸟的双翅变大，能增加凌空飞翔的动势；松鼠尾巴加长、加粗，会显得更敏捷可爱……如果说，写实只是按照物象原来的样式靠模仿造型反映物象、再现物象，那么，夸张则是在不失物象原有精神风貌的前提下，靠变形创造夸张物象本质特征塑造形象、表现形象。所以，夸张离不开变形，只有变形才能夸张。但是，夸张不可过分，应夸张其本质，反映对象的神韵；变形不可离奇，应变得更美、更具有感染力。那种只凭主观臆想、牵强造作的方法，只见局部不顾整体的方法，或者刻意追奇逐丽不顾冷盘造型工艺制作与食用特点的方法，都是不可取的，有违于冷盘造型艺术的初衷。

（2）简化：简化是为了把形象刻画得更单纯、更集中、更精美。通过简化去掉烦琐的不必要部分，使物象更单纯、完整。例如牡丹花、菊花等，都是丰满的花形，但它们的花瓣往往较多，全部如实地加以描绘，不但没有必要，而且也不适宜在实际冷盘造型中进行拼摆。简化处理时，可以把多而曲折的牡丹花瓣概括成若干个，繁多的菊花花瓣概括成若干瓣。

又如描绘松树，一簇簇的针叶呈一个个半圆形、扇形，正面又呈圆形，苍老的树干似长着一身鱼鳞，抓住这些特征，便可删繁就简地进行松树构图造型。为了避免单调和千篇一律，在不影响基本形状的原则下应使其多样化。将圆形的松针拼接成椭圆形或扇形，使圆形套接作同心圆处理，让松针分出层次。在冷盘工艺造型时再依靠刀工和拼接技术的处理，以便松针有疏密、粗细、长短等变化。

孔雀尾屏部长羽采用了简化手法，删繁就简，对孔雀尾屏羽毛进行概括和提炼，使其简化成几根有代表性的羽毛，从而使形象更典型集中、简洁明了，主题突出。

竹叶简化成"个"或"介"字形排列，茂密的松叶简化成只有几片蓑衣片的排列；密密的向日葵花蕊简化成菱形网格；禽鸟多毛的胸腹简化成数片形的排叠。如此简化，不仅无损形象的完整，反而使形象更精美柔和。

（3）添加：添加不是抽象的结合，也不是对自然物象特征的歪曲，而是把不同情况下的形象及各形象具有代表性的特征结合在一起，以丰富形象、增添新意，加强艺术想象和艺术效果。

添加手法是将简化、夸张的形象，根据构图设计的要求，使之更丰富的一种表现手法。它是一种"先减后加"的手法，并不是回到原先的形态，而是对原先的物象进行添加、剔除，不断完善。如传统纹样中的花中套花、花中套叶、叶中套花等，就是采用了这种表现手法。

有些物象已经具备了很好的装饰因素，如动物中的老虎、长颈鹿、梅花鹿等身上的斑点，有的呈点状，有的呈条纹；梅花鹿身上的斑点，远看像散花朵朵；蝴蝶的翅膀，上面的花纹具有韵律感。其他如鱼的鳞片、叶的茎脉等，都可视为各自的装饰因素。

但是，也有一些物象，在它们的身上找不出这样的装饰因素，或者装饰因素不够明显。为了避免物象的单调，可在不影响突出主体特征的前提下，在物象的轮廓内适当添加一些纹饰。所添加的纹样，可以是自然界的具体物象，也可以是几何形的花纹，但对前者要注意附加物与主体物在内容上的呼应，不能随意套用。也有在动物身上添加花草，或在其身上添加其他动物的。如在肥胖滚圆的猪身上添加花卉，在猫身上添加蝴蝶，在奖杯上缀花，扇面里套梅花，牛身上挂牧笛等。

值得注意的是，在冷盘造型艺术中，要因材取胜，不能生硬拼凑或画蛇添足。除多个形象的相互添加结合外，冷盘造型还常常把一个简单形象增加结构层次，使其变得丰富多彩。如"蘑菇"造型，外形简单，色彩单一，如果用多种色彩原料塑其形，就会变得更加丰满精神，以繁胜简，使形象更富有趣味性，产生一种美的意境。

（4）理想：理想是一种大胆巧妙的构思，在冷盘造型时，可以使物象更活泼生动，更富于联想。我们在冷盘造型工艺中，应充分利用原料本身的自然美（色泽美、质地美和形状美），加上精巧的刀工技术和巧妙的拼接手法，融合于造型艺术的构思之中，用来对某事物的赞颂与祝愿。在祝寿宴席中，常用这种手法，用万年青、松、鹤及寿、福等汉字加以组合，以增添宴席的气氛。

在某些场合下，我们还可把不同时间或不同空间的事物组合在一起，成为一个完整的理想造型。例如，把水上的荷叶、荷花、莲蓬和水下的藕，同时组合在一个造型上；把春、夏、秋、冬四季的花卉同时表现出来，打破时间和空间的局限，这种表现手法能给人们以完整和美满的感受。

"翠鸟赏花"是一个典型的理想造型。鲜花、小鸟、树枝和花苞的相互组合，自然而贴切，呈 S 形的小鸟与 S 形的树枝的巧妙组合及色彩的合理搭配，使造型达到了更加和谐、完美的境地。

三、冷盘造型美的形式法则

一切美的内容都必须以一定的美的形式表现出来，冷盘造型艺术也不例外。冷盘的美应该是美的形式和美的内容的统一体。美的形式为表现美的内容服务，美的内容必须通过美的形式表现出来。冷盘造型美离不开形式的美。所以，冷盘造型美的研究不仅重视具体的冷盘造型的外在形式，而且特别重视冷盘造型外在形式的某些共同特征，以及它们所具有的相对独立的审美价值。冷盘造型的形式美是指构成冷盘造型的一切形式因素（如色彩、形状、质地、结构、体积、空间等）按一定规律组合后所呈现出来的审美特性。形式美主要是表现某种概括性的审美情调、审美趣味、审美理想。因此，研究并掌握冷盘造型各种形式因素的组合规律即形式美法则，对于指导冷盘造型美的创造具有重要的实践意义。

1. 单纯一致

单纯一致又称整齐一律，是最简单的形式法则。在单纯一致中见不到明显的差异和对立的因素，这种例子在单拼冷盘造型中最为常见。如碧绿的拌药芹、褐色的卤香菇、油黄色的白斩鸡、酱红色的卤牛肉、乳白色的枪鱼片等，单纯使人产生明净纯洁的感受。一致是一种整齐的美，"一般是外表的一致性，说得更明确一点，是同一形状的一致的重复，这种重复对于对象的形式就成为起赋与定性作用的统一"（黑格尔：《美学》第1卷，第173页）。例如，长短一致、乌光闪亮的鳝背肉构成的枪虎尾；大小相似、红润如钩的湖虾围叠而成的盐水虾；厚薄一致、形如网状的藕片做成的酸辣荷藕，均给人整齐划一、简朴自然的美感。所以，即便是再简单的冷盘造型，只要它符合单纯一致的形式法则，就能成为纯朴简洁、平和淡雅的愉悦之情的源泉。

2. 对称与均衡

对称与均衡是形式美的又一基本法则，也是冷盘造型求得重心稳定的两种基本结构形式。

（1）对称是以一假想中心为基准，构成各对应部分的均等关系。对称是一种特殊的均衡形式。对称分为轴对称和中心对称两种。

①轴对称的假想中心为一根轴线，物象在轴线两侧的大小数量相同，作对应状分布，各个对应部分与中央间隔距离相等。轴对称有左右对称、上下对称两种形式。

对称是生物体自身结构的一种符合规律的存在形式。早在狩猎和农耕时代，古人就发现了动物体、植物叶脉的对称规律。人体的外部结构，就是以鼻中心线为轴左右对称的；物体在水中的倒影，则是上下对称的。在长期的生活实践中，人们认识到对称对于人的生存、发展具有重要意义，并将对称规律应用到物质生产、艺术创造、环境布置等许多方面。在冷盘造型实践中，为了顺应人们观察事物的习惯即视觉的舒适、省力的需要，对称造型多采用天平式左右对称，创造出如花篮灯、宫灯、双喜盈门、迎宾花篮、金城白塔、万年长青等优美的冷盘造型。

②中心对称的假想中心为一点，经过中心点将圆划分出多个对称面。例如，三面对称的三拼，五面对称的五星彩拼，六面对称的扇面六拼，八面对称的排拼，十面对称的什锦拼盘等。由于多面对称冷盘造型形式中可表现出某种指向性，故又有放射对称、向心对称、旋转对称等。在严格的多面对称形式中，各对应面应该是同形同色同量的。

除上述绝对对称外，冷盘造型还经常使用相对对称的构图。所谓相对对称，就是对应物象粗看相同，细看有别。例如中国成对的石狮，公母成对，均取坐势，而公狮足踏绣球，母狮足抚幼狮。冷盘造型中也不乏这类例子，例如蝴蝶拼盘，以蝶身为中线的左右两侧的大小蝶翅、蝶尾、蝶须，即可作形、色、大小的微调，以显灵动；相向而置的鸳鸯造型，雌雄成双，但在头、背及色彩处理上却有不同；花篮篮口内盛放的花的造型，左右并不完全一致，以增加丰富多样之感；数目为偶数的多面对称冷盘，各对应部分同形同量但不完全同色，而奇数的扇面五拼，则是五种不同色彩构成的组合，观之则多了一点律动感。

关于对称的美，美学家乔治·桑塔耶纳的描述甚为精当。他认为，对称往往是一切最大价值的条件——使人愉快的持久力量，它助成一种美满的效果，这种效果使人心旷神怡而不感到刺激，这种宁静美的真谛和实质来自构成它的那种快感的固有属性。它不是偶然

项目六

发现的魅力，你的眼睛在陆续浏览这个对象时总是会发现一样的感应，一样的合适；对象之适合于领悟，使你就在知觉的过程中也眉飞色舞。欣赏对称形式的冷盘造型，会给人以宁静、端庄、整齐、平稳、规则及装饰性的美，但当它被滥用或用之不当时，也会给人以呆板、单调、消极、贫乏、浅薄的印象。因此，能见到有差异有变化的非对称形式的均衡，会令人耳目一新。

（2）均衡，又称平衡，是指左右（上下）相应的物象的一方，以若干物象换置，使各个物象的量和力臂之积左右相等。均衡有两种，一种是重力均衡，另一种是运动均衡，

①重力均衡的原理类似力学中的力矩平衡。在力矩平衡中，如果一方重力增加一倍，该方力臂缩短一倍或他方力臂延伸一倍，便能取得平衡，即重力与力臂成反比。反映在冷盘造型中，盘中的物象是在有限空间里寻求平衡，构图时也没有力臂，无非是指物象与盘子中心的距离，使整个盘面形成平衡的空间关系。

用力矩平衡解说重力均衡，仅仅是一种比喻。对于冷盘造型来说，这种均衡是通过盘中的物象的色彩和形状的变化分布（如上下、左右、对角的不等量分布与色彩的浓淡变化），根据一定的心理经验获得的感受上的均衡与审美的合理性。例如梅竹报春冷盘，一枝梅、一截竹、几簇花朵与L形的坡地，从物理的意义上看，无论如何都是不均衡的，因为前者加起来的分量也比后者轻得多，但前者诸物象与人的关系密切程度远高于后者，所以感觉上是均衡的。这是理解冷盘造型均衡形式的关键所在。

②运动均衡是指形成平衡关系的两者有规律地交替出现，使平衡被不断打破又不断重新形成。在冷盘造型中，运动均衡一般表现运动着的物象，如飞翔、啄食、嬉闹的禽鸟；纵情飞驰的奔马；翩翩起舞的蝴蝶；欢跃出水的鲤鱼；逐波戏水的金鱼等。一般总是选择其最有表现力的顷刻的似不平衡状态来达到平衡效果，以凝固最富有暗示性的瞬间表现运动物象的优美形象，给人最广阔的想象余地。

运动是有方向的，人们观察运动着的物体，视点往往追随着它的运动方向而略为超前，因而在造型时往往在运动前方留有更多的余地，使视觉畅达。另外，一个冷盘造型中的各个物象是构成这一整体不可或缺的组成部分，它们之间是相互联系、彼此呼应的。冷盘"飞燕迎春"中，左下侧是一只正在向上振翅翻飞的燕子，所以右侧为其留下了大片的运动空间，又因为飞燕形象地发出了对春天的呼唤，所以在右侧空间随风拂来两枝绽着新绿的柳枝，巧妙地作出了回应。注目审视此造型，倍觉其清新秀丽，天动飞扬，生机勃发，浑然天成，堪称运动平衡的范例。

均衡的两种形式，强调的是在不对称的变化组合中求均衡。在冷盘造型实践中，凡是均衡的造型，都显得生动活泼，富有生命感，让人振奋；若是处置失当，又容易杂乱，显得没有章法。因此，只有准确把握各种形式因素在造型中的相互依存关系，契合人们的心理经验，才能够获得理想的均衡美效果。

3. 调和与对比

调和与对比，反映了矛盾的两种状态，是对立统一的关系。处理好调和与对比的关系，才有优美动人的冷盘造型。

（1）调和是把两个或两个以上相接近的东西相并列，换而言之，是在差异中趋向于一致，意在求"同"。例如，色彩中的红与橙、橙与黄、深绿与浅绿等，恰似杜甫《江畔独步寻花》中云："桃花一簇开无主，可爱深红爱浅红。"任人赏玩的桃花，千枝万朵，深红浅

红并置，融合协调，无不令人喜爱。冷盘造型中不乏此类调和形式的例子，以烤鸭作面料，利用其在烤制过程中形成的皮面颜色的深浅变化，切割拼接而成，观之虽有枣红、金红、金黄等色彩差异，却是浑然一体的感觉。如果从抽象的形的意义分析，圆盘中的花色围拼造型，是由盘中央几个同心圆和外围相隔排列的若干近似圆构成，相互间有较多的共同点、较少的差异处，因而给人一种协调、和谐的美感。

（2）对比是把两种或两种以上极不相同的东西并列在一起，也就是说，是在差异中倾向于对立。强调立"异"。在冷盘造型中，对比是调动多种形式因素来表现的。例如，形态的动与静、肥与瘦、方与圆、大与小、高与低、宽与窄对比；结构的疏与密、张与弛、开与合、聚与散对比；分量的多与少、轻与重对比；位置的远与近、上与下、左与右、向与背对比；质感的软与硬、光滑与粗糙对比；色彩的浓与淡、明与暗、冷与暖、黑与白、黄与紫对比。对比的结果彼此之间互为反衬，使各自的特性得到加强，变得更加明显，给人的映象也更加深刻。宋代诗人杨万里"接天莲叶无穷碧，映日荷花别样红"的名句，刻画的正是这种映象。

冷盘造型中利用对比形式的例子很多。例如雄鹰展翅的造型，其中山的静止和低矮、紧凑、小面积空间，都是为衬托雄鹰凌空展翅飞翔时快疾、高远、舒展的恢宏气势和苍劲勇猛的性格。又如蝶恋花的造型，一反常情，是以花之小衬蝴蝶之大，以花之单纯衬蝴蝶之美艳。再如红与绿的色彩对比，莫过于采用"万绿丛中一点红"方法塑造的红嘴绿鹦鹉的形象，"一点"红嘴红得那么娇艳，"万绿"鹦鹉身绿得那么碧翠，给人以鲜明、强烈的震撼。

调和与对比，各有特点，在冷盘造型中皆可各自为用。调和以柔美含蓄、协调统一见长，但处理失当，反而有死板、了无生机之累；对比有对照鲜明、跌宕起伏、多姿多彩之美，但正因其如此，易因对比强烈，刺激太甚，使人产生烦躁不安之恶。所以，从冷盘造型实际需要出发多表现亲和性而不表现对抗性内容，从有助于加强食用效果和艺术感染力出发，调和与对比同存共处，更为妥帖。处理的方法不是双方平起平坐，各占一半，而是根据需要以一方占主要地位，另一方处于反衬地位，即所谓大调和小对比，或是大对比小调和。例如，以静止为主衬之小动，以聚集为主添之小散，以暖色为主辅之冷色；或者形态对比强烈以色彩来调和，结构对比强烈以分量来均衡，这样在一个冷盘造型中既容纳了调和对比，又兼得了两者之美。

4.尺度比例

尺度比例是形式美的又一条基本法则。尺度是一种标准，是指事物整体及其各构成部分应有的度量数值。形象地说则是"增之二分则太长，减之一分则太短。"比例是一种数理关系，是指事物整体与部分及部分与部分之间的数量关系。古希腊毕达哥拉斯学派从数学原则出发，最早提出 $1:1.618$ 的"黄金分割律"，认为是形成美的最佳比例关系。

冷盘造型都是适合体造型，即都是在特定形状和大小的盘子里构造形象，因此尤为重视尺度比例形式法则的应用。

尺度比例是否合适，首先要看造型是否符合事物固有的尺度和比例关系。例如，物象哪一部分该长、该大、该粗、该高，哪一部分该短、该小、该细、该低，要准确地在造型中反映出来，而且必须与人们所熟悉的客观事物的尺度与比例大体相吻合，不能凭臆想去胡乱拼凑；否则，拼凤不成反类鸡，画虎不成反类狗，连起码的形似都丧失了，还有什么真实感和美感可言呢？所以，讲究尺度比例，冷盘造型才会有真切、准确、规范、鲜明的形象，也才会吸引人、打动人。

另外，冷盘造型中的尺度与比例又不像数学中的尺度与比例那样确定和机械，也不完全等同并照搬客观事物的尺度与比例，它必须是有助于造型需要的艺术化的表现形式。况且客观事物的尺度与比例也不是绝对不变的，具体事物的尺度与比例也是有区别的。因此，在冷盘造型实践及其审美欣赏活动中，尺度与比例实质上是指对象形式与人有关的心理经验形成的一定对应关系。当一种造型形式因内部的某种数理关系，与人在长期实践中接触这些数理关系而形成的适应心理经验相契合时，这种形式就可被称为符合尺度与比例的艺术化的形式。换句话说，这种形式是合规律性与合目的性相统一的尺度比例形式。

以上所谈的尺度与比例，主要是从"似"的角度，强调造型模拟客观事物的艺术真实性，但是这不是唯一的表达形式。为了更有力地表现造型，有时需要刻意地去破坏事物固有的比例关系，追求"不似似之"的艺术效果。

5. 节奏韵律

节奏是一种合规律的周期性变化的运动形式。节奏是事物正常发展规律的体现，也是符合人类生活的需要的。昼夜交替、四时代序、人体的呼吸、脉搏的跳动、走路时两手的摆动，都是节奏的反映。韵律则是把更多的变化因素有规律地组合起来加以反复形成的复杂而有韵味的节奏。例如，音乐的节奏，是由音响的轻重缓急，以及节拍的强弱或长短在运动中合乎一定规律交替出现而形成的，它是比简单反复的节奏更为丰富多彩的节奏。冷盘造型运用重复与渐次的方法来表现节奏韵律的形式美。

（1）重复即反复，是一个基本单位有序的连续再现。将一个基本纹样做左右或上下的连续重复，以及向四周的连续重复排列的构成形式，是冷盘造型借用的一种简洁鲜明的节奏形式。例如四色拼盘的造型，每一层次都是由同一形状的原料按照一定的方式有规律地重复排列而成，四个层次四种不同的色彩，观之有整齐明快的节奏美。又如太极冷盘，主体正八边形的中心是黑白分明的圆形太极图，在主体外层又围了相间排列的八个小圆形太极，这个造型的节奏美是由中间八个等量同形的梯形转座连续及其每一面的色彩迁变，与内外同构的太极图形的重复再现和呼应而带来的。由此可见，重复表现节奏对于冷盘造型具有重要的实践意义。

（2）渐次是逐渐变化的意思，就是将一种或多种相同或相似的基本要素按照逐渐变化的原则有序地组织起来。例如，用蓑衣扬花萝卜（或蓑衣蘑菇）、盐水虾、紫菜蛋卷、红肠、芝麻鸭卷等原料，按照渐次原理组构的同心圆式的馒形造型，虽然很常见又算不上复杂，但却具有旋转向上、渐次变化的律动感。渐变的形式很多，如形体由小到大、由短到长、由细到粗、由低到高的有序排列，空间由近及远的顺序排列，色彩由明及暗、由淡及深、由暖及冷、由红及绿的顺序排列等。既可以用单一形式表现渐变，也可以用多种形式共同来表现渐变。一般来说，渐变中包含的变化因素越多，效果越好。

有人说："建筑是凝固的音乐。"此话用在以古建筑为题材的冷盘造型中也十分贴切。模拟扬州名胜古迹文昌阁而创制的建筑景观造型冷盘，直观形象地再现了文昌阁古朴端庄、轻灵秀丽的美。此造型为对称构图，阁底座外层为双层扇面围拼，层层相叠，环环相合，流转起伏，宛如曼妙轻盈的圆舞曲；阁底座三色同心圆缓缓隆起，拥阁身于正中，并与外层形成间隔，仿佛是两支乐曲转换之间的自然停顿；阁身、阁堂自下而上，每层皆由大及小、由低及高、由粗及细，色彩由深而淡，渐次变化，阁尖顶指天而立，宛如奏响了一曲激越昂扬的主旋律，袅袅余音飘向无际的天穹。毫不夸张地说，其利用重复渐次的手法，淋漓尽致地表现了节奏韵律撼人心魄的美。

6. 多样统一

多样统一，又称和谐，是形式美法则的高级形式，是对单纯一致、对称与均衡、调和与对比等其他法则的集中概括。早在公元前7世纪至公元前6世纪，我国的老子就说过："道生一，一生二，二生三，三生万物。万物负阴而抱阳，冲气以为和。"（《道德经》四十二章）表达了万物统一于一及对立统一等朴素的辩证法思想。公元前6世纪，古希腊的毕达哥拉斯学派最早发现了多样统一法则，认为美是数的比例关系见出的和谐，和谐是对立因素的统一。直到黑格尔才明确提出了和谐概念中的对立统一规律，把和谐解释为物质的矛盾中的统一。

所谓"多样"，是整体中包含的各个部分在形式上的区别与差异性；所谓"统一"，则是指各个部分在形式上的某些共同特征及它们相互之间的联系。换而言之，多样统一就是寓多于一，多统于一，在丰富多彩的表现中保持着某种一致性。

多样统一应该是冷盘造型所具有的特性，并应该在具体的冷盘造型中得到具体的表现。表现多样的方面有形的大小、方圆、高低、长短、曲直、正斜等；势的动静、疾徐、聚散、升降、进退、正反、向背、伸屈、抑扬等；质的刚柔、粗细、强弱、润燥、轻重等；色的红、黄、绿、紫等。这些对立因素统一在具体冷盘造型中，合规律性又合目的性，体现了高度的形式美，形成了和谐。

为了达到多样统一，德国美学家立普斯曾提出了两条形式原理，这对冷盘造型来说很是实用。一是通相分化的原理。就是每一部分都有共同的东西，是从一个共同的东西（也就是所谓通相）分化出来的，这样就统一起来了。例如孔雀开屏，分为几层且有很多花纹，但每一层的每一片翎毛都有共同的或相似的东西——弧形面。每个相同弧形面相连接构成每层相同起伏的波状线，但每层之间的波状线的起伏是不相同的；每层的每个弧形面纹样相互间是相同的，但每层之间的每个弧形面纹样又是不相同的。由此可知，一个造型的各部分从一个共同的东西分化出来，分化出来的每一部分有共同的东西，但又有变化，构成一个整体，这就是通相分化。

再就是"君主制从属"的原理，也就是中国传统美学思想中所说的主从原则。这条形式原理要求在设计里各部分之间的关系不能是等同的，要有主要部分和次要部分。主要部分具有一种内在的统领性，其他部分要以它为中心，从属于它，就像臣子从属于君主一样，并从多方面展开主体部分的本质内容，使设计富于变化和丰富、多样；次要部分具有一种内在的趋向性，这种趋向性又使作品显出一种内在的聚集力，使主体在多样丰富的形式中得到淋漓尽致的表现。次要部分往往在其相对独立的表现中起着烘托主体的作用。因此，主与次相比较而存在，相协调而变化；有主才有次，有次才能表主，它们相互依存、矛盾统一。这种类型的冷盘造型很多，如金鱼戏莲、蝶恋花、锦鸡报春、丹凤朝阳、绶带赏梅等，在这些造型中，主次分明而又协调。

多样统一是在变化中求统一，统一中求变化。没有多样性，见不到丰富的变化，显得呆滞单调，缺少"参差不伦""和而不同"意态万千的美；没有统一性，看不出合规律性、合目的性，显得纷繁杂乱，缺少"违而不犯""乱中见整""不齐之齐"的美。所以，只有把多样与统一两个相互对立的方面结合在一个冷盘造型中，才能达到完美和谐的境界。

四、冷盘造型的分类

分类是科学地认识对象体系的一种手段。

冷盘造型是一个系统。运用科学方法对多样复杂的冷盘造型进行分类，划定各种冷盘造型的界限，确定它们之间的异同和关系，将有助于深入探讨冷盘造型的特点和规律，促进冷盘造型的发展。

冷盘造型的分类，因所依据的分类标准不同，分成的类别和种类也不同，大致有以下几种分类法。

1. 以组成冷盘造型的原料品种数目作为分类标准

以组成冷盘造型的原料品种数目作为分类标准有单拼、双拼、三拼、四拼、什锦全拼等类别。单拼是指盘中只有一种冷菜原料，故又称单盘、独碟。单拼是应用最为普遍的一类冷盘造型，任何一种冷菜原料都可以用于制作单拼。至于双拼、三拼，或六拼、八拼，构成盘中造型的原料数目则相应地为两种、三种，或六种、八种，而什锦全拼所用原料达十种或十种以上。由单拼到什锦全拼，每类又可以拼接出若干种样式。

2. 以冷盘造型的艺术特征作为分类标准

以冷盘造型的艺术特征作为分类标准，可分为图案造型和绘画造型两类。图案造型是以理想化、程式化的方式塑造的具有装饰效果的造型；绘画造型是以写意传神的方式创造的具有深邃意境的造型。

3. 以冷盘造型形象的空间构成作为分类标准

以冷盘造型形象的空间构成作为分类标准有平面造型与立体造型两类。平面造型是类浮雕式的造型，是在盘子的平面上拼摆有凹凸起伏不大的造型形象，适合从特定的角度进行欣赏，如"锦鸡报春""雄鸡唱晓""丹凤朝阳"等许多冷盘造型即属于此类；立体造型是类圆雕式的造型，是在盘子的平面上塑造的三度空间的形象，可以从任何一面进行审美欣赏，如"逸圃花篮""虹桥修禊""文昌古阁"等。在冷盘造型中，采用平面造型形式的冷盘，远比采用立体造型形式的冷盘要普遍得多，也更实用得多。

4. 以冷盘造型工艺的难易繁简程度作为分类标准

以冷盘造型工艺的难易繁简程度作为分类标准有简单造型和复杂造型两类。简单造型又称一般冷盘，这类冷盘操作工序少，简便实用，符合形式美要求，如随意式乱力盘、整齐式刀面盘等；复杂造型又称花式冷盘，其操作工序多，形式考究，拼接难度大，有一定的艺术意趣或意境美，如各种各样的仿生象形冷盘。

从以上几种冷盘造型分类法可以看到，它们都是根据一定的分类标准，从一个方面来确定各种冷盘造型的特点和异同的。然而，实际的冷盘造型现象是复杂的，各种冷盘的特点和异同关系是多方面的，如果只是从表面现象上做粗略的或是肤浅的划分，不仅难以自圆其说，更难以满足科学地认识冷盘造型体系的需要。因此，应该寻找一个更为全面而又合理的新的分类法来替换这些明显不足的旧的分类法。这个新的分类法，是 1991 年第 11 期《中国烹饪》上《冷菜造型分类研究》一文提出的，并被其后出版的冷盘造型类著作广为引用的"多层次分类法"。

所谓"多层次分类法"，就是以造型形象为核心，沿着"展示形象的形式→表现形象的方式→形象依据的题材"的路线，由表及里，层层递进，条分缕析冷盘造型体系的内在结构及其相互间的异同和关系。根据这一分类法，冷盘造型可作如下划分：

多层次分类法的第一层次，以冷盘造型形象的展示形式作为分类标准，将冷盘造型分为单碟造型与多碟组合造型两大类。单碟造型是以一个盘子里的形象的完整性来表示自身存在的独立性；多碟组合造型则是以若干个盘子里的形象及其相互联系来表示一个整体存在的完整性。正是冷盘造型形象存在方式的不同决定了它的展示形式的不同，例如，"鹏程万里"只需要一个盘子盛载"雄鹰"的形象，分餐式冷碟也是将形象塑造在一个盘子中供客人赏食，而"百鸟朝凤"之"凤"是中心形象，"百鸟"是配角形象，双方互为依存，不可或缺，所以由一盘"凤"形象的主拼，加上多盘"鸟"形象的围衬，才是意义完整的"百鸟朝凤"造型。

多层次分类法的第二层次，是以造型形象的表现方式作为划分标准，把单碟造型与多碟组合造型均划分为抽象造型、具象造型和混合造型三个类别。抽象造型表现纯粹的形式美，如单碟造型之扇形拼、四色排拼、什锦拼盘，多碟组合造型之菱形组拼、桥形组拼、馒形组拼等；具象造型表现象形及其象形以外的美，如"蝴蝶冷盘""梅竹报春""金杯冷盘"等单碟具象冷盘造型，"桃李天下""群鹤献寿""百花闹春"等多碟组合具象冷盘造型，既有形象美，又有形象带来的意趣意境的美；混合造型兼有抽象造型和具象造型的美，如单碟造型之古塔排盘，多碟组合造型之蝶扇组拼（一个蝴蝶主拼加六个扇形围碟组成），即属于此类。

多层次分类法的第三个层次，是以造型形象所依据的题材作为划分标准。不同类的题材是不同类造型形象的源头。这样，单碟抽象造型有基本几何形造型与几何图案造型两类。单碟基本几何形造型有半球体、正方体、长方体、菱形体、扇形体、椭圆体等造型；单碟几何图案造型有一种基本几何形重复组构的图案造型、几种基本几何组构的图案造型和基本几何形加点缀装饰的图案造型等。

单碟具象造型有动物类造型、器物类造型、景观类造型。

动物类造型可分为以下几种：

（1）禽鸟类造型，如凤凰、孔雀、鸳鸯、锦鸡、寿带、雄鹰、丹顶鹤、雄鸡、翠鸟、喜鹊、燕子、鹤、鹅……益鸟飞禽，历来备受人们喜爱，所以也是冷盘造型选择较多的理想题材，并借以传达多种美好意愿。

（2）畜兽类造型，多选与人类亲和的、有吉祥意义的物象入冷盘造型，如牛、马、兔、鹿、大象、松鼠、熊猫、龙……

（3）鱼类造型，选用较多的是金鱼、鲤鱼、燕鱼、蝴蝶鱼……而虾、蟹、海星等水产类虽然也作为造型题材，但因鲜见故以鱼类为代表。

（4）蝴蝶造型，是昆虫类中最适合作冷盘造型的题材，其形象多样，美丽动人。

在器物类造型中，一些具有馈赠价值和审美价值的礼器、常用器物是绝好的表现题材，故分为花篮类造型、花瓶类造型、奖杯类造型、宫灯类造型、扇子类造型、船类造型和其他造型七类。

在景观类造型里，有自然景观造型（如南海风光、锦绣山河等）、人文景观造型（如文昌古阁、天坛、虹桥修禊等）和综合类景观造型（如金山全拼、西湖十景等）。

在第三层次中，为简洁明了，抽象组合造型、具象组合造型和混合式组合造型，皆分为对应的有主拼式组合造型与无主拼式组合造型两种类型，每种类型中皆可依题材细分若干种。

五、工具准备

所需工具名称及数量见表 6-1-3。

表 6-1-3　所需工具名称及数量

名称	规格	数量	备注
菜刀		1 把	
圆盘	8 寸	1 个	
白毛巾		1 块	
砧板		1 块	

六、原料准备

选择条直体圆、色泽自然、脆嫩多汁的黄胡萝卜、胡萝卜和心里美萝卜。

七、工艺流程

原料选择→改刀→修坯成水滴状→拉刀法改片→泡盐水软化→围排装盘。

八、操作方法

（1）新鲜黄胡萝卜、胡萝卜和心里美萝卜，洗净去除两头，改刀成长短均匀、厚薄一致的毛坯（图 6-1-15）。

（2）将毛坯修成水滴状备用（图 6-1-16）。

（3）将修好的毛坯，运用拉刀法改成厚薄均匀的片，并放进盐水中软化（图 6-1-17）。

图 6-1-15　毛坯　　　　图 6-1-16　雕刻水滴状　　　　图 6-1-17　切薄片

（4）将边角料切成细丝，放盐腌制脱水，用于码垛（图 6-1-18）。

（5）将盐水软化后的片用刀切去根部连接处，并用手搓成均匀的扇形，铺在盘中部的剁上（图 6-1-19）。

（6）把盐水软化后的胡萝卜片用手压成花瓣形盖面即可（图 6-1-20）。

九、成品标准

色彩对比分明，装盘整齐，线条清晰，整体美观。

图 6-1-18 切细丝

图 6-1-19 码垛

图 6-1-20 双拼

十、操作要点

（1）两部分各占一半，大小厚薄均匀。

（2）选用的两种原料要色彩差别大，不可选用近色或同色的原料。

十一、评定标准

双拼的评分标准见表 6-1-4。

表 6-1-4 双拼的评分标准

项目	原料规格	质量标准			操作规范	卫生安全	时间标准	合计
		选料精细	形态饱满	刀工精细				
双拼	400 g						5 min	
标准分		20	25	25	10	10	10	100
扣分								
自评分								
得分								

子任务四 三色拼盘

一、工具准备

所需工具名称及数量见表 6-1-5。

表 6-1-5 所需工具名称及数量

名称	规格	数量	备注
菜刀		1 把	
圆盘	8 寸	1 个	
白毛巾		1 块	
砧板		1 块	

项目六

207

二、原料准备

选择条直体圆、色泽自然、脆嫩多汁的黄胡萝卜、胡萝卜和心里美萝卜。

三、工艺流程

原料选择→改刀→修整成水滴状→拉刀法改片→垫底→围边→盖面成型。

四、操作方法

（1）新鲜黄胡萝卜、胡萝卜和心里美萝卜，洗净去除两头，改刀成长短均匀、厚薄一致的毛坯（图6-1-21）。

（2）将毛坯修成水滴状备用（图6-1-22）。

（3）将修好的毛坯运用拉刀法改成厚薄均匀的片，并放进盐水中软化（图6-1-23）。

图6-1-21　毛坯　　　　图6-1-22　水滴状毛坯　　　　图6-1-23　毛坯切片

（4）将边角料切成细丝，放盐腌制脱水，用于码垛（图6-1-24）。

（5）将盐水软化后的片用刀切去根部连接处，并用手搓成均匀的扇形，铺在盘中部的剁上（图6-1-25）。

（6）把盐水软化后的胡萝卜片用手压成花瓣形盖面即可（图6-1-26）。

图6-1-24　细丝码垛　　　　图6-1-25　铺盘　　　　图6-1-26　三拼

五、成品标准

色彩对比分明、整体突出，造型规则而不呆板。

六、操作要点

（1）垫底饱满。

（2）选用的三种原料要色彩差别大，不可选用近色或同色的原料。

（3）三拼选用圆盘或腰盘皆可，其中以腰盘更为适宜。选用圆盘时，垫底呈馒头形；选用腰盘时，垫底则呈橄榄形。

七、评定标准

三色拼盘的评分标准见表6-1-6。

表 6-1-6　三色拼盘的评分标准

项目	原料规格	质量标准			操作规范	卫生安全	时间标准	合计
		搭配协调	形态饱满	刀工精细				
三拼	450 g						5 min	
标准分		20	25	25	10	10	10	100
扣分								
自评分								
得分								

子任务五　什锦拼盘

什锦拼盘是指将多种不同颜色、不同口味的原料按照一定的比例拼摆在大圆盘中，形成的花色拼盘。制作过程中要求原料加工精细，拼摆手法熟练，比例协调，色彩搭配合理。

一、工具准备

所需工具名称及数量见表6-1-7。

表 6-1-7　所需工具名称及数量

名称	规格	数量	备注
菜刀		1把	
圆盘	8寸	1个	
白毛巾		1块	
砧板		1块	
碗		1个	

二、原料准备

原料有胡萝卜、黄瓜、黄胡萝卜、心里美萝卜、火腿、鸡蛋干，胡萝卜、黄瓜、黄胡萝卜、心里美萝卜选择条直体圆、色泽自然、脆嫩多汁的新鲜原料；火腿、鸡蛋干选择无漏气、无破损的四方四正的预包装原料。

三、工艺流程

原料选择→改刀→修整成水滴状→拉刀法改片→垫底→围边→盖面成型。

四、操作方法

（1）新鲜黄胡萝卜、胡萝卜、黄瓜和心里美萝卜，洗净去除两头，改刀成长短均匀、厚薄一致的毛坯（图6-1-27）。

（2）将毛坯修成水滴状备用（图6-1-28）。

（3）将修好的毛坯运用拉刀法改成厚薄均匀的片，并放进盐水中软化（图6-1-29）。

图6-1-27　准备毛坯　　　　图6-1-28　修整毛坯形状　　　　图6-1-29　毛坯切片

（4）将边角料切成细丝，放盐腌制脱水，用于码垛（图6-1-30）。

（5）将盐水软化后的片用刀切去根部连接处，并用手搓成均匀的扇形，铺在盘中部的剁上（图6-1-31）。

（6）把盐水软化后的心里美萝卜、胡萝卜片用手压成花瓣形盖面即可（图6-1-32）。

图6-1-30　切丝码垛　　　　图6-1-31　铺盘　　　　图6-1-32　什锦拼盘

五、成品标准

形态饱满、色泽艳丽、排列刀面整齐均匀、口味多变、图案赏心悦目。

六、操作要点

（1）垫底要饱满，等分要均匀。

（2）花边的拼摆要大小一致。

（3）扇面拼摆时整齐均匀，避免露出垫底原料。

（4）原料切片的厚度均匀一致。

七、评定标准

什锦拼盘的评分标准见表 6-1-8。

表 6-1-8　什锦拼盘的评分标准

项目	原料规格	质量标准			操作规范	卫生安全	时间标准	合计
		色彩鲜明	比例协调	手法精致				
什锦拼盘	450 g						5 min	
标准分		20	25	25	10	10	10	100
扣分								
自评分								
得分								

工作实施

一、课前准备

1. 师生工作准备

为完成该任务，请做好课前的各项准备工作。

2. 技能准备

将刀具的分类及用途填入表 6-1-9。

表 6-1-9　所需刀具及用途

序号	类别	用途
1	片刀	将烹饪原料加工成一定形状
2	雕刻刀	雕刻装饰品
3	V 形戳刀	适用于雕刻花卉、花瓣，鸟类的羽毛、翅膀等
4	U 形戳刀	适用于雕刻花卉、花瓣，鸟类的羽毛、翅膀等
5	模型刀	适用于制作各种动植物的形象图形
6		
7		

将磨刀石的种类及用途填入表 6-1-10。

表 6-1-10　磨刀石的种类及用途

序号	类别	用途
1	粗磨刀石	主要成分是天然糙石，质地粗糙，多用于新开刃或有缺口的刀
2	细磨刀石	用于磨雕刻刀
3		

项目六

3. 知识储备

（1）什锦拼盘是把_____不同色彩的冷拼原料经加工，按设计好的造型拼装在一个盘内。

（2）什锦拼盘要求（   ）（多选）。

    A. 外形整齐   B. 刀工精细   C. 色彩协调   D. 口味多变

（3）本课程什锦拼盘案例运用了（   ）装饰手法（多选）。

    A. 围边   B. 垫底   C. 盖面   D. 点缀

（4）什锦拼盘对于不同色彩的原料比例_____。

二、工作规划

1. 小组分工

小组分工及岗位职责填入表 6-1-11。

表 6-1-11　小组分工及岗位职责

班级	烹饪高	日期	_____年___月___日
小组名称		组长	
岗位分工			
成员			

2. 小组讨论

小组成员共同讨论工作计划，列出本次任务所需器具、作用及数量，并将其填入表 6-1-12。

表 6-1-12　所需器具、作用及数量

序号	器具名称	作用	数量	备注
1	片刀	加工烹饪所需食材	6 把	
2	细磨刀石	磨雕刻刀	2 个	
3	雕刻刀	加工冷拼中的装饰物		
4				

三、实施步骤

1. 任务实施

模仿教师演示进行操作。

2. 成果分享

每个小组将任务完成结果上传到学习平台，由 2～3 个小组分别进行展示和讲解任务完成过程。

3. 问题反思

（1）任务实施过程中，握刀的姿势不准会出现造成结果？是什么原因导致的？

（2）任务实施过程中，选择不同的原料会造成什么结果？

4. 检查

操作前检查内容见表 6-1-13。

表 6-1-13 操作前检查内容

序号	检查内容	检查结果	备注
1	个人卫生、操作台卫生是否整洁		
2	刀具、抹布、菜墩、碗是否放置到位		
3	握刀姿势是否正确		
4	刀面是否平整		

综 合 评 价

小组成员各自完成自我评价，组长完成小组评价，教师完成教师评价（表 6-1-14），整理实训室并完成各类器具收纳摆放，做好 6s 管理规范。

表 6-1-14 任务评价表

序号	评价内容	自我评价	小组评价	教师评价	分值分配
1	遵守安全操作规范				5
2	态度端正、工作认真				5
3	能够进行课前学习，完成相关学习内容				10
4	能够熟练运用多渠道收集学习资料				10
5	能够正确选择刀具				10
6	操作规范，卫生整洁				20
7	能够正确回答教师的问题				10
8	能够按时完成实训任务				10
9	能够与他人团结协作				10
10	做好 6s 管理工作				10
	合计				100
	拓展项目		—		+5
	总分		—		

评分说明：

1. 评分项目 3 为课前准备部分评分分值。
2. 总分 = 自我评价分 ×20%+ 小组评价分 ×20%+ 教师评价分 ×20%+ 拓展项目分。
3. 拓展项目完成一个加 5 分

任务二　主题艺术冷拼系列

任 务 描 述

此任务是在学习刀工、食品雕刻、调味训练等基本功之后学的综合内容，不同于一般的冷盘，它像艺术作品一样，既要有鲜明的主题，又要有严谨的结构；讲究寓意吉祥、布局严谨、刀工精细、拼摆匀称，既要层次分明，又要形象逼真。冷拼的主题内容很多，春夏秋冬、飞禽走兽、花鸟鱼虫、山川风物等，皆可生动再现。冷拼多使用各式刀工，把原料切配或雕刻成立体的花草、鸟兽、山水等拼成图案，既是食用的佳肴，又是供欣赏的艺术品。

学 习 目 标

1. 知识目标

能掌握不同冷拼的制作；通过冷拼基本功和部分冷拼的制作练习，达到举一反三的目的，制作出相应的不同造型的冷拼；能正确使用原料，合理搭配色彩，造型美观，形态逼真。

2. 能力目标

通过技能实训，掌握冷拼中原料的搭配和所需要的各种刀法；掌握冷拼常用的拼摆手法；掌握冷拼常用的造型方法、冷拼的造型设计及冷拼拼摆手法的熟练运用。

3. 素质目标

培养职业素养；培养团结协作、共同完成任务的能力；培养艺术欣赏、艺术创作的能力。

应 知 应 会

艺术冷拼是集刀工、食品雕刻、冷菜制作、菜品盘饰于一体的技术呈现。进行冷拼基本功、冷拼造型构思、冷拼拼摆手法、食品雕刻技法、菜品盘饰技法等的综合训练，是学习和提高艺术冷拼的关键。在冷盘的制作过程中，我们首先要根据冷盘的题材和构图形式选择适当的原料，并利用原料的性质特征和自然形状，将原料修成我们所需要的形状，然后经过刀工处理，通过合理而又巧妙的拼接方法，来完成冷盘的拼接制作，从而达到我们预期的目的和效果。显而易见，在冷盘的制作过程中，对原料的选择和整形是拼摆的基础，也是关键，在冷盘制作中显得非常重要。

我们在对原料进行选择和整形时，需要把握的最重要的原则是最大限度地利用原料的原有形态，并使原料的修整形状（局部）与冷盘题材的形状（整体）相协调。在实际工作中，有些初学者，甚至是工作经验非常丰富的烹饪工作者也都忽视了这一原则，所以，在进行冷盘制作时，其构图的形式、色彩的搭配和拼接的方法都很合理，而冷盘的整体效果总不能令人满意，无法达到较为完美的境界，有些甚至显得不伦不类。

我国的冷盘，尤其是我们平常所说的"花式拼盘"或"艺术冷盘"，其变化之大，品种之多，难以计数。但我们从众多的冷盘中不难发现，它们往往是一些适合制作冷盘的常用题材的相互组合。正如"山湖映月""华山日出""锦绣山河""龙门山色""青山水秀""雀谷鹤鸣""曲径通幽"等，它们共同的主要题材都是山；"百花齐放""百花争艳""春艳""江南春色""春""秋菊""牵花冷碟""塞外情"等，它们共同的主要题材都是"花"，如是例子，这里不一一列举。为了讲清楚原料的选择、整形与拼接的基本要求和规律，我们不妨列举一些冷盘制作的常用题材，并将原料的选择、形状的整理与这些常用题材之间的协调关系分别加以一定的叙述，使读者能从中掌握一定的规律，并能准确而灵活地加以运用。

1. 花卉类

这里的花卉是指在冷盘制作中起组合作用的小型花卉，这些小型花卉的单个拼摆方法也经常用于围碟之中。由于花卉品种繁多，这里将对冷盘的制作中常用的花卉作一些介绍，以便大家能从中掌握一定的规律，受到一定的启迪。

（1）牡丹花。牡丹花的花瓣近圆形，并且其花瓣的边缘呈锯齿状。因此，我们在制作牡丹花时要表现出它的自然形态，在对原料进行选择或修整形状时，必然要选择或将原料整修成圆形、半圆形或椭圆形，并且其边缘呈凹凸不平的锯齿状。要达到这一目的，我们可采取两种方法：一是选择符合以上两个条件的自然原料，如海蜇头、龙眼、银耳等；二是利用呈圆形、半圆形或椭圆形的原料，如鸡脯肉、鸭脯肉等，通过一定的刀工处理（批薄片或批片后用刀压）使其边缘成锯齿状，然后再将片形原料一片一片地圈叠成牡丹花。

牡丹花的拼接方法有两种。一种是先用一片原料卷成花蕊，左手捏住花蕊，右手将片由小到大一片一片地圈叠起来，放在所需要的位置上；另一种是直接在需要的位置上，将片形原料（先大后小）由外向内层圈叠起来，当然，也可以按此法将片形原料在砧板上拼摆成形后，用刀铲至盘中所需要的位置。第一种方法适用于可塑性较强、油性较大的软性原料，如鸡脯肉、鸭脯肉等；第二种方法适用性较广，适用于油性小、可塑性较差的原料，如海蜇头、龙眼、红毛丹、银耳等，以及可塑性较强、油性较大的软性原料。

这些原料的色彩随其品种不同而变化，丰富多彩，如海蜇头有棕红色和白色之分，鸡脯肉有酱红色的酱鸡，有白色的醉鸡、糟鸡和白嫩油鸡等，也有枣红色的烤鸡、烧鸡等；鸭脯肉有鲜红色的红曲卤鸭，有浅黄色的盐水鸭，也有橘黄色的橘汁鸭等。所以，利用这些原料制作的牡丹花，其色泽也变化多端，我们可以根据具体需要选择适当的原料来塑造所需要的牡丹花。

牡丹花，花朵硕大，色彩鲜艳，富丽堂皇，变化多样，品种繁杂，被誉为花卉之冠。在需要表现雍容富贵的意境时，常用牡丹花来表现。因此，在冷盘造型中，牡丹常与孔雀、凤凰、寿带等物象相组合。

（2）月季花。月季花的花形和花瓣与牡丹花极为相似，所不同的是，月季花花瓣的外沿呈圆滑弧形，无锯齿状。因此，在选择原料或对原料进行整修时，要保证方形原料的外沿呈圆滑弧形。要做到这一点，我们同样可以采取两种措施：一是选择表面呈自然圆滑弧形的原料，如鱼肉（黑鱼肉最佳）、鸭肝（或鸡肝、鹅肝）、鲍鱼、海螺肉、猪心、鸡腿、鸡脯肉（或鸭脯肉）等；二是在批片时要比牡丹花的花瓣略厚，禽类原料最好带皮，以确保片形原料的外沿呈圆滑弧形，另外，由于皮面的色泽与肉色有一定的色差，带皮的原料拼接出的月季花更有层次感。这里需要说明的是，质地较硬的原料，如牛肉、叉烧肉、口条、笋等，不宜用来做月季花。

月季花的拼接方法与牡丹花相同。

月季花，花冠大，花瓣重叠生长，层次丰富，以含苞待放的姿态最美。因而，我们在拼接月季花时，要注意把握其形态，尽量使片形原料的外沿内卷，使其呈现出最美的含苞待放的姿态。月季花有红、橙、黄、白、紫、蓝、浅绿等颜色，是人们喜爱的花卉，也是"幸福、爱情"的象征。

自然界的月季花较大，我们在拼摆时要注意其在冷盘造型中与其他物象的比例关系和人们的审美效果，切忌将花形拼接过大，而显得笨拙，失去了花卉的玲珑之气。

（3）大丽花。大丽花五彩缤纷、绚丽多彩，其花形呈球状，因此，我们通常以半球体来表现大丽花的花形。

在制作大丽花时，多选用色彩较为艳丽的卷类原料，如珊瑚雪卷、火腿包菜卷、金瓜萝卜卷、三丝黄瓜卷、五彩笋卷、白玉翡翠卷等。拼接时将其切成菱形厚片圈摆而成。

大丽花既可以是单拼的形式（更多的是用于围碟中）；也可以是多碟组合的形式，如"百花争艳""蝶恋花""繁花似锦"；还可与其他题材共同组合成以自然景观为题材的景观造型拼盘，如"春艳""江南春色""锦绣河山"等。

其名虽为大丽花，但在拼接时不宜过大，否则失去了花卉的玲珑之气。因此，在制作用于此花的卷类时，不宜过粗，否则，拼摆出来的大丽花会显得笨拙。

（4）菊花。菊花，色鲜而艳丽，花稀茎疏以傲霜寒，素萼攒翠而矜晚节，故在百花中允享逸品之雅誉。菊花种类繁多，品种不同，其花瓣的形状也不一样，其颜色也是丰富多彩，有白色的、黄色的、红色的、茶色的、绿色的，也有紫色的，而且花形也多种多样。

在冷盘制作中，菊花的拼接形式往往有三种。第一种是将原料切成菱形厚片或小块，由下往上交错圈摆三至四层而成，这种方法宜用于较大的平板形原料，如鸡脯、鸭脯、水晶肴蹄、叉烧肉、黄瓜、茭白、西式火腿等；第二种方法是将原料切成细丝堆摆而成，这种方法多用于较小的碎形原料，如菊花拼摆鸡丝、鸭丝、罗皮丝（或佛手罗皮）、银菜、火腿丝、里脊丝等；第三种是利用原料的自然形状拼接而成。

由于第一种方法是采用块形或厚片形拼摆而成的，其形较为整齐，所以这种菊花既可用于围碟、多碟组合盘，也可用于大型的冷盘造型之中，作为整个构图的一部分；第二种方法是采用丝状堆摆而成，其形较为随意，但这种菊花更为逼真，常用于多碟组合盘或围碟之中；第三种是用盐水虾、盐味凤尾虾或油爆虾等整虾类冷盘材料，利用熟虾自然的弧曲状，镶嵌平排围叠三至四层而成。在拼接时，盐水虾等带壳的冷盘材料将虾尾朝外；盐味凤尾虾或盐水对虾仁等去壳的虾类冷盘材料，尾部朝里。这种菊花多用于单碟或多碟组合造型之中。

另外，在冷盘制作过程中还经常采用鸡心形模具将片形原料（如黄蛋糕、白蛋糕、山楂糕、胡萝卜、火腿、鱼胶等）刻切成近月牙形片圈摆成菊花。这种菊花用料较少，形体较为单薄。因此，我们多用这种菊花进行点缀，如"菊蟹排拼"等。

　　菊花根据其自然开花期迟早的差异，虽有夏菊、秋菊及寒菊之别，但以秋菊为正宗。因而，长期以来在人们的心目中已形成了固定概念，即菊花是秋季的象征，要选择与之相协调的题材进行组合，切忌在主题与秋季相悖的冷盘中拼摆菊花，如"春""江南春色"等。

　　（5）喇叭花。喇叭花形似喇叭而得名，在冷盘造型中是用片形原料卷叠而成的。因此，制作喇叭花的原料多选择油性较足的软性原料，如鸡脯、鸭脯、火腿等，或脆性原料的薄片，如黄瓜、紫萝卜等。对原料进行整形时，要将原料修成长三角形或长梯形。

　　为了使喇叭花更加自然逼真，在选择原料并对其进行整形时，尽量使三角形的长边（或梯形的长底片）与其他部分有一定的色相差，如火腿略留肥膘，或选用的卤鸭脯、烧鸡脯带有皮面，这样制作的喇叭花花色更美、形更佳，效果更好。

　　喇叭花在冷盘制作中，一般不以单个的形式出现，往往将若干朵层层圈摆组合成一朵大花，这种形式的喇叭花形态饱满、大方。

　　这里值得一提的是，在对火腿进行初步加工时，要以火腿刚熟为度。如果蒸制（或煮制）时间过长，火腿则会失去油性，肉质发硬，色泽变暗，卷制时较为困难，或卷制的喇叭花形不整、色不艳，很不服帖，难以达到预期的效果。

　　（6）绣球花。绣球花的色彩不如其他花卉那么丰富多彩，以白色和淡黄色最为常见，其形呈球状，在冷盘造型中往往以半球体来表现绣球花的花形。

　　在冷盘造型中，我们主要是表现出绣球花的形态，而不是着重表现其色彩。因此，在拼接绣球花时，多选用自然呈圆弧形的冷盘材料，如油爆虾、盐水凤尾虾、盐味对虾仁等，利用熟虾的自然圆弧形，或将原料整修成椭圆形、鸡心形等形状后，再切成片，由下而上层层圈叠而成。当然，呈圆柱形的冷盘材料，如火腿肠、香肠、素蟹肉等，可以采取斜切的形式，使片呈自然椭圆形。

　　在用盐水虾或油爆虾拼接绣球花时，为了便于拼摆，使拼接的绣球花形更整齐、更加服帖，可以将盐水虾或油爆虾批半，取同向的半边进行拼接，这样所拼制的绣球花更加完美。

　　这里值得一提的是，虽然在冷盘造型中并不着重表现绣球花的色彩，但并不意味着可以把绣球花表现得五颜六色。在拼接绣球花时，最好用单色来表现，即用一种原料制作而成的冷盘材料来进行拼摆；而用多种原料制作成的冷盘材料，如三丝包菜卷、火蓉黄瓜卷、珊瑚卷等原料就不适宜用来制作绣球花。

　　绣球花一般不用于单碟造型中，更多地用于多碟组合造型中，有时还可与其他花卉及其他题材共同构成景观造型。

　　当然，花卉在冷盘造型中的应用相当广泛，种类繁多，这里所列举的绝非花卉的全部，仅仅是指这些花卉在冷盘造型中使用的概率较高，也较为实用，并且，它们都可以相对以较大的个体独立造型。而那些形体相对较小的花卉，如色似玉、香似兰的玉兰花，清高素雅、花香扑鼻的水仙花，还有人们所熟悉和喜爱的山茶花、迎春花、丁香花等，以及那些无名的花草，我们当然不可忽视，但在冷盘造型中往往是起点缀作用，这里就不一一细说了。

2. 禽鸟类

　　以鸟为题材，在冷盘制作中也广泛使用，大到孔雀、凤凰，小到燕子、鸳鸯。在众多鸟类中，无论是体大还是形小者，无论其羽毛的色彩是否鲜艳，它们的羽毛都有一个共同的特点，即尾部、翅膀的羽毛较大，并且较长而尖；而腹部、背部的羽毛较小，且短而秃。因此，我们在制作以鸟类为题材的冷盘时，用于尾部和翅膀的原料，在整修其形状时应修成长柳叶形、长月牙形或长三角形；用于禽腹部、背部的原料，其形状要修成短柳叶形、鸡心形或椭圆形。

当然，这也不是一概而论的，原料整修的形状和大小应根据其具体情况而定，要灵活变化。有些凶猛的鸟类，如雄鹰等，其身部的羽毛可采用三角形或菱形片层层排叠而成，这样更显其凶猛、刚劲而有力的个性；有些性格较为温和的鸟类，如和平鸽、鸳鸯等，则要采用圆弧形片，如椭圆形、鸡心形等，这样显得更为得体、和谐。当然，在对原料进行修整形状时，还要根据具体冷盘的构图造型和使用餐具的大小，来确定原料形状的大小，以免相互脱节。

另外，所有的鸟类（包括禽类）在构图造型上都有一个共同的规律，即它们的头部和身体都呈椭圆形，无论它们的姿态如何，其轮廓均是由两个椭圆构成。

由于鸟的种类很多，它们的形态千变万化，并且，每一类鸟的特点、性格和生活习性也不相同，即每一类鸟都有与其他鸟类不同的个性。在冷盘造型中，除了要把握鸟类的共性外，还要把握每一类鸟的个性，这样才能把所要拼摆的鸟的造型巧妙而准确地表现出来，否则就会感到别扭、不舒服，有时还会感到畸形、不健康。为此，下面将冷盘造型中常用的鸟分别叙说，以便更好地掌握其中的规律。

（1）孔雀。孔雀乃"百鸟之君"，也是富丽堂皇、光明祥瑞的象征，其羽毛的色彩并不丰富，却十分华丽。孔雀与其他鸟类相比，其独特个性主要在于它的尾屏，因而，在冷盘造型中要着重表现其尾屏，甚至可以说，以孔雀为题材的冷盘造型成功与否，一半因素在于孔雀的尾部。

在冷盘造型中，我们往往以绿色为主色调。所以，在拼摆孔雀的尾屏时，可选用绿色的冷盘材料，如黄瓜、青椒、苦瓜等，并刻切成鸡心形厚片或小块，再打上蓑衣刀纹，由后向前交错排叠成扇形或鸡心形作尾屏；在黄色或白色鸡心形片（如黄蛋糕、黄色鱼糕或白蛋糕、三鲜虾糕、卤鸽蛋等）上覆红色鸡心形片（如红樱桃、山楂糕、胡萝卜等）作屏部羽翎毛。

孔雀的性格较为温顺，在拼摆其身部羽毛时，一般不宜用三角形、菱形或窄柳叶形。因此，用于拼摆孔雀身部羽毛的冷盘材料要整修成鸡心形、椭圆形或宽柳叶形。

孔雀的冠羽也有其独特性，在冷盘造型中可用两种形式来表现。一种是用片形原料拼接而成，这种方法多用于平面造型之中；另一种是用原料雕刻而成或质地较硬的原料与其他原料组装而成（如粉丝顶端装红樱桃粒），这种方法多用于立体造型之中。

以孔雀为题材的冷盘造型，可以与其他题材相结合，以单碟造型的构图形式出现；也可以将孔雀的尾屏分割成若干份，分装于鸡心形的小碟中，再与孔雀的头部和身部以组合造型的构图形式出现。

（2）凤凰。在现实生活中虽然没有凤凰，但由于我国传统文化的积淀，凤凰在人们的心目中已是吉祥、如意的象征，也已形成了固定的结构形态特征。因此，在拼接以凤凰为题材的冷盘造型时，要把握好其结构特征，不可随意更改。

凤凰与其他鸟类相比，最有独特个性，也是最具表现力的，就是它那飘拂流畅的三根彩尾了（造型需要时也可用两根彩尾）。因此，在拼接凤凰的彩尾时，一般要选用色彩较艳的冷盘材料，如黄蛋糕、火腿、红肠、胡萝卜、叉烧肉、肴肉等。凤凰彩尾的拼摆形式很多，最常见的有三种形式，第一种即是将原料整修成羽翱形，再切成片后，从后往前排叠而成；第二种是将一种原料切羽翱片从后往前排成彩尾的底部，上层用另一种原料切椭圆形片（或鸡心形）由后向前排叠而成；第三种是选用色彩较艳的冷盘材料（多用蔬菜，如黄瓜、胡萝卜、紫萝卜、苦瓜等）从两侧同向打上蓑衣刀纹排成彩尾的底层，上层用另一种原料切椭圆形片或鸡心形片排叠而成。

由于我国有"金凤凰"之说，所以在拼摆凤凰的身部、翅部和头颈部的羽毛时，要适当地多选用黄色的原料，如黄胡萝卜、黄蛋糕、橙黄色鱼糕等，以便体现出凤凰"金色"的特点，也更符合人们的审美心态。

凤凰的冠羽一般由鲜红色的冷盘材料刻切而成，如红椒、红萝卜、红肠、火腿等，其形状往往用两种形式来表现。

冷盘造型中，凤凰的形态一般以动态为多，即呈飞翔姿态，且常与花卉中的牡丹花相组合。当然，也有以静态出现的，如"丹凤朝阳"即是凤凰立于山顶；但呈静态时，凤凰一般不与树枝或树干相结合，即没有凤凰立于树枝或树干之上的，否则，会让人感到别扭，极不协调。

（3）仙鹤。仙鹤在我国历来是比喻人长寿不老的，因此，仙鹤也是冷盘造型中常用的题材之一，并且常与松树相结合，给人生命之树常青的心灵感受。

仙鹤与其他鸟类相比，其鲜明的个性在于其腿部和颈部较长，因而，不管仙鹤呈何种姿态，其颈和腿要有一定的长度，否则不似。虽说仙鹤属体形较大的鸟类，但性格温和，所以在拼接仙鹤时，除其尾部和翅尖部的羽毛选用深色冷盘材料，并整修成柳叶形或月牙形外，其他部位的羽毛一般多用浅色的冷盘材料（更多选用白色原料，如卤鸡蛋、白蛋糕），并用圆弧形片，如椭圆形片、鸡心形片等排叠而成。

仙鹤头颈部的拼接，除用片形原料从后往前排叠而成外，也可以用山药泥、土豆泥、色拉等冷盘材料直接堆码而成，另外，还可以用材料雕刻而成。在冷盘造型艺术中，前两种方法主要用于平面造型，后一种方法主要用于立体造型。

（4）雄鹰。雄鹰在现实生活中常被人们喻为"宏图大志""前程远大""前程似锦"等，因此，在冷盘造型，雄鹰往往以展翅的形式出现。

雄鹰在构图造型上较为明显的特征，即是大而有力的翅膀和凶猛的嘴、爪。为了更好地显示出雄鹰凶猛的特性和气吞山河的雄伟气势，在拼接其翅部羽毛时，要选择色泽相对较深的冷盘材料，如酱牛肉、卤猪肝、卤口条等，并修整成长三角形或柳叶形；拼摆身部羽毛时，应选择明暗适中的冷盘材料，如烧鸡脯、烤鸭脯等，并修整成菱形或三角形。无论是哪个部位的雄鹰羽毛，色调较亮、色泽较浅的冷盘材料，如白蛋糕、黄蛋糕、三鲜虾糕等都不宜使用。

（5）鸳鸯。鸳鸯性格较为温和，也是现实生活中夫妻相敬如宾、一往情深的形象写照，因此，在冷盘造型中，鸳鸯更多的是以成双成对的构图形式出现，并常与水、荷、柳等池塘中的物象相结合。

我们在拼接鸳鸯的羽毛时，多选择色彩较为艳丽的冷盘材料，尤其是红色和黄色为多，如红色的火腿、红萝卜、红肠、红曲卤鸭脯、盐水虾、肴肉等；黄色的黄蛋糕、糯黄鱼糕、紫菜蛋卷、黄胡萝卜、鱼蓉蛋卷等。拼接其尾部和翅部羽毛的冷盘材料多修整成长鸡心形；身部和颈部的冷盘材料多修整成短鸡心形或椭圆形；头部的冷盘材料多修整成宽柳叶形。

雄鸳鸯后背处上翘的一簇羽毛，往往采用两种方法拼接而成，一种是黄色的冷盘材料切鸡心形厚片排叠成扇形；另一种可用黄色的冷盘材料刻切成扇形（上端呈波浪纹状）。

鸳鸯的嘴虽然与鸭嘴极为相似，但其头部和颈部与鸭子差异较大，鸳鸯的颈部很短，眼型近似丹凤眼。因此，在拼摆鸳鸯时要准确地表示出这一点，如果把鸳鸯的颈部摆长了，则鸳鸯不成、鸭子不似了。

3. 畜兽类

兽类中的鹿、马、牛、狮等也是冷盘造型中常用的题材，它们在个性上虽然各自有明显的差异。但在拼接过程中有一个共同之处，即宜选用色泽较深的动物性原料，如烧鸡、烤鸭、卤鸽、酱鸭等，并以块面的形式来进行拼摆，一般不宜用片形原料排叠而成。尤其是它们的腿部，用块面的形式进行拼接，与兽类的固有色、质相符，并且也符合兽类的肌肉解剖结构的铺排，尤为生动自然。当然，在造型上的需要，或为了富有变化，在其腹部和颈部的处理上，也可用片形原料排叠而成，在拼摆过程中要与其他部位相协调，切忌有脱节感（见动物造型中"雄狮""奔马图"等造型）。

4. 山类（土坡、围堤）

山也是制作冷盘时常用的题材，尤其是景观造型中多有山水。山在冷盘造型形式上有两种：一种是用方形的原料排叠而成的平面造型；另一种是用小型的脆硬性原料，如核桃仁、脆鳝等堆积而成的立体造型。由于第二种立体造型的山，与冷盘材料的整形关系不大，拼摆方法也较为单一，仅是堆积而已，所以这里不再涉及，仅介绍第一种。

山，大体可分为两种风格。一种是陡崖峭壁，山势险峻，气势磅礴，直冲云霄，这类山多以斧壁石构成。因此，以这类山为构图造型时，原料多修成长方形、长三角形或长梯形，并采用斜平行排叠的形式拼接而成；另一种是山势绵延柔和，典雅秀丽，这类山多以太湖石组成，在拼摆这类山时常与水相结合，更显示其柔美秀丽。因此，在拼接以这类山为主要题材的冷盘时，多将原料修整成弧曲状，如椭圆形、鸡心形、圆形等，或选用呈自然弧曲形的原料，如香肠、紫菜蛋卷、捆蹄、火蓉黄瓜等各种卷类冷盘材料及卤口条、盐水虾等，拼接时往往采用弧形层层排叠而成。

另外，在冷盘的制作过程中，也时常涉及河堤、湖岸或小山坡，其风格与第二种山极为类似。所以，对原料的选择、整形和拼摆可按第二种山的方法进行。

5. 蝴蝶及其他

世界上蝴蝶的种类多达数千种，其斑斓的色彩、玲珑的体形和优美的舞姿，十分惹人喜爱，因此，蝴蝶是我们冷盘构图中常用的造型题材之一。目前为止，成功以蝴蝶为题材的冷盘造型品种，已不下数十种，如"蝶恋花""群蝶闹春""花香蝶舞""彩蝶双飞""彩蝶迎春"等。即使是同样的菜名，也可选用不同的蝴蝶品种，其构图造型与色彩搭配也不尽相同。但所有的蝴蝶都有一个共同的特点，即色彩鲜艳，翅膀和身段都呈弧形（曲线形），如果把握了这一规律，制作以蝴蝶为题材的冷盘造型也就容易多了。

综上所述，在制作以蝴蝶为主要题材的冷盘造型时，首先应选用色彩较为艳丽的原料，如火腿、黄蛋糕、紫菜蛋卷、火蓉蛋卷、胡萝卜、豆蓉蛋卷等；其次应将原料修整成鸡心形、椭圆形等，或选用自然呈弧曲状的原料，如盐水虾、紫菜蛋卷等各种卷类原料，以及蓑衣口蘑（或蓑衣黄瓜等）、香肠（或火腿肠、素蟹肉等圆形加工食品）。这样，局部与整体之间就会协调一致。而切忌将原料修成方形、三角形或菱形，如果用棱角分明的原料来拼接蝴蝶的翅膀，则刚不成、柔不是，不伦不类。

另外，在进行原料修整时，还应顾及原料的性质特征。一些纤维较粗的原料，如牛肉、笋等，要顶丝将原料修整成我们所需要的形状，这样，"顶丝"切成的片形，是我们所需要的，同时，也才符合原料加工的基本规律和要求。只有这样，两者才能完全吻合，否则就会顾此失彼。

子任务一　"荷塘月色"拼盘制作

一、荷塘月色

荷塘月色是主题冷拼的又一个学习内容，以荷叶、荷花为拼摆内容，选用拉刀法为主的切配方法，拼摆手法以制作荷花、荷叶为主完成拼盘的制作。

二、工具准备

所需工具名称及数量见表 6-2-1。

表 6-2-1　所需工具名称及数量

名称	规格	数量	备注
菜刀		1 把	
雕刻刀		1 套	
长方盘	30 cm × 40 cm	1 个	
白毛巾		1 块	
砧板		1 块	

三、原料

原料：白萝卜、心里美萝卜、胡萝卜、黄胡萝卜、青萝卜、水果黄瓜、蒜薹。

四、制作过程

（1）将水果黄瓜分别批成长梯形（图 6-2-1）。

（2）将白萝卜雕刻出荷叶和荷花的底座（图 6-2-2）。

（3）将水果黄瓜拉刀切薄片，摆成扇面合并组成一个半立体的荷叶，同样的方法摆出另一个荷叶（图 6-2-3）。

（4）将心里美萝卜切成 1 cm 的片再切成 5 块长方片，拉刀切成薄片，做成 5 个荷花的叶片，摆在荷花底座下面，黄胡萝卜雕刻荷花的花蕊摆在荷花的中间完成荷花的制作（图 6-2-4）。

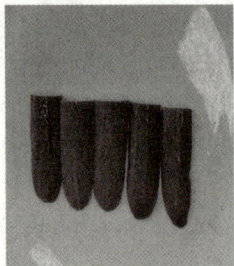

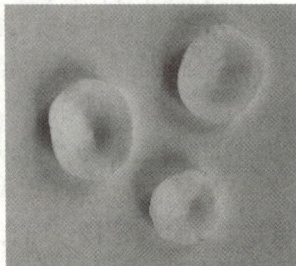

图 6-2-1　黄瓜毛坯　　　　图 6-2-2　白萝卜底座　　　　图 6-2-3　制作荷叶　　图 6-2-4　制作荷花

（5）用刻刀在蒜薹上雕刻出荷叶、荷花的杆的毛刺，然后摆放在荷叶、荷花的底部（图 6-2-5）。

（6）将胡萝卜、黄胡萝卜、心里美萝卜、水果黄瓜切成薄片摆成山石的形状摆在盘中（图 6-2-6）。

（7）将白萝卜切成凸字形状摆出荷塘边的形状，白萝卜雕刻月亮和白云的形状摆在盘中，青萝卜雕刻水草点缀，完成荷塘月色冷盘的制作（图 6-2-7）。

图 6-2-5　制作荷梗　　　　　　图 6-2-6　制作山石　　　　　　图 6-2-7　荷塘月色

五、质量标准

造型美观，色彩鲜明，形态逼真，拼盘对称和谐。

六、加工要领

（1）原料选择要新鲜，质地脆嫩，粗细均匀，形状匀称，有光泽。
（2）下刀要准确，抓刀要稳，下料适当。
（3）刀面要求光滑平整。

七、评定标准

荷塘月色的评分标准见表 6-2-2。

表 6-2-2 荷塘月色的评分标准

项目	原料规格	质量标准			操作规范	卫生安全	时间标准	合计
		刀工	拼摆	形状				
荷塘月色							90 min	
标准分		20	25	25	10	10	10	100
扣分								
自评分								
得分								

子任务二 "秋声秋色"拼盘制作

一、冷盘拼摆的基本法则

1. 先主后次

在选用两种或两种以上题材为构图内容的冷盘造型中，往往以某种题材为主，其他题材为辅。如"喜鹊登梅""飞燕迎春""长白仙菇"等冷盘造型中，喜鹊、飞燕、仙菇为主，而梅花、嫩柳、山坡则为次。在这类冷盘的拼摆过程中，应首先考虑主要题材（或主体形象）的拼摆，即首先给主体形象定位、定样，然后再对次要题材（或辅助形象）进行拼摆，这样对全盘（整体）的控制就容易多了，正所谓解决了主要矛盾，次要矛盾也就迎刃而解了。相反，如果在冷盘的拼摆过程中，首先拼接的是辅助物象，那么主体物象就很难定位、定样，即使定了，整体效果也不尽人意。为了弥补这一不足，只能将盘中的辅助物象或左右、上下移动、调整，或增添，或删减，既浪费时间，又影响效果，犹如一团乱麻，难以理出头绪。

2. 先大后小

在冷盘造型中，两种或两种以上为构图内容的物象，在整体构图造型中都占有同样重要的地位，彼此不分主次。如"龙凤呈祥""鹤鹿同春""岁寒三友"等，其中的龙与凤，鹤与鹿，梅、竹与松，在整个构图造型上很难分出主与次，彼此之间只存在着造型上大与小的区别；在以某一种题材为主要构图内容的冷盘造型中，这一物象经常以两种或两种以上姿态形式出现，如"双凤和鸣""双喜临门""双鱼戏波""比翼双飞""鸳鸯戏水""争雄""群蝶闹春"等，其中的双凤、一对喜鹊、两尾金鱼、两只飞燕、一对鸳鸯、两只斗鸡、数只蝴蝶，彼此之间在整个构图造型中同样不分主次，它们之间仅有姿态、色彩、拼摆方法及大小上的差异。在这种情况下，我们拼接这两类冷盘时，则要遵循"先大后小"的基本原则。

这两类冷盘造型，根据美学的基本原理，在构图时，多个物象在盘中的位置和大小不可能完全相同，往往是或上或下，或左或右，或大或小。在拼接过程中，应先将相对较大的物象定位、定形，正所谓"大局已定"，再拼接相对较小的物象，就得心应手了，不至于"左右为难"。

3. 先下后上

冷盘，无论是何种造型形式，即使是平面造型，冷盘材料在盘子中都有一定的高度，即三维视觉效果。在盘子底层的冷盘材料，离盘面的距离较小，我们称其为"下"；在盘子上层的冷盘材料，离盘面的距离相对较大，我们称其为"上"。"先下后上"的拼接原则，也就是我们平常所说的先垫底后铺面（盖面）的意思。

冷盘的拼接过程中，往往都需要垫底这一程序，其主要目的是使造型更加饱满、美观（造型角度而言）。为了便于造型，我们所选用的垫底的冷盘材料，一般以小型为主，如丝、米、粒、蓉、泥、片等。因此，为了使材料能物尽其用，我们经常将冷盘材料修整下来的边角碎料充当垫底材料。

垫底，在冷盘的拼摆过程中往往是最初的程序，也是基础，因而显得非常的重要。如果垫底不平整、不服帖，或物象的基本轮廓形状不准确，想要使整个冷盘造型整齐美观，是绝不可能的，正如万丈高楼平地起，靠的是坚硬而扎实的基础。因此，"先下后上"是我们在冷盘拼接中应遵循的又一基本原则。

4. 先远后近

在以物象的侧面为构图形式的冷盘造型中，往往存在着远近（或正背）问题，而这远近（或正背）感在冷盘造型中，主要是通过冷盘材料先后拼接层次结构来体现的。以侧身凌空飞翔的雄鹰形象为例，从视觉效果角度而言，外侧翅膀要近一些，里侧翅膀要远一些。因而，我们在拼接雄鹰双翅时，外侧翅膀一般表现出它的全部，里侧翅膀（尤其是翅根部分）由于不同程度地被身体和外侧翅膀挡住，往往只需要表现出一部分即可。因此，在拼摆两侧翅膀时，要先拼接里侧翅膀，而后拼接外侧翅膀。这样，雄鹰双翅的形态自然逼真，符合人们的视觉习惯。如果两翅没有按以上先后顺序拼接，也就没有上下层次变化，当然也就不存在距离感，翅膀与身体在视觉上就有脱节感，看上去非常别扭，极不自然。

当然，在拼摆冷盘造型的过程中，要表现同一物象不同部位的距离感时，除要遵循"先远后近"的基本原则外，还要通过一定的高度差来表现。较远的部位要拼接得稍低一点，近的部位要拼摆得稍高一些，这样，物象的形态就栩栩如生了。

在景观造型类冷盘中，也存在着距离问题，尤其是不同物象之间的远近关系。在拼接时，同样应遵循"先远后近"的基本原则。有时，为了使不同物象之间的距离感更加明显，如远处的塔、桥，或水中的鱼、水草、月亮等，往往还在远距离的物象上加一层透明或半透明的冷盘材料，如琼脂、鱼胶、皮冻等，即先将远处的物象拼接成以后，在盘中浇一层琼脂、鱼胶或皮冻，待冷凝成冻后，在其上面再拼摆近处的物象。如果是相同物象之间的远近关系，如山与山之间、树与树之间等，除可以用上面"隔层"的方法外，一般都用大小的形式来表现它们的距离感，即把远处的山或树等拼接得小一点，近处的山或树等拼接得大一些，并且在构图造型上，远处的物象往往安置在盘子的左上方或右上方，近处的物象一般安置于盘子的右下方或左下方。这样，在构图造型上既符合美学造型艺术的基本原则，也能较理想地表现出物象之间的距离感。

5. 先尾后身

正如前面所说，以鸟类为题材，在冷盘造型中非常广泛，大到孔雀、凤凰，小到鸳鸯、燕子，而"先尾后身"这一基本原则，就是针对鸟类题材的冷盘造型的拼接制作而言的。

鸟类的羽毛，其生长都有一个共同的规律性，都是顺后而长。因此，在制作以鸟类为题材的冷盘造型时，应先拼摆其尾部的羽毛，再拼接其身部的羽毛，最后拼接其颈部和头部的羽毛，即按"先尾后身"的基本原则进行拼接。这样所拼摆成的羽毛，才符合鸟类羽毛的生长规律。

有些冷盘造型中，鸟的大腿部也是以羽毛的形式出现的。在这种情况下，应该先拼接大腿部的羽毛，再拼接其身部的羽毛。总之，拼接成的羽毛要自然，要符合鸟类羽毛的生长规律，要达到羽毛是长出来的，而不是装上去的视觉效果。

值得一提的是，在冷盘的制作过程中，有的物象所处的地位与以上所有的原则不可能同时完全吻合、相符，如"江南春色""华山日出"中的主山都是主要题材，处于主要地位，但它们又都属于近处物象，在这种情况下，应从冷盘造型的整体布局来考虑，再确定先拼接什么，后拼接什么，而不应该死板地单独去套用以上的每一个原则。如果将以上所有的原则割离开来，孤立对待，单独分别按以上原则进行拼接，那么，冷盘制作就无法进行。总之，要灵活掌握以上拼摆的基本原则，切不可生搬硬套。

二、冷盘拼摆的基本方法

1. 弧形拼接法

弧形拼接法是指将切成的片形材料，依相同的距离按一定的弧度，整齐地旋转排叠的一种拼接方法。这种方法多用于一些几何造型（如单拼、双拼、什锦彩拼等），排拼（如菊蟹排拼、腾越排拼等）中弧形面（扇形面）的拼摆，也经常用于景观造型中河堤（或湖堤、海岸）、山坡、土丘等的拼摆。该方法在冷盘的拼摆过程中运用非常广泛。

在冷盘的拼摆过程中，根据材料旋转排叠的方向不同，弧形拼接法又可分为右旋和左旋两种拼摆形式。在冷盘的拼接制作过程中，运用哪一种形式进行拼摆，要按冷盘造型的整体需要和个人习惯而定，不能一概而论。在冷盘造型中，某个局部采用两层或两层以上弧形面拼接时，要顾及整体的协调性，切不可在同一局部的数层之间，或若干类似局部共同组成的同一整体中，采用不同的形式进行拼摆；否则，就会因变化过于强烈而显得凌乱、不一致、不协调，影响整体效果。

2. 平行拼摆法

平行拼摆法是将切成的片形材料，等距离地往一个方向排叠的一种拼接方法。在冷盘造型中，根据材料拼摆的形式及成形效果，平行拼摆法又可分为直线平行拼摆法、斜线平行拼摆法和交叉平行拼摆法三种拼摆形式。

（1）直线平行拼摆法：就是将片形材料按直线方向平行排叠的一种形式。这种形式多用于呈直线面的冷盘造型中，如"梅竹图"中的竹子，直线形花篮的篮口，"中华魂"中的华表，直线形的路面等，都是采用了这种形式拼接而成的。

（2）斜线平行拼摆法：是将片形材料往左下或右下的方向等距离平行排叠的一种形式。景观造型中的"山"等多采用这种形式进行拼摆，用这种形式拼摆而成的山，更有立体感和层次感，也更加自然。

（3）交叉平行拼摆法：即将片形材料左右交叉平行（等距离）往后排叠的一种形式。这种方法多用于器物造型中的编织物品的拼摆，如花篮的篮身、鱼篓的篓体等。采用这种形式进行拼摆时，冷盘材料多修整成柳叶形、半圆形、椭圆形或月牙形等，拼摆时所交叉的层次视具体情况而定。

3. 叶形拼摆法

叶形拼摆法是指将切成柳叶形片的冷盘材料拼摆成树叶形的一种拼摆方法。这种方法主要用于树类的拼摆，有时以一叶或两叶的形式出现在冷盘造型中，如"欣欣向荣"中百花的两侧、"江南春色"中的花的左侧等，这类形式往往与各类花相结合；有的冷盘造型中则以数瓣组成完整的一枚树叶形式出现，如"蝶恋花"中的多瓣树叶，以及"秋色""一叶情深""金秋盼奥运"等作品中的枫叶造型。由此看来，叶形拼摆法在冷盘的拼摆过程中，运用非常广泛。

4. 翅形拼摆法

由于鸟的种类不同，其形状、性格和生活习性也不一样，但它们翅膀的形态、结构和生长规律是相同的。因此，在以鸟类为题材的冷盘造型中，拼摆鸟类翅膀的方法也是相近的。当然，鸟类在动态中的翅膀是千变万化的，但万变不离其宗。只要我们掌握了鸟类翅膀的基本形态、结构及拼摆方法，无论其处于什么状态，翅形的拼摆也不成问题。

在翅膀的拼摆过程中，对于冷盘材料的选择（色泽和品种）及所拼摆的层数，要根据具体冷盘造型而定。有的鸟类翅膀较宽，那么拼摆的层数就多一些；有的鸟类翅膀较窄，那么拼摆的层数则少些，不能千篇一律。

三、工具准备

所需工具名称及数量见表 6-2-3。

表 6-2-3　所需工具名称及数量

名称	规格	数量	备注
菜刀		1 把	
雕刻刀		1 套	
长方盘	30 cm × 40 cm	1 个	
白毛巾		1 块	
砧板		1 块	

四、原料

白萝卜、胡萝卜、黄胡萝卜、青萝卜、心里美萝卜、方火腿、黄瓜、红肠、澄粉等。
餐具：30 cm × 40 cm 的长方形白瓷盘。

五、制作过程

（1）用烫好的澄粉塑出两个大小不同的南瓜坯（图 6-2-8）。

（2）取白萝卜刻出南瓜叶子的底托（图 6-2-9）。

（3）将胡萝卜、黄胡萝卜、青萝卜、心里美萝卜修成拼摆南瓜的坯料，用拉刀法切成薄片，拼摆出南瓜的造型。青萝卜用拉刀法切成薄片摆出南瓜的叶子（图 6-2-10）。

图 6-2-8　南瓜坯　　　图 6-2-9　雕刻南瓜叶子底托　　　图 6-2-10　制作南瓜和南瓜叶子

（4）将胡萝卜、黄胡萝卜、青萝卜、心里美萝卜修成圆柱形状，再切成薄片，摆出假山形状后摆入盘中，蒜薹切丝卷出南瓜的藤蔓，摆入盘中（图 6-2-11）。

（5）用青萝卜切成凸字形摆成篱笆的形状装入盘中，"秋生秋色"拼盘制作完成（图 6-2-12）。

六、质量标准

造型美观，色彩鲜明，形态逼真，拼盘对称和谐。

图 6-2-11　制作假山和藤蔓　　　图 6-2-12　"秋声秋色"拼盘

七、加工要领

（1）原料选择要新鲜，质地脆嫩，粗细均匀，形状匀称，有光泽。

（2）原料切片厚薄均匀，抓刀要稳，码摆紧凑。

（3）堆摆要求光滑自然，形状逼真。

（4）整体布局结构和谐，高低错落有致。

八、评定标准

"秋声秋色"拼盘的评分标准见表 6-2-4。

表 6-2-4　"秋声秋色"拼盘的评分标准

项目	原料规格	质量标准			操作规范	卫生安全	时间标准	合计
		刀工	拼摆	形状				
秋声秋色	300 g						90 min	
标准分		20	25	25	10	10	10	100
扣分								
自评分								
得分								

项目六

子任务三 "春色满园"拼盘制作

一、春色满园

春色满园是主题冷拼的一个学习内容，以春天的花卉为拼摆内容，选用拉刀法为主的切配方法，以制作花卉的各种手法相结合为拼摆手法，完成拼盘的制作。

二、工具准备

所需工具名称及数量见表6-2-5。

表6-2-5 所需工具名称及数量

名称	规格	数量	备注
菜刀		1把	
雕刻刀		1套	
长方盘	30 cm×40 cm	1个	
白毛巾		1块	
砧板		1块	

三、原料

白萝卜、心里美萝卜、青萝卜、水果黄瓜、胡萝卜、黄胡萝卜。

四、制作过程

（1）用白萝卜雕刻出牡丹花叶和牡丹花的底胚（图6-2-13）。

（2）将胡萝卜修成长水滴形（图6-2-14）。

（3）用拉刀法将水滴形的胡萝卜切成薄片，轻拍成扇形，摆成牡丹花瓣的形状（图6-2-15）。

（4）将花瓣固定在底座上，用同样的方法做出牡丹花，放上花蕊即成（图6-2-16）。

（5）同样的方法摆出心里美萝卜花（图6-2-17）。

（6）青萝卜切薄片做出牡丹花叶子摆在底座上，然后将其摆在牡丹花的边上，完成牡丹花的制作（图6-2-18）。

（7）将胡萝卜、黄胡萝卜、青萝卜、心里美萝卜修成圆柱后切成薄片，摆出假山形状摆入盘中（图6-2-19）。

（8）用青萝卜雕刻出牡丹花花枝，小草摆入盘中。青萝卜切成凸字形摆成篱笆的形状装入盘中，胡萝卜切成菱形点缀花苞，完成"春色满园"冷盘的制作（图6-2-20）。

五、质量标准

造型美观，色彩鲜明，形似春天满园盛开的鲜花。

六、加工要领

（1）原料选择要新鲜，质地脆嫩，粗细均匀，形状匀称，有光泽。

（2）原料切片要厚薄均匀，抓刀要稳，码摆紧凑。

（3）堆摆要求光滑自然、形状逼真。

（4）整体布局结构和谐，高低错落有致。

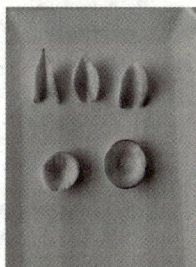

图 6-2-13　修底胚　　图 6-2-14　修料　　图 6-2-15　加工花瓣　　图 6-2-16　拼摆花蕊

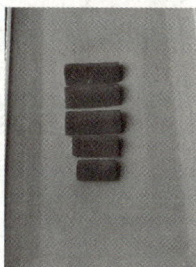

图 6-2-17　拼摆花朵　　图 6-2-18　装饰叶子　　图 6-2-19　拼摆假山　　图 6-2-20　点缀

七、评定标准

"春色满园"拼盘的评分标准见表 6-2-6。

表 6-2-6　"春色满园"拼盘的评分标准

项目	原料规格	质量标准			操作规范	卫生安全	时间标准	合计
		刀工	拼摆	形状				
春色满园	400 g						90 min	
标准分		20	25	25	10	10	10	100
扣分								
自评分								
得分								

子任务四　"锦上添花"拼盘制作

一、锦上添花

锦上添花是主题拼盘的又一个学习内容，是以锦鸡、牡丹花为主的拼盘，锦鸡、牡丹花给人满满的幸福感。

二、工具准备

所需工具名称及数量见表 6-2-7。

表 6-2-7　所需工具名称及数量

名称	规格	数量	备注
菜刀		1把	
雕刻刀		1套	
长方盘	30 cm×40 cm	1个	
白毛巾		1块	
砧板		1块	

三、原料

胡萝卜、黄胡萝卜、白萝卜、心里美萝卜、青萝卜、水果黄瓜、澄粉等。

四、制作过程

（1）用烫好的澄粉塑出锦鸡的身体，白萝卜雕刻出牡丹花底座（图 6-2-21）。

（2）将胡萝卜雕刻出锦鸡的尾羽，青萝卜雕刻出牡丹花枝（图 6-2-22）。

（3）将青萝卜和胡萝卜切成薄片，拼摆在锦鸡翅膀和颈部羽毛处，用胡萝卜雕刻好锦鸡的头和爪安装好（图 6-2-23）。

（4）将胡萝卜用刀修成长水滴形，用拉刀法拉切原料，保持原料整齐不散，用刀轻拍成扇形，拼出牡丹花瓣，用同样的方法拼摆出牡丹花，青萝卜用拉刀法切薄片做出牡丹花的叶放在牡丹花旁边（图 6-2-24）。

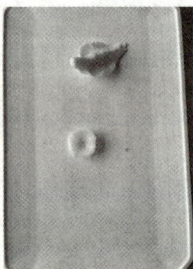   

图 6-2-21　修底胚　　图 6-2-22　定位　　图 6-2-23　拼鸟　　图 6-2-24　拼花

（5）将胡萝卜、黄胡萝卜、青萝卜、心里美萝卜修成圆柱再切成薄片摆出假山形状，摆入盘中（图 6-2-25）。

（6）用青萝卜雕刻出牡丹花花枝，小草摆入盘中。青萝卜切成凸字形摆成篱笆的形状装入盘中，胡萝卜切成菱形点缀花苞，完成"锦上添花"冷盘的制作（图 6-2-26）。

图 6-2-25　拼假山　　图 6-2-26　"锦上添花"冷盘

五、质量标准

造型美观，色彩鲜明，形似锦鸡鸣叫，营造出牡丹花盛开的美丽景色。

六、加工要领

（1）原料选择要新鲜，质地脆嫩，粗细均匀，形状匀称，有光泽。
（2）原料切片要厚薄均匀，抓刀要稳，码摆紧凑。
（3）堆摆要求光滑自然、形状逼真。
（4）整体布局结构和谐，高低错落有致。

七、评定标准

"锦上添花"拼盘的评分标准见表6-2-8。

表6-2-8 "锦上添花"拼盘的评分标准

项目	原料规格	质量标准			操作规范	卫生安全	时间标准	合计
		刀工	拼摆	形状				
锦上添花	350 g						90 min	
标准分		20	25	25	10	10	10	100
扣分								
自评分								
得分								

工作实施

一、课前准备

1. 师生工作准备

为完成该任务，请做好课前的各项准备工作。

2. 技能准备

将所需刀具及用途填入表6-2-9。

表6-2-9 所需刀具及用途

序号	种类	用途
1	片刀	适用于原料的修形和切配
2	尖口刀	适用于绘制图案、刻画线条等
3		

3. 知识储备

（1）根据造型形式不同，花色冷拼可分为_____、_____、_____、_____和_____五种。

（2）设计宴席冷菜与冷拼要遵循_____、_____、_____、_____和_____等原则。

（3）冷拼的造型法则主要包括_____、_____、_____、_____和_____五项。

（4）常用的冷拼拼摆手法有_____、_____、_____、_____、_____和_____六种。

（5）一般冷拼的造型样式主要包括_____、_____、_____、_____、_____五种。

二、工作规划

1. 小组分工

将小组分工及岗位职责填入表 6-2-10。

表 6-2-10　小组分工及岗位职责

班级	烹饪高	日期	_____年___月___日
小组名称		组长	
岗位分工			
成员			

2. 小组讨论

小组成员共同讨论工作计划，列出本次任务所需器具、作用及数量，并将其填入表 6-2-11。

表 6-2-11　所需器具、作用及数量

序号	器具名称	作用	数量	备注
1	雕刻刀	雕刻小圆球	6把	
2	细磨刀石	磨雕刻刀	2个	
3	片刀	切搭配冷拼的原料		
4				

三、实施步骤

1. 任务实施

模仿教师演示进行操作。

2. 成果分享

每个小组将任务完成结果上传到学习平台，由 2～3 个小组分别进行展示和讲解任务完成过程。

3. 问题反思

（1）任务实施过程中，握刀的姿势不准会造成什么结果？是什么原因导致的？

（2）任务实施过程中，选择不同的原料会造成什么结果？

4.检查

操作前检查内容见表6-2-12。

表 6-2-12 操作前检查内容

序号	检查内容	检查结果	备注
1	个人卫生、操作台卫生是否整洁		
2	刀具、抹布、菜墩、碗是否放置到位		
3	握刀姿势是否正确		
4	刀面是否平整		

综合 评 价

小组成员各自完成自我评价，组长完成小组评价，教师完成教师评价（表6-2-13），整理实训室并完成各类器具收纳摆放，做好6s管理规范。

表 6-2-13 任务评价表

序号	评价内容	自我评价	小组评价	教师评价	分值分配
1	遵守安全操作规范				5
2	态度端正、工作认真				5
3	能够进行课前学习，完成相关学习内容				10
4	能够熟练运用多渠道收集学习资料				10
5	能够正确选择刀具				10
6	操作规范，卫生整洁				20
7	能够正确回答教师的问题				10
8	能够按时完成实训任务				10
9	能够与他人团结协作				10
10	做好6s管理工作				10
	合计				100
	拓展项目			—	+5
	总分			—	

评分说明：
1. 评分项目3为课前准备部分评分分值。
2. 总分 = 自我评价分 ×20%+ 小组评价分 ×20%+ 教师评价分 ×20%+ 拓展项目分。
3. 拓展项目完成一个加5分

任务三　菜肴装饰系列

通过本任务的学习，对菜肴装饰的基础知识有基本的了解和认知，并能够了解及运用菜肴装饰的基础知识。

1. 知识目标

掌握菜肴装饰的特点、原则和方法。

2. 能力目标

能够掌握菜肴装饰的特点；能够正确应用并掌握菜肴装饰的方法。

3. 素质目标

培养爱岗敬业、吃苦耐劳的职业素养，具有精益求精、不断探索的职业意识，能传承中华传统烹饪方法。具有社会责任感和社会参与意识，能够履行道德标准和行为规范。

菜肴装饰的基础知识是菜肴装饰的重要一环，基础知识掌握的好坏直接决定着菜肴装饰的第一步成功与否。学习本任务首先要了解菜肴装饰的特点、原则和方法。

一、菜肴装饰的特点

菜肴装饰是采用适当的原料或器物，经过一定的技术处理，在餐盘中摆放成特定的造型，以美化菜肴，提高菜肴审美与食欲的制作工艺。其具体特点如下。

（1）制作工艺简单快捷。菜肴装饰是为了菜肴更加美观，更突出，是根据菜肴特点量身制作的，大多数都是预先摆放在空的餐盘中。这样的特殊性使其装饰技法更加简洁明了。装饰的时候要少花时间，简单加工，快速完成，这样才能既加快速度，又起到美化作用，才能适合菜肴装饰的发展。

（2）用料多以果蔬为主。适用于菜肴装饰的原料主要是瓜果和蔬菜，但近年来，面塑与糖艺也在烹饪中迅速发展起来，更加丰富了菜肴的颜色，这些原料选用简单，在市场中，无论是新鲜的瓜果蔬菜还是面塑糖艺的原料都能轻易买到，为菜肴装饰提供了原料保障。

（3）使用广泛，美化效果好。菜肴装饰虽不是每一个菜肴都用，但是却能应用在很多不同品种的菜品中，即高档的鲍、参、翅、肚、熊掌、燕窝等菜肴可以装饰，普通的鸡、鸭、鱼肉也可以装饰美化。简单来说，只要是菜肴均可以装饰，给菜肴以锦上添花，只要装饰得当就能起到画龙点睛的效果。

二、菜肴装饰的原则

（1）实用性。所谓实用性，是指菜肴装饰要始终坚持为菜肴服务的原则。菜肴装饰属于菜肴，是菜肴的陪衬，而不是菜肴的主体。菜肴内在的品质、风味特色及其外在的感官体验，都取决于菜肴制作过程中对原料的合理使用和加工方法的得当运用。

（2）简单化。所谓简单化，是指菜肴装饰要以最简略的方式达到最大的美化效果。但是在实际应用中，对菜品进行过度装饰的现象比比皆是，这类装饰用料多、时间长、造型体积大、喧宾夺主，违背了菜品装饰的初衷。

（3）鲜明性。鲜明性是指菜肴装饰要以具体形象的感性形式来协助表现菜肴的美感。例如，人们说花是美的，指的是具体可以感知的花，抽象的花是无所谓美与丑的。所以在菜肴装饰时，要善于利用装饰原料的色、形、质等属性，在盘中摆出鲜明、生动、具体的图形。

（4）协调性。协调性是指菜肴自身与菜肴装饰之间要和谐，其装饰造型、色彩及其与餐盘之间应该是协调的。好比红花、绿叶放在白色盘子的一端，他们之间是相互协调的。

三、菜肴装饰的方法

1. 点缀法

点缀法是用少量的物料通过一定的加工，在菜肴的某侧，形成对比呼应，使菜肴的重心突出，这类方法加工简洁，明快，易做。常见的用雕刻制品对菜肴进行装饰多属于点缀手法，但是随着餐饮业的发展，除我们平时所用简易的食品雕刻外，糖塑、面塑、果酱等手法用于菜肴点缀装饰也非常普遍。例如，在盘中某侧用果酱画出具有美感的图案，或者加上用糖艺塑造的简单形象，都能够起到很好的点缀作用。

2. 围边法

围边法也称"镶边"，行业中有时作为菜肴装饰美化的统称。围边比点缀复杂，也可以说是若干点缀物的组合，因此具有一定的连续性。恰如气氛的围边可使菜肴的色、香、味、形、器有机的统一，增加美感，刺激食者产生强烈的食欲。常见的方式有几何形围边和具体形象围边。

（1）几何形围边是利用某些固有的形态或经加工成为集合形状的物料，按照一定方向有序的排列，组合在一起。如"乌龙戏珠"用鹌鹑蛋围在扒海参的周围。还有一种半围花边也属于此类方法，半围花边的，关键是掌握形态比例、色彩比例等，其制作没有固定的模式，可根据需要进行组配。

（2）具体形象围边是以大自然物象为刻画对象，用简洁的艺术方法提炼出活泼的艺术形象。这种方式能把零乱而没有秩序的菜肴统一起来，使其整体变得统一美观。动物类如孔雀、蝴蝶等；植物类如树叶、寿桃等；器物类如花篮、宫灯、扇子等（图6-3-1）。

上述种种菜肴的装饰形式并不是独立使用的，有时可以混合使用进行装饰美化，许多场合中还要根据个人经验的积

图6-3-1　具体形象围边

累、思维的创新和精湛的技巧，加以发挥和创造。同时应该坚持安全、简单、快捷、经济、美观、实用的思想。菜肴装饰美化必定是体现从业人员艺术水准的重要组成部分。学习菜肴点缀式和对称造型围边是关键环节，其制作的好坏往往决定着菜肴的美感与否，做好菜肴首先要能够对菜肴点缀式和对称造型围边进行熟练运用。

子任务一　鲤鱼跳龙门

一、工具准备

所需工具名称及数量见表6-3-1。

表6-3-1　所需工具名称及数量

名称	规格	数量	备注
菜刀		1把	
雕刻刀		1套	
圆盘	8寸	1个	
白毛巾		1块	
砧板		1块	

二、原料选购

要求：选用萝卜，以含水量足、成熟适度、新鲜脆嫩、光泽好、无空心者为上乘。从外观上应该选把短条直、粗细均匀、不弯曲、个头中等、大小整齐、形状匀称、有光泽的萝卜。

三、原料

青萝卜、白萝卜、南瓜、柠檬、胡萝卜。

四、制作方法

（1）青萝卜刻成浪花（图6-3-2）。
（2）白萝卜刻成水珠和云彩（图6-3-3）。
（3）胡萝卜刻成龙门，用云彩点缀（图6-3-4）。

五、加工要领

浪花以萝卜颜色的深浅区分层次，鲤鱼要刻出跳跃姿态。

六、质量标准

形态生动，鲤鱼有翻越之势，气壮山河；色彩鲜艳，拼配合理，配上海鲜，实在是妙不可言。

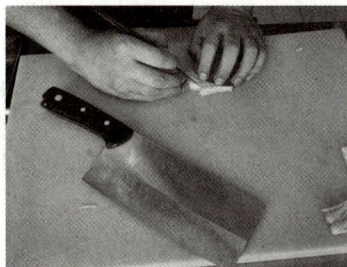
图 6-3-2 修初胚

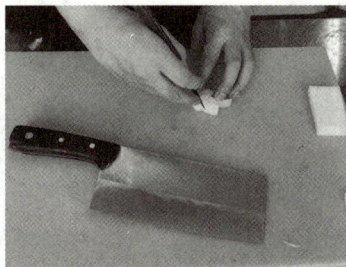
图 6-3-3 精加工

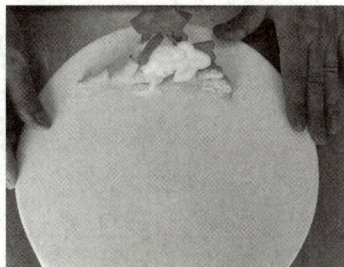
图 6-3-4 点缀

七、评定标准

鲤鱼跳龙门的评分标准见表 6-3-2。

表 6-3-2 鲤鱼跳龙门的评分标准

项目	原料规格	质量标准			操作规范	卫生安全	时间标准	合计
		形状均匀	层次分明	形状完整				
鲤鱼跳龙门							60 min	
标准分		20	25	25	10	10	10	100
扣分								
自评分								
得分								

子任务二 荷塘月色

一、工具准备

所需工具名称及数量见表 6-3-3。

表 6-3-3 所需工具名称及数量

名称	规格	数量	备注
菜刀		1 把	
雕刻刀		1 套	
圆盘	8 寸	1 个	
白毛巾		1 块	
砧板		1 块	

项目六

二、原料选购

选用原料，以含水量足、成熟适度、新鲜脆嫩、光泽好、无空心者为上乘。从外观上应该选把短条直、粗细均匀、不弯曲、个头中等、大小整齐、形状匀称的原料。

三、原料

芋头、冬瓜、蒜、蒜薹、樱桃萝卜。

四、制作方法

（1）冬瓜皮刻成荷叶和水纹（图 6-3-5）。

（2）四个蒜瓣组成莲藕（图 6-3-6）。

（3）樱桃萝卜刻成莲花组成图形（图 6-3-7）。

  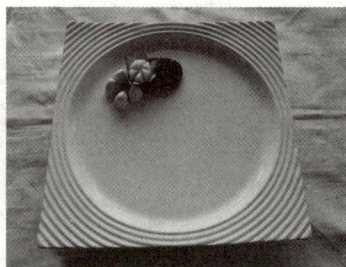

图 6-3-5　雕刻荷叶　　　　　　图 6-3-6　组合莲藕　　　　　　图 6-3-7　雕刻莲花

（4）芋头刻成山形卧在池塘中（图 6-3-8）。

（5）冬瓜刻成池塘水（图 6-3-9）。

图 6-3-8　组装　　　　　　　图 6-3-9　装饰点缀

五、加工要领

每一件物都不要多，组合协调为妥，冬瓜刻池塘水纹要薄才好。

六、质量标准

用料巧妙，刀工精细，色泽艳丽，给人以明快之感。

七、评定标准

荷塘月色的评分标准见表 6-3-4。

表 6-3-4　荷塘月色的评分标准

项目	原料规格	质量标准			操作规范	卫生安全	时间标准	合计
		形状均匀	层次分明	形状完整				
荷塘月色							60 min	
标准分		20	25	25	10	10	10	100
扣分								
自评分								
得分								

子任务三　鹅戏

一、工具准备

所需工具名称及数量见表 6-3-5。

表 6-3-5　所需工具名称及数量

名称	规格	数量	备注
菜刀		1 把	
雕刻刀		1 套	
圆盘	8 寸	1 个	
白毛巾		1 块	
砧板		1 块	

二、原料选购

选用原料，以含水量足、成熟适度、新鲜脆嫩、光泽好、无空心者为上乘。从外观上应该选把短条直、粗细均匀、不弯曲、个头中等、大小整齐、形状匀称的原料。

三、原料

樱桃萝卜、黄瓜。

四、制作方法

（1）樱桃萝卜刻成天鹅形状（图 6-3-10）。
（2）黄瓜改刀成佛手片，摆于天鹅之间进行点缀（图 6-3-11）。

五、加工要领

要巧妙利用樱桃萝卜的皮色和肉色，使天鹅的脖和头有一个象形感。

六、质量标准

用料简单，构思新颖，两种颜色，两种形态，使盘面的围边造型生动活泼、耐人寻味。

图 6-3-10 荷塘

图 6-3-11 天鹅

七、评定标准

鹅戏的评分标准见表 6-3-6。

表 6-3-6 鹅戏的评分标准

项目	原料规格	质量标准			操作规范	卫生安全	时间标准	合计
		形状均匀	层次分明	形状完整				
鹅戏							60 min	
标准分		20	25	25	10	10	10	100
扣分								
自评分								
得分								

子任务四　盘面装饰

盘面装饰作为学习菜肴的重要一环，其好坏直接决定着冷菜的成功与否。学习本任务首先要了解盘面装饰要素、盘面装饰在菜肴造型中的应用及色彩搭配的原则。

菜肴装饰的方法多种多样，其变化也很大。常见的基本方法主要有点缀和围边。

一、盘面装饰的分类

1. 点缀

点缀是最常见的菜肴装饰方法，其特点是用料少，往往起到画龙点睛的作用。

点缀的方法主要有以下几种。

（1）对称式：是指在菜肴两旁对称点缀，有双对称、多对称之分。点缀物主要为具有一定抽象形态特征的加工原料。工整相对是对称式的一大特点，可以避免繁杂和凌乱。

（2）鼎足式：又称三点式，适合点缀圆形平盘盛装的片、丁、丝、条等菜肴。精细的菜肴盘边，多点缀碧绿的黄瓜，辅之少许红椒，赏心悦目。

（3）扩散式：多以细末料点缀在菜肴上，形成反差性的强烈对比，达到形散意不散的效果。如炒鸡粥，菜肴色泽洁白，撒上可食性红火腿末，形成色泽反差对比，使洁白的菜肴红白相映，更突出了菜肴主题，让人食欲大增。

（4）盖面式：运用较为繁复，需根据菜肴规格和要求，拼摆上各式的纹样图案，如"一品豆腐""一品鲍鱼"中的点缀等。盖面式点缀的基本要求是盖中有透、扬抑并存、虚实结合。

（5）点睛式：点睛式用于象形菜肴，方法是在动物造型菜头部点缀眼睛，使头部造型更生动（图 6-3-12）。

（6）花心式：是指在菜肴的中心部位点缀花卉图案。例如金黄色的"炸凤尾明虾"，虾尾朝外呈放射状摆在盘里，盘中心点缀鲜红番茄花卉（图 6-3-13）。

（7）间隔式：适合整齐、无汁或汤汁较少的菜肴，于盘边绕菜肴隔间点缀。例如"明珠大乌参"，乌亮的海参装于盘中，周围缀以洁白的鸽蛋，每两个鸽蛋间插上一个橄榄形胡萝卜，犹如串起的明珠。

（8）边花式：这是最常见的一种点缀方法，多用于炸、炒、爆、烧等无汤汁或汤汁少的菜肴。方法简单，便于操作。菜肴装盘后，在盘边一角的适当位置点缀上一种花卉，并用绿色辅料衬托。常用花卉有鲜花和旋、刻、番茄花、土豆花、穿成的萝卜花等（图 6-3-14）。

图 6-3-12 点睛式　　　　图 6-3-13 花心式　　　　图 6-3-14 边花式

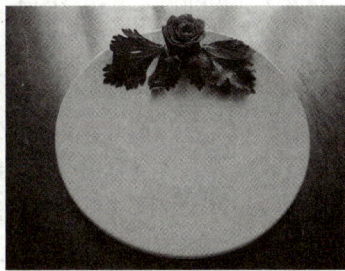

2. 盘面装饰围边

围边与点缀的区别在于，点缀量小且零碎，而围边用料较多，通常是围成一定的大块形图案。按围边方式分，有半围、全围、单边围等；按用料分，有生料围和熟料围；按造型分，有梅花形、正方形、长方形、椭圆形、扇形、圆球形、多面体等。

常用的围边装饰方法如下。

（1）全围式：所谓全围式，就是沿餐盘的周围拼摆花边。这类花色围边为几何图形，依器定形是基本形式。即餐具是圆形的，围成的花边也是圆形的；餐具是椭圆形的，围成的花边也是椭圆形的。在此基础上，又可以变化图形，如在圆形餐具中围拼方形花边，在椭圆形餐具中围拼菱形花边等。以上图形中留出的圆形、椭圆形，或方形、菱形空白，是盛装菜品的地方。全围式平面装饰应用最多的是用来盛装单个菜品，如果是三镶、四拼的菜品，只需要对已经围起来的空白再作均等分割。拼摆全围式平面装饰时，装饰原料的叠放层次可分为单层、双层、多层。装饰效果一般具有端庄稳定、密而不透的形式美感。也可以利用原料的形状、叠放次序的变化，产生如波浪般循环往复的律动感，或向外放射与向内聚集的指向感。

（2）象形式：是全围式平面装饰中的一类特殊形态的造型，即根据菜品造型的需要，用装饰原料在餐盘中围摆成平面的具象造型。象形式平面装饰可以有多种造型，如宫灯形、梅花形、葫芦形、向日葵形、枫叶形、花篮形、金鱼形、飞鸽形等。象形式平面装饰的留

项目六

空多用作盛装单个的菜品，所以，在围摆图形时不可拘泥于细处的刻意求工，要给人以神似取胜、大方美观的感觉。

（3）半围式（图6-3-15）：半围式是在餐盘的半边围摆造型。在实际应用时，半围式围边的长短不能机械地理解成只能是餐盘的一半，要根据设计的图形，需要围多长就围多长，但给人的感觉似半围。半围式的造型既有抽象形的，也有具象形的，但无论选择哪种形式的造型，都要处理好与菜品主体的位置、比例、形态和色彩之间的和谐。半围式围边给人似围实透、围而有放、扩展舒朗的装饰美感。

图6-3-15 半围边式

（4）分段围边式：分段围边式是在餐盘周围有间隔地围摆花边。分段围边一般采用等分的方法，各段围边之长是相等的。分段围边给人以围透结合、似围非围、虚实相错的美感。

（5）端饰法：端饰法是指在餐盘的一端或两端拼摆图形的装饰方法。端饰法多选用新鲜的水果、蔬菜、鲜花等原料，经过技术处理后，在餐盘的一端或两端处，摆放简洁明快的图形。采用端饰法，可使餐盘有更大的空间用于菜品造型，这样的装饰没有拥塞局促之感，取而代之的是开阔舒展之美。

（6）居中式和居中+全围式：与端饰法在餐盘一端或两端装饰不同，居中式是在餐盘的中心点或中轴线上进行装饰的方法。居中装饰、四周留空的方法适合盛装用于分体成型而后再组合的菜品，如葫芦虾蟹，它是用网油将虾蟹肉包入其中成葫芦形，油炸成熟，一份菜是由10个单体"葫芦"组合起来的装在居中心装饰的盘中，应是最恰当的。而居中轴线装饰的留空在两边，可以分装两种不同的菜品。居中+全围式即居中式与全围式的相加，其留空处是夹在两者之间，一种为圆环形的空，另一种为半圆形的空。前一种适合装分体造型的菜品，后一种适合分装两种不同的菜品。

（7）散点式：散点式是在餐盘周围多点处的装饰。散点式的构图多采用对称结构，其装饰图样犹如二方连续纹样，有绵延不断、无始无终的感觉。在散点式装饰的餐盘中装入菜品后，则有空灵的感觉。

操作时应注意以下问题：

（1）要根据菜肴的形体特征决定围边方法和造型图案。速度要快，时间要短。

（2）围边要突出菜肴主料，使菜肴特色鲜明，不可喧宾夺主，色调要清新。

（3）生料围边应选择可生食的素料，如西红柿、甜橙、柠檬、橘瓣、香菜、黄瓜等，刀工的厚薄要恰当，并按菜肴的造型大小决定围边的形体大小。同时应与菜肴保持一定的间隔，防止串味。

（4）使用熟料围边是最值得提倡的一种围边方法，其特点是既具有食用性，又具有装饰性，同时也符合卫生要求，具有一举多得的作用。常用围边熟料主要为绿色蔬菜，如菜心、芥蓝、各色素球料（如胡萝卜球、白萝卜球、冬瓜球、南瓜球、莴笋球等）、面食（如活页饼）、白色鸡蛋糕、黄色鸡蛋糕等。

3. 按主次分

按主次分类，可分为主盘造型和围盘造型两类。

（1）主盘造型。

①定义：主盘造型又称为造型拼盘、象形拼盘，是指以能直接食用的无汤汁成品原料为对象，运用刀工产生各种不同形状的厚薄体作为主要造型坯料，结合可塑性的各种不规则体块料，通过拼摆、连接、堆砌、粘贴、雕刻、雕塑等方法创作出的平面与立体物象的盘面艺术。

②特点：形象生动逼真、色彩美观大方，富有食用价值。

（2）围盘造型。

①定义：能食用的简易造型冷盘，多以一盘一色一味围在主盘周围。

②特点：构成第一道菜多姿多味的整体艺术效果。

4. 按表现手法分

按表现手法分类，可分为平体、卧体、立体三种。

（1）平体造型：偏重实用，同时兼顾形态和色泽的对比，如双拼、三拼、八卦拼盘。

（2）卧体造型：偏重于观赏，用多种原料有机地拼摆成各种图案。要求美观大方、形象逼真，能展现出一个完整的画面，给人以美的享受。如冷盘造型"百花争艳""鸳鸯戏水""双雀报喜"等。

（3）立体造型：将多种原料采用雕刻、堆砌等刀工手法拼摆成一个完整的具有一定高度的立体造型，要求整体美观、四周和谐，既能食用又有欣赏价值，给人一种真实的感受。如"高三拼""鱼趣"。

二、冷菜造型的设计

（1）定义：将不同色、形的原料，在盘面中按一定规则组合成的物象拼摆形式。

（2）步骤：

①构思形象。构思是冷菜造型的基础，设计时，需要考虑原料的色彩搭配、使用方式、刀面与主体结构的合理组合，以及物象在盘面上固定范围的摆放比例。在造型中，应突出主题，辅助一些点缀。避免主盘杂乱。刻画主体物象，形态要优美，色彩要鲜明，一目了然，给人以色、形、卫生俱佳的美感。

②原料选备。备料的一般要求是依照构思形象组成所需的结构块和呈现色彩的具体要求去选备。冷菜坯料形状大体分为两种：一种是坯料的自然形，即坯料本身成熟后的体块形状，如咸蛋、皮蛋、盐水胡萝卜、白鸡、盐肚、卤猪肝、卤猪舌、猪心、青椒、芦笋、泡红椒等；另一种是原料的加工形，如蛋卷、黄白蛋糕、素鸡卷、金银肝、香肠等。有时为了便于成型，还须把自然原料加工成所需形体。生料整理成熟时可保留均正的体块，如紫菜卷、素鸡卷、青菜卷、千张卷、萝卜卷等。

③造型拼摆。分为垫底、盖面、装面、点饰等步骤，但由于拼摆的图案不同，在造型中要根据具体情况而定。

三、热菜造型与装盘艺术

（1）作用：热菜是宴席的主题菜肴，是决定宴席档次高低、好坏的关键所在。

（2）与冷菜造型的最大区别：热菜造型与制作为一体，必须在选料、加工、烹制、装盘的基础上一气呵成。

（3）基本条件：切配技术（主要条件）与烹调技术。掌握好切配技术与烹调技术是热菜造型的基础。

（4）表现形式：分为自然造型和图案造型。

①自然造型。

特点：菜肴保持原料自己特有的自然形态，形象完整、饱满大方。装盘着重突出形态特征最明显的、色泽最艳丽的部位。

烹调方法：常采用清蒸、油炸等技法，基本保持原料的自然状态。

装盘：在菜肴的周围点缀瓜果雕刻或拼摆制成的装饰物，与菜肴的寓意相匹配，以丰富菜肴的艺术效果。

②图案造型。

特点：多样统一、对称均衡。

分类：围边造型、点缀造型、盖帽造型、象形造型。

a. 围边造型：

特征：用于围边的原料，具有相应的可食性。

分类：同性配合，一菜两吃，二菜合一。如"绣球鳜鱼""白鸟燕窝盅"。

色彩配合：讲究色彩分明，容易产生鲜明的视觉效应。

b. 点缀造型：也称"黄金分割""四六分"点缀法，即主料占盘子的六成，点缀物占四成。一般圆盘点缀有外圈和若干等分法；长盘主要点缀在盘子的一侧或斜对角，能够产生相当强烈的美学效果。

特征：点缀原料不具备食用性，实际点缀内容占据一定的盛器空间，故菜肴需要较大的盘子；必须要在正式菜肴加热前点缀完毕。

c. 盖帽造型：主要对整只原料的自然造型覆盖，尤其适用于砂锅类菜肴的点缀。这种造型可谓画龙点睛，只要恰如其分，不喧宾夺主。如"八宝鱼头""极品海鲜鸭砂锅"。

d. 象形造型：

定义：利用烹饪原料本身经过适当处理后，模拟现实世界中花鸟、禽兽等的形态，来精心烹饪和造型，塑造出形神兼备的美味佳肴，再用特殊的具有艺术效果的动、植物名称命名。象形造型无须任何装饰来点缀。如"三羊开泰""蟹黄鱼蓉蛋""松鼠鱼"。

表现手法：写实手法，以物象为基础，通过适当的剪裁、取舍、修饰，对物象的特征、色彩着力塑造表现，力求简洁工整，精炼大方，生动逼真，如"仿刺参鱼""妙笔生花"；写意手法，突破自然物象的束缚，充分发挥创造者的想象力，运用各种处理方法，给予大胆的加工和塑造，但又不失物象的固有特征，符合烹调工艺要求，将物象处理得更加精益求精，如"金字扣肉""宝塔鱼"。

子任务五　菜肴造型规律及盛器选择

菜肴造型规律及盛器选择是学习菜肴的重要一环，菜肴造型规律及盛器选择的好坏直接决定着菜肴成品的成功与否。学习本任务首先要了解菜肴造型规律，以及菜肴盛器如何选择。

菜肴的造型与美化是指在厨房经烹调好的菜肴必须盛装在一定的容器中，然后根据具体的菜肴及宴会主题等要求，对菜肴盛装的器具、菜肴形状、色彩及修饰等方面做相应的精心安排，以达到预期设计的目标。

一、菜肴造型与盛器的选用原则

（1）色彩纹样上必须协调统一。形态有别、图案不同的盛器与同一菜肴组配，会产生截然不同的视觉效果；反之，同一盛器与色、形不同的多种菜肴相配，也会产生迥然各异的审美印象。白色器皿，最佳效果是盛装深色或有色的菜肴。

（2）烹饪器皿的形态、大小必须适合菜点形状、数量。一般炒、爆菜宜选用圆盘和腰盘，烩菜、汤羹类菜则需要选用较深的汤盆。盛器的大小必须与菜肴的数量相适应，一般在装盘时，菜肴"黄金分割法"是最为理想的，即菜肴的体积占盛器容积的60%～70%。

（3）饮食器皿的质地要与菜肴品质相称。古人食与器的配合极其注重等级制度，金银玉器是统治阶级的专用品，一般平民是享用不起的。而今，在宾馆、饭店中按照高档宴席菜肴的标准和要求，配以质优精美的盛器来盛装，尤其是高级宴会，所用食器是一整套的，如果是一般的宴席，每一桌的盛器也应该是系列的。除此以外，还会涉及风格问题，农家菜和土家菜最好选用乡土味浓的瓦钵、竹罐等。

二、菜肴造型的一般规律

1. 多样与统一

多样是烹饪图案造型中各个组成部分的区别。一是原料的多样，二是形象的多样。统一是这些组成部分的内在联系。一盘完美的拼盘应该是丰富的、有规律的和有组织的，而不是单调的、杂乱无章的。

2. 对称与平衡

对称与平衡是构成烹饪图案形式美的又一基本法则，也是图案中求得重心稳定的两种结构形式。对称类似均齐，是同形同量的组合，体现了秩序和排列的规律性。如人身上的双耳、双目、上下肢，鸟的翅翼，花木的对生枝叶等，都形成对称、均齐的状态。

3. 重复与渐次

重复是有规律的伸展连续。自然界中事物的形象和它们的运动变化往往具有规律性。我们在千万朵花卉中选择美丽的典型花朵，加以组织变化，连续反复，即构成丰富多样的图案。连续重复性的图案形式是烹饪图案中的一种组织方法。

4. 对比与调和

认识物与物的区别，其根据是对比。在烹饪图案中，形象的对比有方圆、大小、高低、长短、宽窄等。

调和与对比相反，对比强调差异，而调和则是缩小差异，是由视觉上的近似要素构成的。如形状的圆与椭圆、正方形与长方形，色彩的黄绿与绿、蓝与浅蓝等，相互间差距较小，而具有某种共同点，给人一种和谐宁静的协调感。

5. 节奏与韵律

烹饪图案中的节奏，是指烹饪图案画面上的线条、纹样和色彩处理得生动和谐、浓淡协调，通过视线在时间、空间上的运动得到均匀、规律的感觉。韵律是从节奏中发出来的如同诗歌般的、抑扬顿挫的优美韵味和协调的节奏感。

项目六

三、盛器

1. 中国烹饪器具造型（图 6-3-16）

（1）镀金、镀银餐具，光彩灿烂，体现宴席高规格、高档次的豪华风格。

（2）传统的瓷器、玉器、紫砂陶和漆器餐具，做工精良，釉彩光亮，雍容华贵。

（3）原始的瓦钵、陶罐、土罐、竹编等餐具，取材简单，造型古朴，返璞归真，乡土气息浓郁。

图 6-3-16 花形模具

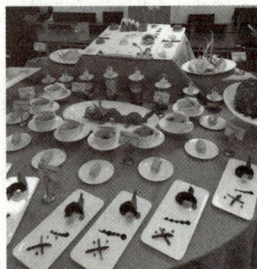

（4）特色的大理石、玻璃做的盛器，色彩斑斓、纹理清晰美观。

（5）不锈钢餐具，风格多样，款式新颖，卫生清洁，具有现代西方气息。

（6）不同造型的玻璃镜子做盛器，利用其极佳的效果，用于各种宴会和自助餐场合，立体效果好，配以相应的灯光，美食与美器巧妙结合。

2. 应用（图 6-3-17）

（1）以原料形状为样本制作成象形餐具（如鱼形、鸭形、寿桃形、瓜形、大白菜形、扇形等）。

（2）用现代工艺制作成各式各样的仿古餐具。

（3）使用一些材质制作具有一定科技含量的烹饪器具，一些薄膜、纸质正随着社会科技的进步而被逐步发展和运用。

3. 菜肴造型的盛器原则

图 6-3-17 装饰应用

（1）盛器的大小。盛器的大小选择要根据菜点品种、内容、原料的多少和就餐人数来决定。一般大盛器的直径可在 50 cm 以上，冷餐会用的镜面盆甚至超过了 80 cm。小盛器的直径只有 5 cm 左右，如调味碟等。

（2）盛器的类型（图 6-3-18 ～图 6-3-20）。盛器的造型可分为几何形和象形两大类。几何形盛器一般多为圆形和椭圆形，是饭店、酒家日常使用最多的盛器。另外还有方形、长方形和扇形的。象形盛器可分为动物造型、植物造型、器物造型和人物造型。动物造型有鱼、虾、蟹和贝壳等水生动物造型，也有蝴蝶等昆虫造型和龙、凤等吉祥动物造型；植物造型有树叶、竹子、蔬菜、水果等。

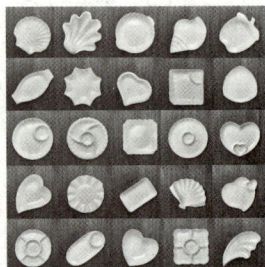

图 6-3-18 方形盛器   **图 6-3-19 圆形盛器**   **图 6-3-20 象形盛器**

（3）盛器的材质（图 6-3-21 ～图 6-3-23）。盛器的材质种类繁多，有华贵靓丽的金器

银器，古朴沉稳的铜器铁器，光彩照人的不锈钢，制作精细的锡铝合金等金属的；也有散发着乡土气息的竹木藤器，粗拙豪放的石器和陶器，精雕细琢的玉器；有精美的瓷器和古雅的漆器，晶莹剔透的玻璃器皿；还有塑料、搪瓷和纸质等材质。

（4）盛器颜色与花纹。盛器的颜色对菜肴的影响也是重要的，一道绿色蔬菜盛放在白色盛器中，给人一种碧绿鲜嫩的感觉；而盛放在绿色的盛器中，就感觉平淡多了。一道金黄色的软炸鱼排或雪白的珍珠鱼米，放在黑色的盛器中，在强烈色彩对比烘托下，使人感觉到鱼排更色香诱人，鱼米则更晶莹剔透，食欲也为之而提高。

（5）盛器的功能。盛器功能的选择主要是根据宴会和菜肴的要求来决定的。在大型宴会中为了保证菜肴的质量，就要选择具有保温功能的盛器。在冬季为了提高客人的食用兴趣，还要选择安全且能够边煮边吃的盛器。

图 6-3-21　盛器（一）　　　图 6-3-22　盛器（二）　　　图 6-3-23　盛器（三）

（6）盛器的多样与统一。在使用餐具时，应尽量选择成套组合，尽量选用美学风格一致的器具，并且应在组合的布局上力求统一。另外，还要注意餐具与家居、室内装饰等美学风格上的统一（图 6-3-24 ～图 6-3-28）。

图 6-3-24　盛器的多样　　　图 6-3-25　盛器的多样　　　图 6-3-26　盛器的多样
与统一（一）　　　　　　　与统一（二）　　　　　　　与统一（三）

图 6-3-27　盛器的多样与统一（四）　　图 6-3-28　盛器的多样与统一（五）

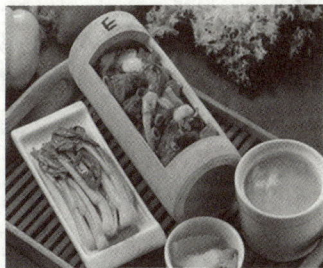

项目六

子任务六　糖艺菜肴造型装饰

一、糖艺盘饰的起源与发展

"糖艺盘饰"是一门艺术，是指利用砂糖、葡萄糖或饴糖等经过科学的配比、熬制、拉糖和吹糖等制作方法加工处理，制作出具有观赏性、可食性和艺术性的独立食品或食品装饰插件的加工工艺。

糖艺制品色彩丰富绚丽、质感剔透、三维效果清晰，是现在餐饮行业中最奢华的展示品和菜肴装饰品（图 6-3-29）。

糖艺起源于中国，却盛行于欧洲。当糖艺传到欧洲的时候，因为当地气候比较干燥、温度低，所以很适合制作拉糖。后来欧洲人成立了专门的糖艺部门进行开发研究，法国和瑞士还成立了专门的糖艺学校，特别是法国，将糖艺技术推向世界各个国家，法国也是当今糖艺水平最高的国家。

改革开放以后，西餐日益成为我国餐饮消费的一个重要文化需求，加之近些年来大量的国外餐饮品牌引入我国，丰富了国内餐饮市场，并急速成为一个产业，在国内的餐饮经济发展中发挥着重要的作用。除此之外，一些经济发达的城市，很多中式餐饮也都带着"洋餐"的影子，也有些本土的餐饮企业将西餐的经营方式和中式的餐饮相结合，如菜肴的造型上采用西式装盘手法，就餐方式采用西式菜肴吃法等，来营造一种西式化的环境。不仅满足了一些商务人群，又满足了以白领为主的消费人群的就餐需求，所以很多餐饮企业为了增加餐饮产品的附加值，要求操作人员在菜肴盘饰造型上要不断地有所突破、有所创新。如几根优美的糖丝线条，几个精致的糖制小樱桃或一只竹叶上的蜻蜓等，都会让食客耳目一新（图 6-3-30）。

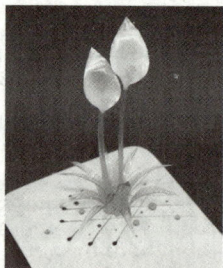

图 6-3-29　糖艺制品（一）　图 6-3-30　糖艺制品（二）

二、糖艺盘饰的作用及特点

1. 造型较好

很多厨房操作人员在盘饰的创新上，分别运用了几何造型和落差的视觉效果，以达到菜肴的完美组合。

2. 具有食用性

现代盘饰创新更多地希望能够顾及盘饰本身的食用性，以及装饰原料和作品与菜肴之间的主次地位及卫生要求。糖艺作为盘饰最主要的原料就是糖，具有甜度低、不吸湿、色泽好和可以直接熔糖等特性。

3. 操作方便

如今糖艺作为最时尚、最流行的盘饰运用到西式装盘时，不仅可以满足西式装盘的所有要求，而且糖艺具有独特的金属光泽、晶莹剔透、高贵华美、明亮耀眼和表现力极强等特点。除此之外，对于操作人员来说，制作糖艺的工具比较简单，通常一个恒温的发热灯、一张不粘布、剪刀和气囊等小工具，即可完成操作。

4. 批量生产

由于糖艺作品保存和展示的时间比较长，有一定的强度，在合适的环境下，糖艺作品一般能保存 1～2 个月，有的时间甚至更长，既能欣赏又能食用，容易被大众所接受。操作人员每次在制作的时候可以一次批量完成一个星期的用量，如果在制作过程中出现失误，原料可以重新利用（图 6-3-31）。

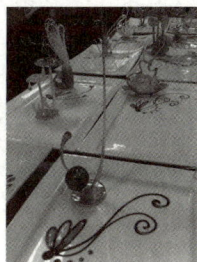

图 6-3-31　制作糖艺制品

三、传统西点盘饰存在的主要问题

1. 缺少立体感

传统西点盘饰主要采用淋、浇和点的手法将酱汁放在盘子上作点缀，或很简单地加上可食性的装饰，如草莓、蓝莓、樱桃等，缺少立体感。

2. 造型简单

与中餐不同，西餐按份出现，更注重的是简洁美观的装盘，所以西点的装盘手法相对比较简单、单调；加上西餐中装盘的东西必须具有可食性，所以正常我们看到的西点都是几块新鲜水果或几片巧克力插片。

四、糖艺盘饰在西点中的作用

糖艺在现代西点盘饰中的运用对传统西点盘饰起到了明显的补缺作用，但是糖艺的作用不仅仅是补缺，其功能在运用中日益呈现多元化的特征，具体表现在以下几个方面。

1. 提高菜肴品位，增进顾客食欲

大多制作好的西点需要装饰美化、点缀。盘饰得体可使菜肴锦上添花，并且诱人食欲；盘饰若过于庞大则有喧宾夺主的反效果；盘饰若过小则给人小气的感觉，体现不出盘饰在菜肴中所起的作用。现代糖艺盘饰在西点中应简单、简洁，有装饰性且精致。正常情况下，西点装盘中盘饰不能多于盘子的三分之一，可将糖艺放在盘子的中间、边角或直接放在点心上。现如今有的西点在装盘的时候可采用整齐划一、对称有序的装盘，会给人以秩序感，是创造美的一种手法。

2. 增加情趣，渲染就餐气氛

糖艺作品在国外以抽象派为主导，对作品的造型没有约束，天马行空，只要给人美感就行。糖艺最早在我国开始流行的时候，操作者大都以模仿国外的一些书籍或网上的糖艺造型为主。在单独欣赏这些作品的时候，会给人一种西式的、现代的美感；如果把这些作品放在中式餐厅里欣赏，可能会感觉不伦不类，很不协调。

我国的餐饮还是以中餐为主，所以大多数的中餐厅选用具有中国特色的装修风格。我国的操作人员针对国人的艺术偏好，创造属于自己的写实派糖艺作品，形象逼真，栩栩如生，在灯光的照射下熠熠生辉、质感剔透，给人一种视觉享受。

3. 巧妙搭配，合理利用空间

西点在装盘上尽量要选用大一些的餐具去盛装，这样才有足够的空间去摆造型。做菜就跟画画一样，首先要构思布局、合理利用空间，使原料在盘中呈现高低起伏的造型。造型要有思想，但是有时也不需要直白地去表现，含蓄的表达美也是糖艺一种造型方法。表达主要体现在线条和高度上，富有韵律美和动感美，抢眼的发光点一般不超过 3 个，表达出只能意会不能言传的高深意境是创作者思想升华的结晶。

4. 对色彩进行弥补

糖艺在菜肴中作为盘饰，色彩起着重要的作用，它可以弥补西点比较单调的黑、白颜色。但糖艺的色彩也不能太花哨，两三种颜色即可，要考虑到糖艺作品与菜肴的色彩搭配，要有一定的对比，不能顺色（图 6-3-32）。

色彩在生活中的角色不单单是物质的一种属性，而是设计师表达感情、直抒胸臆的创造性元素，是视觉刺激的先头兵。在设计中如何运用色彩构成要素是设计成败的关键之一。因此，色彩的运用，需要的不仅仅是色彩的基本知识，更多的是认识和掌握色彩的理念，充分发挥色彩在设计中的作用和功能。在制作糖艺盘饰的时候应该从设计作品的角度出发，运用恰当的色彩，给设计作品带来先声夺人的视觉效果，起到事半功倍的作用。

5. 对形状进行弥补

糖艺造型是由糖体经过不同制作方法加工之后的重新组合，选材以糖体为主，生成具有审美特点的观赏品。糖艺造型一般以拉糖和吹糖等基本功为基础，巧妙的创意和合理的组织需要多年的实践和积累。制作之前要考虑到作品和点心是否搭配和谐，在心中或在图纸上做好构思。操作人员一般运用象形或抽象的手法，将糖艺通过拉、吹等方法制成具有点、线、面的小部件，经过重新组合与西点品种的造型相搭配（图 6-3-33）。西点成品正常成型后都是具有一定形状的几何体（图 6-3-34），如正方体、长方体、菱形体，还有一些直接放在杯具中，所以一般在制作糖艺作品时常制作以下造型与点心相搭配。

（1）曲线：特别是蛇行的曲线一般表现柔和、运动、变化、优美，所以曲线也是西点中使用比较多的线条之一。

（2）直线：一般来说，直线表现力量、稳定、生气、刚强、挺拔。一般直线形的艺术作品多用来装饰圆润饱满的甜品，给其增添力量感。

（3）圆形、象形：圆形早在希腊时期就被认为是最完美的平面形，它表现为完美、柔情、饱满，显得优雅、适中、单纯、可爱。现如今在国内西点糖艺盘饰上，开始使用象形糖艺，如樱桃、香蕉、苹果等各种象形水果和各种象形花（图 6-3-35）。

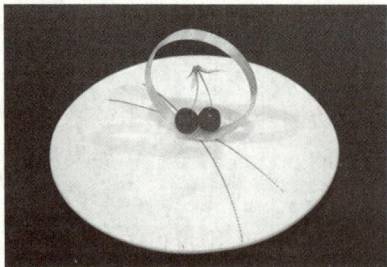

图 6-3-32　糖艺造型（一）　　图 6-3-33　糖艺造型（二）　　图 6-3-34　糖艺造型（三）　　图 6-3-35　糖艺造型（四）

6. 减少成本，提高效益

糖艺作品的原材料目前可以使用的有白砂糖（或绵白糖、方糖）、糖醇和淀粉糖浆等。白砂糖作为糖艺最主要的原料，价格便宜，来源广泛，但是质量参差不齐。现在常用的糖艺原料是糖醇。在餐饮企业大都使用糖醇，因为它使用方便，无需配方，可以缩短熬糖的时间，提高糖艺制作的效率。除此之外，熬制好的糖体可反复使用多次，特别适合初学者，而且制作时不易返砂；制作好的作品能达到纯透明效果，硬度大，抗吸湿效果好；作品不融化，在湿度 70% 的地区都能制作糖艺作品。

糖艺制作手法除了传统的拉、吹，发展到现在还有翻模法。这种方式制作糖艺既降低了难度，提高了出品效率，又能批量生产、保证质量。虽然做出来的成品没有拉糖、吹糖做出来的那种金属感，但晶莹剔透的质感还是相当诱人的。

糖艺的制作讲究科学的配方、精确的温度和符合卫生的操作标准，糖艺是具有可食性、艺术性、观赏性和实用性的独立的食品装饰插件。糖艺属于纯手工加工工艺，厨师根据菜肴的特点自己设计造型，是美食中最奢华的展示品和装饰品。在发达国家的高级酒店，巧克力和糖艺制品已经发展到了一定的水平，它们和新鲜水果的搭配成了西点中最完美的组合，运用也普遍。糖艺优于传统的奶油裱花，奶油裱花从材质和质感上都无法与糖艺作品相媲美。

现如今一些正规的国际、国内大型比赛中糖艺是必做的项目，正逐渐成为检验选手西点功力和艺术修养的手段之一。展望未来，糖艺在西点装盘上的开发运用将有很大的发展空间，随着其普及程度的提高，必将因为其所具有的多种作用而成为最受欢迎的西点装盘方法之一。

子任务七　鲜花、模具盘边点缀

作为菜肴的关键环节，盘饰造型设计的好坏往往决定着菜肴的美感与否，做好菜肴的盘饰首先要懂得如何对盘饰造型进行构图，明白如何对盘饰的造型进行灵活的变动。努力学好盘饰造型的制作及灵活运用盘饰的造型。

一、盘饰简介

盘饰是指对菜肴的装饰点缀，也称菜肴围边，就是把蔬菜、水果等原材料通过切或雕刻成一定的形状后，摆放在菜肴周围或中间，利用其造型与色彩对菜肴进行装饰、点缀。盘饰的作用是美化菜品、增加食欲，通过对消费者视觉的刺激，营造就餐情趣，衬托气氛，使菜肴看起来舒服、美观且有艺术感。盘饰通过形状和颜色的搭配，可提升菜品的档次，赋予菜品一定的文化内涵，是对菜品有形的包装和无声的宣传。

二、盘饰常用的工具

盘饰常用的工具有平口开蛋器（图 6-3-36）、压花模具（图 6-3-37）、果酱画材料与工具（图 6-3-38）、果蔬雕刻刀、挖球器、撒粉字体模具（图 6-3-39）、镊子（图 6-3-40）等。

图 6-3-36　平口开蛋器　　图 6-3-37　压花模具　　图 6-3-38　果酱画材料与工具

图 6-3-39　撒粉字体模具

图 6-3-40　镊子

三、盘饰常用的材料

花草类材料盘饰制作原料可广泛取材，一般只要对食品安全性无影响均可使用。实际操作中，选取价格低、易保存、形状小巧美观的即可，既可降低成本，也可降低操作的难度。

在盘饰造型中，常使用澄面添加色素后调出不同的颜色，将各种材料插于其上，起到固定的作用。调制好的澄面可用保鲜袋封好，用多少取多少，以免风干。澄面的调制方法如下。

（1）澄面一包倒入盆中。

（2）加入 100 ℃的开水。

（3）带好皮手套揉匀。

（4）揉好的澄面，用保鲜袋封好以免风干。

为便于菜肴装饰，也有一些成品材料可以选用，如蝉翼叶（图 6-3-41）、艺术竹签（图 6-3-42）、镂空糯米树叶（图 6-3-43）、糯米纸蝴蝶（图 6-3-44）等。

图 6-3-41　蝉翼叶

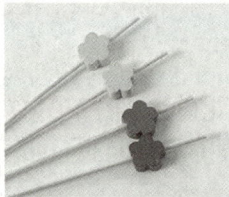

图 6-3-42　艺术竹签

图 6-3-43　镂空糯米树叶

图 6-3-44　糯米纸蝴蝶

以下为几种常用的盘饰。

（1）移根换叶（图 6-3-45）。

①盘子刷上果酱，味碟侧放。

②将修剪好的扇叶放至味碟前面固定（图 6-3-46）。

③前面放仿真花，后面插上黄金柳芽等，略加装饰即可（图 6-3-47、图 6-3-48）。

图 6-3-45　移根换叶　　　图 6-3-46　移根换叶操作步骤（一）

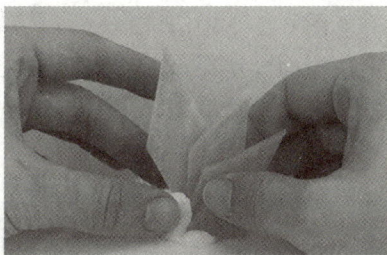

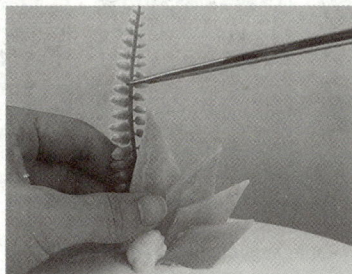

图 6-3-47　移根换叶操作步骤（二）　图 6-3-48　移根换叶操作步骤（三）

（2）绽放花朵（图 6-3-49）。

①整个洋葱用雕刀刻出花瓣形状（图 6-3-50）。

②洋葱内侧朝外摆放（图 6-3-51）。

图 6-3-49　绽放花朵　图 6-3-50　绽放花朵操作步骤（一）

③取大小不同的 3 片洋葱用澄面固定到盘上（图 6-3-52）。

④洋葱左侧放小番茄，插上铜钱草等装饰（图 6-3-53）。

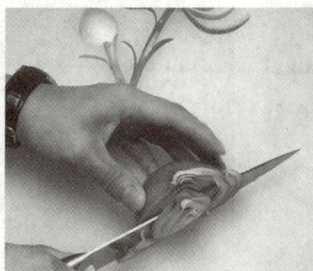

图 6-3-51　绽放花朵操作步骤（二）图 6-3-52　绽放花朵操作步骤（三）图 6-3-53　绽放花朵操作步骤（四）

项目六

（3）一枝独秀（图 6-3-54）。

①迷你小茶壶用澄面固定在盘上（图 6-3-55）。

②前面插上一长一短两片散尾叶（图 6-3-56）。

③摆放切成正方形的小青柠（图 6-3-57）。

图 6-3-54　一枝
独秀

图 6-3-55　一枝独秀操作
步骤（一）

图 6-3-56　一枝独
秀操作步骤（二）

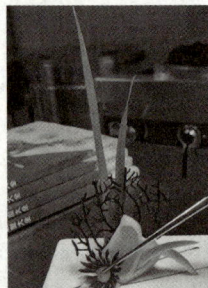

图 6-3-57　一枝独
秀操作步骤（三）

（4）郁郁葱葱（图 6-3-58）。

①取一大一小两个洋葱圈固定在澄面上（图 6-3-59）。

②洋葱圈后面插上排草（图 6-3-60）。

③前面插上仿真小菊花，再略加装饰即可（图 6-3-61、图 6-3-62）。

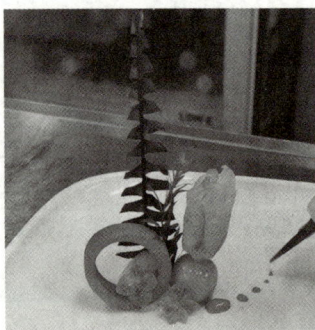

图 6-3-58　郁郁葱葱　　图 6-3-59　郁郁葱葱操作步骤（一）　图 6-3-60　郁郁葱葱操作步骤（二）

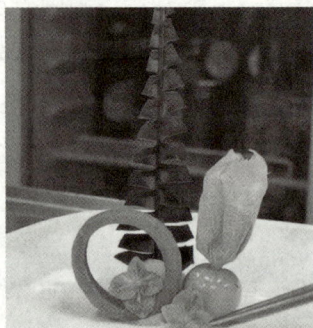

图 6-3-61　郁郁葱葱操作步骤（三）　图 6-3-62　郁郁葱葱操作步骤（四）

四、评定标准

盘边点缀的评分标准见表 6-3-7。

表 6-3-7　盘边点缀的评分标准

项目	原料规格	质量标准			操作规范	卫生安全	时间标准	合计
		大小一致	外表光滑	形似月季				
盘边点缀	100 g						15 min	
标准分		20	25	25	10	10	10	100
扣分								
自评分								
得分								

工作实施

一、课前准备

1. 师生工作准备

为完成该任务，请做好课前的各项准备工作。

2. 技能准备

将所需刀具及用途填入表 6-3-8。

表 6-3-8　所需刀具及用途

序号	种类	用途
1	平口刀	适用于雕刻整雕和结构复杂的雕刻作品
2	尖口刀	适用于绘制图案、刻画线条等
3	V 形戳刀	适用于雕刻花卉、花瓣，鸟类的羽毛、翅膀等
4	U 形戳刀	适用于雕刻花卉、花瓣，鸟类的羽毛、翅膀等
5	模型刀	适用于制作各种动植物的形象图形
6		
7		

3. 知识储备

（1）点缀花的类型按（　　　）划分，也可按点缀花雕刻造型划分。

　　A. 手段　　　　　　　　B. 形式　　　　　　　　C. 类别

（2）点缀花可以起到弥补主菜（　　　）不足的作用。

　　A. 色彩　　　　　　　　B. 风格　　　　　　　　C. 食量

（3）点缀花在使用时，要注意（　　　）。

　　A. 营养　　　　　　　　B. 卫生　　　　　　　　C. 密封

（4）料花的加工方法，可采用戳法、剔法、（　　）、切法等方法加工。

    A. 手撕法　　　　　　　　B. 剥离法　　　　　　　　C. 削法

（5）料花加工是将原料加工成剖面为不同图案的坯料，而后加工成（　　）料花。

    A. 平面形　　　　　　　　B. 双面形　　　　　　　　C. 单面形

二、工作规划

1. 小组分工

将小组分工及岗位职责填入表 6-3-9。

表 6-3-9　小组分工及岗位职责

班级	烹饪高	日期	_____年___月___日
小组名称		组长	
岗位分工			
成员			

2. 小组讨论

小组成员共同讨论工作计划，列出本次任务所需器具、作用及数量，并将其填入表 6-3-10。

表 6-3-10　所需器具、作用及数量

序号	器具名称	作用	数量	备注
1	平口开蛋器	给鸡蛋开出一个圆形的孔	1个	
2				
3				
4				

三、实施步骤

1. 任务实施

模仿教师演示进行操作。

2. 成果分享

每个小组将任务完成结果上传到学习平台，由 2 ~ 3 个小组分别进行展示和讲解任务完成过程。

3. 问题反思

（1）任务实施过程中，握刀的姿势不准会造成什么结果？是什么原因导致的？

（2）任务实施过程中，选择不同的原料会造成什么结果？

4. 检查

操作前检查内容见表 6-3-11。

项目六

表 6-3-11　操作前检查内容

序号	检查内容	检查结果	备注
1	个人卫生、操作台卫生是否整洁		
2	刀具、抹布、菜墩、碗是否放置到位		
3	握刀姿势是否正确		
4	刀面是否平整		

综合评价

小组成员各自完成自我评价，组长完成小组评价，教师完成教师评价（表 6-3-12），整理实训室并完成各类器具收纳摆放，做好 6s 管理规范。

表 6-3-12　任务评价表

序号	评价内容	自我评价	小组评价	教师评价	分值分配
1	遵守安全操作规范				5
2	态度端正、工作认真				5
3	能够进行课前学习，完成相关学习内容				10
4	能够熟练运用多渠道收集学习资料				10
5	能够正确选择刀具				10
6	操作规范，卫生整洁				20
7	能够正确回答教师的问题				10
8	能够按时完成实训任务				10
9	能够与他人团结协作				10
10	做好 6s 管理工作				10
	合计				100
	拓展项目		—		+5
	总分		—		

评分说明：
1. 评分项目 3 为课前准备部分评分分值。
2. 总分 = 自我评价分 ×20%+ 小组评价分 ×20%+ 教师评价分 ×20%+ 拓展项目分。
3. 拓展项目完成一个加 5 分

项目六

参 考 文 献

［1］茅建民.面点工艺教程［M］.北京：中国轻工业出版社，2009.
［2］王劲.烹饪基本功［M］.北京：科学出版社，2012.
［3］茅建民.烹饪职业素养与职业指导［M］.北京：科学出版社，2012.